Einführung in die Physikalische Chemie

Thermodynamik · Kinetik

Von

Dr. Jörn Lange

a. pl. Professor für Physikalische Chemie an der Universität Wien

Mit 98 Abbildungen im Text

Springer-Verlag
Wien GmbH
1942

ISBN 978-3-7091-5874-6 ISBN 978-3-7091-5924-8 (eBook)
DOI 10.1007/ 978-3-7091-5924-8

Ursprünglich erschienen bei Springer-Verlag OHG. in Vienna 1942

Vorwort.

Physikalische Chemie ist die Durchdringung der Chemie mit den theoretischen und experimentellen Arbeitsmethoden der Physik. Ihr Studium verlangt somit in erster Linie, sich mit der physikalischen Denkweise vertraut zu machen. Wenn das *Atom* und das *Molekül* als Bausteine der Materie Grundbegriffe des *chemischen* Denkens sind, so kann die *Funktion*, d. h. der Zusammenhang verschiedener Zustandsgrößen eines Systems als Grundbegriff des *physikalischen* Denkens angesehen werden. Die Gewöhnung an physikalisches Denken fällt dem Chemiestudenten meist nicht leicht. Neben dem unersetzlichen theoretischen Studium ist hierzu praktische Laboratoriumsarbeit notwendig, die ihrerseits allerdings schon auf gewissen theoretischen Grundlagen aufbauen muß, wenn sie fruchtbar sein soll.

Die vorliegende Darstellung der klassischen Thermodynamik und Kinetik dient der Verbindung von theoretischem und praktischem Studium und ist so zu halten versucht, daß der Leser auch für spätere selbständige Arbeiten nicht mehr umzulernen, sondern nur mehr zu ergänzen braucht. Die Bedingungen thermodynamischer Gleichgewichte, die den Hauptinhalt des ersten Kapitels bilden, werden daher mit Hilfe des thermodynamischen Potentials abgeleitet.

In elementaren Darstellungen umgeht man die thermodynamischen Funktionen meist und arbeitet dafür mit Kreisprozessen. Diese Methode folgt im wesentlichen der historischen Entwicklung und hat gewiß auch ihre didaktischen Vorteile. Sie bereitet aber erfahrungsgemäß dem Chemiker oft erhebliche Schwierigkeiten, vor allem wohl, weil die den einzelnen Prozessen gemeinsam zugrunde liegende Denkmethode dem Anfänger nicht klar wird, so daß er sich jeden Kreisprozeß einzeln merken muß. Zudem genügt sie nicht zum Verständnis der neueren Literatur, die sich fast ausschließlich der thermodynamischen Funktionen bedient. Schließlich gehört das Arbeiten mit Funktionen, wie eingangs betont, zum Wesen des physikalischen Denkens; sie sollten deshalb gerade aus didaktischen Gründen am wenigsten in der Thermodynamik umgangen werden, wo sie mit so großem Erfolg angewendet werden können.

Aus der einmaligen Ableitung der Grundbedingung thermodynamischer Gleichgewichte folgen die Einzelgesetze zwangsläufig und ohne neue Rechenansätze. Dadurch wird im speziellen Teil des ersten Kapitels Raum gewonnen, um jede wichtige Formel mit experimentellem Zahlenmaterial in graphischer oder tabellenmäßiger Darstellung zu belegen, und der Leser kann seine Aufmerksamkeit ungeteilt diesen Tatsachen zuwenden, ohne immer wieder durch grundsätzliche Überlegungen und Rechnungen gestört zu werden. Das experimentelle Material ist, wenn nichts anderes angegeben, den LANDOLT-BÖRNSTEINschen Tabellen entnommen.

Abschnitte, die bei der ersten Durcharbeitung übergangen werden können, sind im Kleindruck gesetzt. Die verhältnismäßig schwierige Ableitung des Entropiesatzes wird erst im Anhang gegeben.

Die Anforderungen an die mathematischen Vorkenntnisse des Lesers sind bescheiden gehalten. Es werden nur die einfachsten Grundbegriffe der Differential- und Integralrechnung vorausgesetzt, die im allgemeinen wohl von der Schule her bekannt sind. Gegebenenfalls sei auf H. SIRK, Mathematik für Naturwissenschaftler und Chemiker, 2. Aufl. Dresden, Steinkopff 1941, verwiesen.

Besonderen Dank schulde ich Herrn Professor EBERT für die sorgfältige Durchsicht des Manuskripts, aus der zahlreiche Anregungen und fördernde Kritik hervorgegangen sind. Meiner Frau danke ich für ihre unermüdliche Hilfe bei der Niederschrift und ebenso Herrn Dr. VOLLMAR der die Freundlichkeit hatte, eine Korrektur zu lesen. Schließlich möchte ich dem Verlag meinen Dank dafür aussprechen, daß das Buch trotz der Kriegsverhältnisse ohne Verzögerung und in guter Ausstattung erscheint.

Wien, im März 1942.

Jörn Lange.

Inhaltsverzeichnis.

Erstes Kapitel. **Thermodynamik.**

A. Allgemeiner Teil.

B. Spezieller Teil.

Verzeichnis der häufiger gebrauchten Symbole.

a dem System zugeführte Arbeit (unendlich kleiner Betrag).
a_i Aktivität der Komponente i.
α Dissoziationsgrad.
c Wärmekapazität des Systems.
C Molwärme (Atomwärme).
c Konzentration in Mol/Liter.
c_g Konzentration in Mol/1000 g Lösungsmittel.
d Differentialzeichen.
∂ partielles Differentialzeichen.
Δ Differenzzeichen.
e = 2,718 Basis des natürlichen Logarithmensystems.
E elektrisches Potential.
E_0 elektrochem. Normalpotential.
E_0' Grenzwert der molaren Siedepunktserhöhung.
E_0'' Grenzwert der molaren Gefrierpunktserniedrigung.
η Viskosität in Poise.
e_0 elektrisches Elementarquantum.
F Faraday = 96494 Coulomb.
f_λ Leitfähigkeitskoeffizient.
g thermodynamisches Potential des Systems.
G thermodynamisches Potential eines Mols.
G_i partielles molares thermodynamisches Potential der Komponente i.
g_0 thermodynamisches Normalpotential des Systems (entspr. G_0 u. G_{0_i}).
h Wärmeinhalt = Enthalpie des Systems.
H . . eines Mols, außerdem Bildungswärme.
H_i partielle molare Enthalpie eines Mols der Komponente i.
I elektrische Stromstärke.
k Reaktionsgeschwindigkeitskonstante.
K Gleichgewichtskonstante.
K_a, K_x, K_c, K_p Gleichgewichtskonstante bezogen auf Aktivität, Molenbruch, Gewichtskonzentration oder Partialdruck.

$\varkappa$ spezifische Leitfähigkeit.
L molarer Wärmebedarf bei Änderung des Aggregatzustandes.
Λ Äquivalentleitfähigkeit von Elektrolyten.
m Masse des Systems (in gramm).
M Molgewicht.
n Molzahl.
N Molekülzahl.
N_L Loschmidtsche Zahl.
v_K, v_A Überführungszahl des Kations bzw. Amions.
$\mathfrak{p}$ Impuls.
p Druck.
π = 3,14 ...; außerdem: osmotischer Druck.
q unendlich kleine, dem System zugeführte Wärmemenge.
R Gaskonstante.
ϱ Dichte in gramm/cm³.
s Entropie des Systems.
S Entropie eines Mols.
S_i partielle molare Entropie der Komponente i.
σ Oberflächenspannung des Systems.
Σ_i partielle molare Oberflächenspannung der Komponente i.
Σ Summationszeichen.
t Temperatur (Celsiusskala)
T Temperatur (absolute Skala)
u Energie des Systems.
U Energie eines Mols.
v Volumen des Systems in cm³.
V Molvolumen in cm³.
V_i partielles Molvolumen der Komponente i in cm³.
w Geschwindigkeit (II. Kapitel).
w_v, w_p, Wärmebedarf thermodynamisch. Umwandlungen bei konstantem Volumen oder Druck.
W_v, W_p, dasselbe pro Formelumsatz.
x_i Molenbruch der Komponente i.
z Zeit (II. Kapitel).
z_i Wertigkeit eines Ions der Sorte i.
Z Stoßzahl.

Erstes Kapitel.

Thermodynamik.

A. Allgemeiner Teil.

1. Die Zustandsgleichung des idealen Gases.

§ 1. Allgemeines über Zustandsvariable und Zustandsfunktionen. Will man den *Zustand* eines *Systems* beschreiben, so muß man das *Volumen*, den Druck, die *Temperatur* und außerdem die *Mengen* der darin enthaltenen *Stoffe* angeben. Wenn man eine dieser Größen ändert, so ändert sich mindestens eine, evtl. mehrere der anderen Größen. Steigert man z. B. die Temperatur, so dehnt sich der Körper aus, d. h. sein Volumen nimmt zu. Verhindert man die Ausdehnung, indem man den Körper in ein starres Gefäß einschließt, so steigt bei der Temperaturerhöhung der Druck usw. Die bezeichneten Zustandsgrößen können also durch äußere Eingriffe variiert werden, man nennt sie daher *Zustandsvariable.* Die Veränderung *einer* Variablen zieht bestimmte Veränderungen anderer Variabler nach sich; sie stehen miteinander in Zusammenhang, d. h. es gibt eine *Zustandsfunktion,* die es erlaubt, eine der Variablen auszurechnen, wenn die anderen bekannt sind.

Das Volumen v eines Stoffes ist für eine gegebene Menge durch die Temperatur t und den Druck p bestimmt; es ist eine Funktion dieser beiden Variablen, d. h. in mathematischer Formulierung

$$v = f(p, t)\,. \qquad (1)$$

Um die Funktion (1) für einen gegebenen Fall experimentell zu untersuchen, muß man jeweils eine der Variablen konstant halten und die andere allein verändern. Betrachten wir als Beispiel den Äthyläther. Sein Volumen ist nach neueren Messungen in Abb. 1 bei konstanter Temperatur (20° C) gegen den Druck und in Abb. 2 bei konstantem Druck ($p = 700$ Atm) gegen die Temperatur aufgetragen. Die Menge ist so gewählt, daß das Volumen bei $p = 1$ Atm

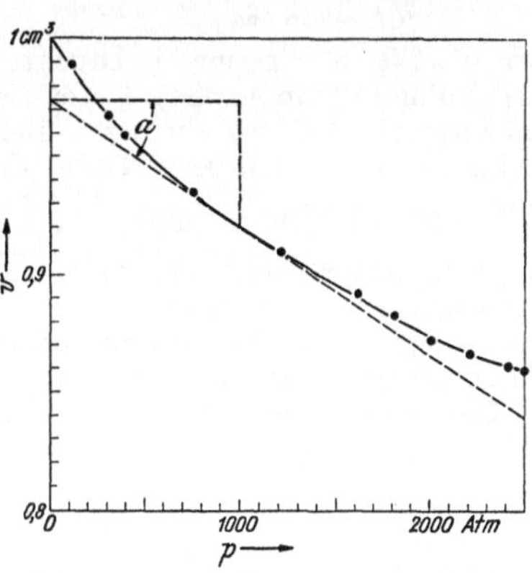

Abb. 1. Volumen des Äthyläthers bei 20° C in Abhängigkeit vom Druck. (Isotherme.)

und $t = 20°$ C gerade 1 cm³ beträgt. Das Volumen fällt mit steigendem Druck und wächst mit steigender Temperatur. Beide Kurven sind gekrümmt, d. h. ihr Neigungswinkel ist vom Druck bzw. der Temperatur abhängig.

Der Tangens des Neigungswinkels α ist nach den Gesetzen der Differentialrechnung gegeben durch

$$\operatorname{tg} \alpha = \left(\frac{\partial v}{\partial t}\right)_p \quad \text{bzw.} \quad \operatorname{tg} \alpha = -\left(\frac{\partial v}{\partial p}\right)_t. \tag{1a}$$

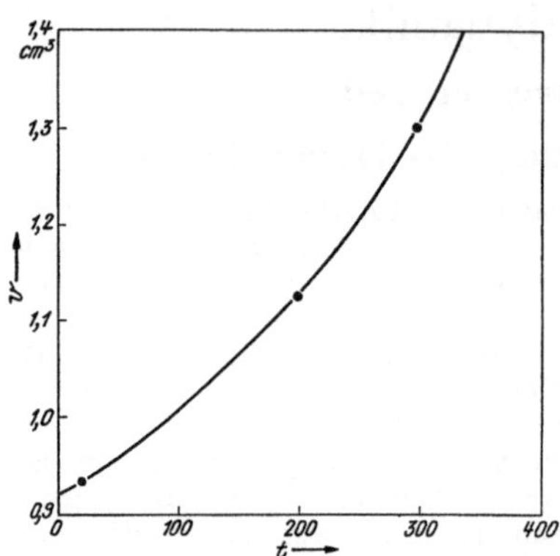

Abb. 2. Volumen des Äthyläthers bei 700 Atm in Abhängigkeit von der Temperatur. (Isobare.)

Das Zeichen ∂ wird für das Differential verwendet, wenn es sich um *partielle* Differentialquotienten handelt, d. h. wenn von mehreren Zustandsvariablen nur *eine* verändert, die übrigen aber konstant gehalten werden sollen. Die konstant zu haltenden Variablen merkt man mitunter wie in Gl. (1a) außen an der Klammer an.

Den Differentialquotienten $\frac{\partial v}{\partial p}$ berechnet man aus Abb. 1 z. B. für $p = 1000$ Atm folgendermaßen: Die für diesen Punkt eingezeichnete Tangente schneidet die Ordinate bei $v = 0{,}973$ cm³, das Volumen für $p = 1000$ Atm beträgt 0,920 cm³. Also ist

$$\left(\frac{\partial v}{\partial p}\right)_{p\,=\,1000\ \text{Atm}} = \frac{0{,}920 - 0{,}973}{1000} = -0{,}000053\ \text{cm}^3/\text{Atm}\,. \tag{2}$$

Der Wert ist sehr gering: je Druckzunahme von 1 Atm verringert sich das Volumen um 0,0053 %; er ist negativ, weil das Volumen mit steigendem Druck abnimmt. Bei höheren Drucken ist der Betrag kleiner, denn die Kurve verläuft dort flacher. In der gleichen Weise läßt sich der Differentialquotient $\left(\frac{\partial v}{\partial t}\right)_p$ aus Abb. 2 in Abhängigkeit von der Temperatur berechnen. Ganz allgemein hat jeder in naturwissenschaftlichen Berechnungen vorkommende partielle Differentialquotient eine entsprechende Bedeutung und kann aus einer Kurve in analoger Weise zahlenmäßig ermittelt werden.

Die Gesamtänderung dv des Volumens, wenn sowohl der Druck um dp als auch die Temperatur um dt geändert werden, ist gegeben durch:

$$dv = \left(\frac{\partial v}{\partial p}\right) dp + \left(\frac{\partial v}{\partial t}\right) dt; \tag{3}$$

d. h. wir denken uns die Änderungen der beiden Zustandsvariablen nacheinander durchgeführt. Zuerst hält man die Temperatur konstant und ändert den Druck um dp; die entsprechende Volumenänderung ist durch das erste Glied von Gl. (3) gegeben. Sodann hält man den Druck konstant und ändert die Temperatur um dt; die entsprechende Volumenänderung ist durch das zweite Glied von Gl. (3) gegeben. Die *Gesamtänderung* oder wie man sagt, das *totale Differential* dv ist die Summe der beiden Veränderungen.

Die Gl. (3) gilt auch für endliche Differenzen Δv, Δp und Δt wenn sie so klein sind, daß die Differentialquotienten $\partial v/\partial p$ und $\partial v/\partial t$ in dem entsprechenden Bereich noch als konstant angesehen werden können. Wie groß die Differenzen im einzelnen Falle sein dürfen, hängt einmal von der mehr oder weniger starken Krümmung der Kurve, sodann von der gewünschten Genauigkeit der Berechnung ab. Vom meßtechnischen Standpunkt aus verstehen wir daher unter einem *Differential* eine *genügend kleine Änderung* im Sinne dieser Überlegung.

Gl. (3) ist der mathematische Ausdruck dafür, daß das Volumen eine Funktion der beiden Zustandsvariablen p und t, kurz, daß es eine *Zustandsfunktion* ist. Die Änderung einer Zustandsfunktion läßt sich aus den Änderungen der Zustandsvariablen eindeutig berechnen; sie ist insbesondere unabhängig davon, in welcher Reihenfolge und über welche Zwischenzustände die Variablen geändert werden, sofern die Koeffizienten $\partial v/\partial p$ und $\partial v/\partial t$ selbst Zustandsfunktionen sind, d. h. sofern die Steilheit jeder der Kurven (Abb. 1 und 2) nur vom Druck und der Temperatur, nicht aber von der Vorbehandlung des Stoffes abhängt. Insbesondere ist die Gesamtänderung jeder Zustandsfunktion gleich null, wenn das System schließlich wieder in seinen Ausgangszustand zurückkehrt, d. h. wenn man einen *Kreisvorgang* durchführt.

Allgemein ist die Gleichung

$$dz = (\partial z/\partial x)\, dx + (\partial z/\partial y)\, dy \tag{4}$$

ein Ausdruck dafür, daß z eine Funktion von x und y ist. Die Koeffizienten $\partial z/\partial x$ und $\partial z/\partial y$, die wir in unserem Beispiel den Messungen entnahmen, müssen in jedem Falle entweder konstant oder selbst Funktionen von x und y sein, d. h. sie dürfen nur solche veränderlichen Größen enthalten, die sich aus x und y grundsätzlich berechnen lassen.

Außer den genannten Zustandsvariablen treten in besonderen Fällen noch weitere auf, z. B. die Größe der *Oberfläche* (bei Flüssigkeiten), ferner *elektrische* oder *magnetische* Eigenschaften usw., von denen wir jedoch vorerst absehen wollen.

§ 2. Das Boyle-Mariottesche Gesetz. Wir wollen nun die Zustandsfunktion des *idealen Gases* ermitteln. Als Beispiel betrachten wir einstweilen den Wasserstoff; zu einer allgemeinen Definition des idealen Gases werden wir später kommen. Der Wasserstoff befindet sich in einem Zylinder mit beweglichem Stempel *St* (Abb. 3); auf den Stempel ist ein Gewicht aufgelegt, und das Ganze befindet sich in einem Bad von bestimmter Temperatur.

Der *Druck* p kann mit dem Quecksilbermanometer *Ma* gemessen werden. Er ist der *Kraft*, mit der das Gewicht auf den Stempel drückt, direkt und der Fläche des Stempels umgekehrt proportional, hat also den *Wert*, oder wie man sagt, die *Dimension einer Kraft durch Fläche.* Man kann ihn z. B. in kg/cm² messen, diese Einheit ist sehr nahe = 1 Atm (vgl. Tabelle 1). Es sind aber noch eine Reihe weiterer Einheiten gebräuchlich, deren Zusammenhang in Tab. 1 dargestellt ist. Am wichtigsten ist die *Atmosphäre* (Atm) und weiterhin das *Torr.*

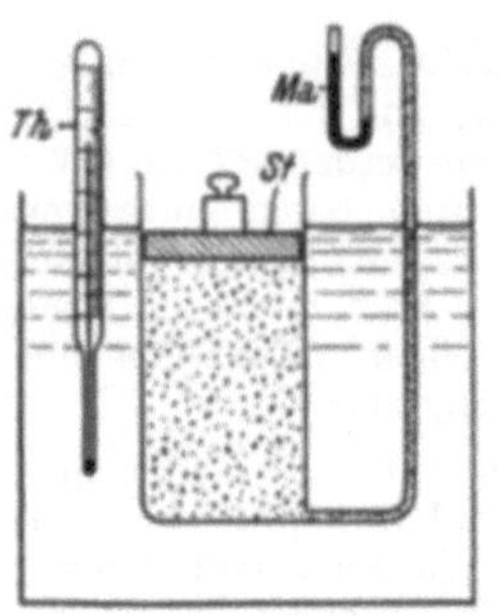

Abb. 3. Schematische Versuchsanordnung zur Messung der Zustandsvariablen p, v, t eines Gases.

Tab. 1. Druckeinheiten.

1 Atm = 760 Torr*
= 1033,3 g/cm².
= 1033,3 cm H_2O**.
= $1{,}0133 \cdot 10^6$ dyn/cm²

* 1 Torr (Abkürzung von Torricelli) bedeutet 1 mm Hg.

** 1 cm H_2O entspricht 1 g/cm², wenn die Dichte des Wassers = 1 ist.

Die *Temperatur* kann mit dem Quecksilberthermometer (*Th*) gemessen werden. Außerdem gibt es noch andere, z. B. *thermoelektrische* und optische Verfahren zur Temperaturmessung. Die Temperatur wird mit t bezeichnet, wenn sie in der *Celsiusskala* (°C) angegeben wird. Eine weitere Temperaturskala, die *absolute*, wird alsbald besprochen werden.

Die *Zusammensetzung* des Gases ist im vorliegenden Falle trivial, da es sich um einen reinen Stoff handelt. Diese Zustandsvariable erhält erst bei Gasmischungen und Lösungen (Mischphasen) Bedeutung (§ 29f.).

Die *Menge* des Gases wird in Gramm gemessen und mit m (*Masse*) bezeichnet. Für die Rechnung benutzt man als Einheit das *Molgewicht* M, und als Variable tritt dann die *Molzahl* $n = m/M$ auf (näheres § 6).

Um den Zusammenhang der Variablen, d. h. die *Zustandsfunktion des idealen Gases* zu ermitteln, wollen wir an dem System der Abb. 3 gewisse Veränderungen vornehmen. Die Menge des Gases und die Temperatur sollen irgendwelche konstanten Werte haben. Verkleinert man das Volumen durch Hineindrücken des Stempels auf die Hälfte, so beobachtet man in guter Annäherung ein Ansteigen des Druckes auf das Doppelte seines ursprünglichen Wertes usw., d. h. *bei jeder Veränderung des Volumens oder des Druckes bei konstanter Temperatur und Molzahl bleibt das Produkt aus Druck und Volumen konstant.* Man findet also experimentell

$$(pv)_{t,n} = \text{konst.}, \tag{1}$$

das Boyle-Mariottesche Gesetz.

Diese Aussage kann noch in anderer Form ausgedrückt werden, die uns auch in anderen, ähnlichen Fällen von Nutzen sein wird: Wenn das Produkt pv konstant bleibt, so ist seine differentielle Veränderung $d\,(pv)$

gleich Null, und man kann für Gl. (1) auch schreiben

$$d\,(pv)_{t,n} = 0\,. \tag{2}$$

Nach den Regeln der Differentialrechnung ist nun allgemein

$$d\,(xy) = xdy + ydx\,, \tag{3}$$

und daher ist bei dem idealen Gas nach dem BOYLE-MARIOTTEschen Gesetz

$$pdv = -\,vdp\,. \tag{4}$$

Die analytische Darstellung der Funktion $xy =$ konst. ist eine Hyperbel (Abb. 4). Der Ausdruck (4) besagt, daß für zwei beliebige, dem Punkte P_0 mit den Koordinaten p und v benachbarte Punkte, z. B. P_1 und P_2 das eng schraffierte Flächenstück $|pdv|$ den gleichen Inhalt hat wie das grobschraffierte $|vdp|$. Die senkrechten Striche bedeuten, daß nur der Absolutbetrag der Flächen, also unabhängig vom Vorzeichen gemeint ist. Schreibt man Gl. (4) in der Form

$$dv/v = -\,dp/p\,,$$

so sieht man, daß eine bestimmte relative Änderung des Volumens dv/v eine gleichgroße relative Änderung des Druckes mit entgegengesetztem Vorzeichen zur Folge hat. Verringert man das Volumen des idealen Gases also um 1%, d. h. macht man $\partial v/v = -0{,}01$, so steigt der Druck um ebenfalls 1%.

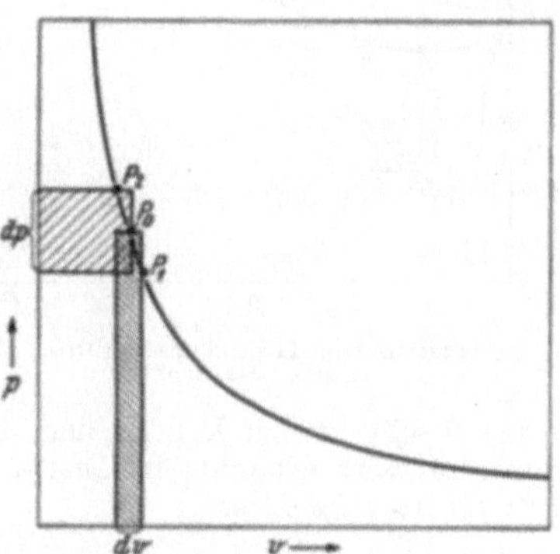

Abb. 4. Das BOYLE-MARIOTTEsche Gesetz $pv =$ konst. oder $pdv = -\,vdp$.

Das BOYLE-MARIOTTEsche Gesetz wird auch, da es für $t =$ konst. gilt, als Gesetz der isothermen Zustandsänderung und die Hyperbel (Abb. 4) als *Isotherme* bezeichnet.

Wir wollen nun das Verhalten des Produktes pv in Abhängigkeit vom Druck bei verschiedenen *realen* Gasen auf Grund genauer experimenteller Daten bis zu großen Drucken verfolgen. Hierfür ist die Darstellung der Abb. 4 nicht zweckmäßig, da der linke Hyperbelast unbequem steil ansteigt. In Abb. 5 ist daher das Produkt pv gegen p für verschiedene Gase nach Messungen bei 0° C aufgetragen. Wenn die Versuchsbedingungen so gewählt sind, daß pv bei sehr kleinen Drucken den Wert 1 cm³ · Atm hat, so müßte bei Gültigkeit des BOYLE-MARIOTTEschen Gesetzes für alle Gase gemeinsam die punktierte horizontale Linie gelten, da pv ja konstant $= 1$ bleiben soll. In Wirklichkeit treten nun mehr oder weniger große Abweichungen auf. Bei Drucken unter etwa 400 Atm ist pv im allgemeinen kleiner als im Idealfalle, bei noch größeren Drucken steigt es dann über den Idealwert. Die Abweichungen sind bei H_2 und auch noch bei O_2 verhältnismäßig klein gegenüber Gasen wie CO_2. Bei letzterem beträgt pv bei 100 Atm und 40° C nur etwa 1/3 seines Idealwertes, außerdem tritt bei genügend tiefen Temperaturen *Verflüssigung* ein. Betrachtet man die Verhältnisse noch einmal bei kleinen Drucken (bis zu 1 Atm) in Abb. 6, so sieht man, daß die Abweichungen vom Idealwert bei 1 Atm für H_2 und O_2 nur etwa 0,1% betragen und daher nur mit Präzisionsmethoden nachweisbar sind. Auch bei den Gasen HCl und NH_3 betragen die Abweichungen nur 1—2% und fallen damit für die meisten Betrachtungen noch nicht ins Gewicht. Ein wirklich *ideales Gas* aber gibt es überhaupt nicht in der Natur, wenn wir als solches vorläufig ein Gas definieren, das das BOYLE-MARIOTTEsche Gesetz bis zu beliebig hohen Drucken *streng* erfüllt. Bei jedem Gas wird für den Grenzfall sehr kleiner Drucke der vom BOYLE-MARIOTTEschen Gesetz geforderte Wert erreicht; in diesem Sinne ist dieses Gesetz ein *Grenzgesetz für niedrige Drucke.*

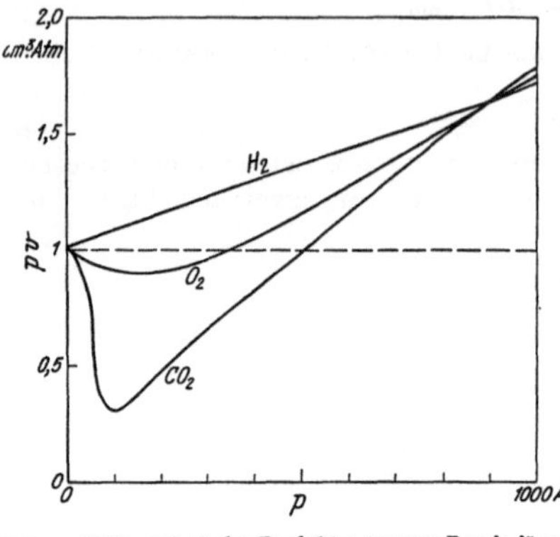

Abb. 5. Abhängigkeit des Produktes pv vom Druck für verschiedene Gase bei 0° C.

§ 3. Das Gay-Lussacsche Gesetz. Untersuchen wir nun das Verhalten eines annähernd idealen Gases wie H_2 in Abhängigkeit von der *Temperatur.* Wir benutzen dazu wieder die Versuchsanordnung der Abb. 3. Auf den Stempel wirkt jetzt eine konstante Kraft, etwa ein aufgelegtes Gewicht, sodaß das Gas immer unter dem Druck $p_0 = 1$ Atm steht. Wir heizen das Bad langsam an und beobachten die Ausdehnung des Gases an der Stellung des Stempels. Trägt man zusammengehörige Volumen- und Temperaturwerte gegeneinander auf, und richtet man es so ein, daß das Volumen des Gases bei 0° C gerade 1 cm³ beträgt, so erhält man die Abb. 7. Derartige Kurven, die für einen bestimmten Druck gelten, nennt man *Isobaren.* Wie man sieht, *steigt das Volumen linear mit der Temperatur an.* Das ist der Inhalt des GAY-LUSSACschen

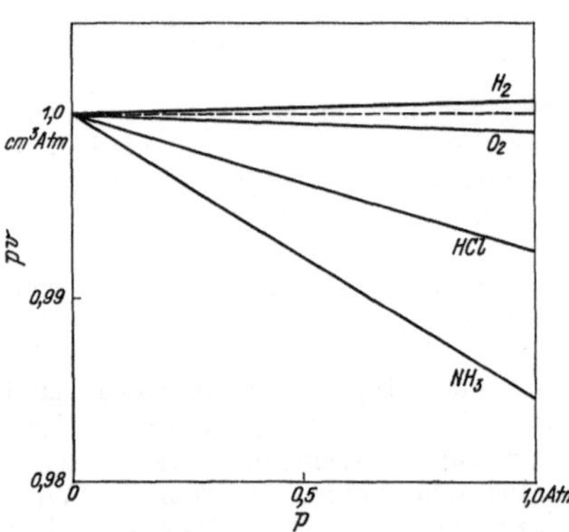

Abb. 6. Abhängigkeit des Produktes pv vom Druck für Drucke bis zu 1 Atm bei 0° C.

Gesetzes. Zur mathematischen Formulierung erinnern wir uns, daß der Ausdruck für eine lineare Funktion $y = f(x)$, oder kürzer $y(x)$, lautet

$$y = b + ax.$$

In unserem Falle schreiben wir als Ausdruck des GAY-LUSSACschen Gesetzes

$$v_{t,p_0} = v_{0,p_0} + v_{0,p_0} \cdot \gamma \cdot t$$

oder

$$v_{t,p_0} = v_{,p_{00}} \cdot (1 + \gamma t). \quad (1)$$

Hierbei bedeutet v_{t,p_0} das Volumen gemessen bei der Temperatur t und dem Druck p_0 (= 1 Atm) und v_{0,p_0} das Volumen gemessen bei 0° C und dem Druck p_0. Für den Ausdehnungskoeffizienten γ sind einige Präzisionsmessungen in Abb. 8 zusammengestellt. Die Werte weichen um so stärker voneinander ab, je höher der Druck ist. Für H_2 ergibt sich ein vom Druck nahezu unabhängiger Wert.

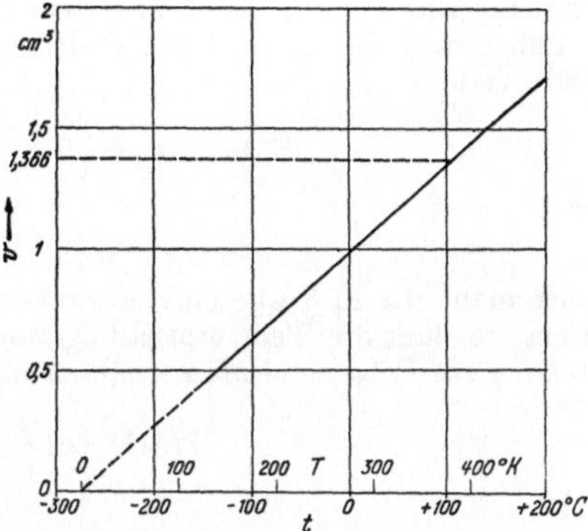

Abb. 7. Das Volumen des idealen Gases in Abhängigkeit von der Temperatur (Isobare): GAY-LUSSACches Gesetz.

Für sehr kleine Drucke hingegen konvergieren die Ausdehnungskoeffizienten aller Gase gegen einen gemeinsamen Grenzwert $\frac{1}{273,16} = 0,0036608$.

Wie weitere Versuche zeigen, werden die Abweichungen um so größer, je tiefer die Temperatur ist. Z. B. würden die Meßpunkte der Abb. 7 bei Temperaturen unterhalb —100° C merklich nach unten abbiegen. Das *GAY-LUSSACsche Gesetz* ist also ein *Grenzgesetz für kleine Drucke und hohe Temperaturen.*

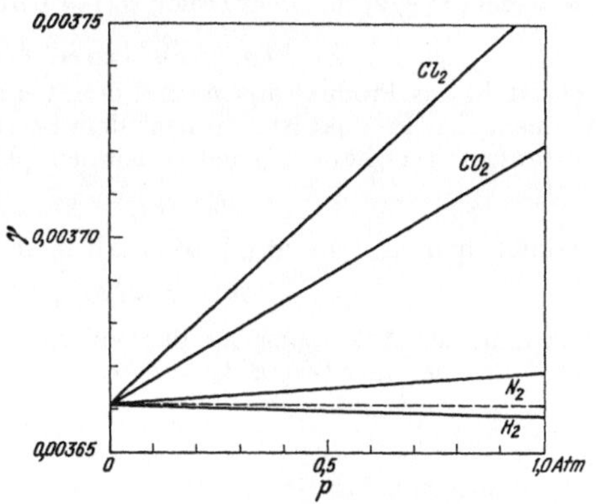

Abb. 8. Ausdehnungskoeffizient γ verschiedener Gase in Abhängigkeit vom Druck bei Zimmertemperatur.

§ 4. Die absolute Temperaturskala. Verlängert man die Gerade der Abb. 7 nach niedrigen Temperaturen, so schneidet sie die Abszisse bei $t = -273,16°$ C. Man kann daher das GAY-LUSSACsche Gesetz wesentlich einfacher schreiben, wenn man eine *neue Temperaturskala* mit dem *gleichen Gradwert wie die Celsius-*

skala einführt, aber mit dem *Nullpunkt bei* —273,16° C. Bezeichnet man Temperaturangaben in der neuen, „absoluten" Skala mit T, so ist also

$$T = t + 273{,}16\,. \tag{1}$$

Zum Unterschied von der Celsiusskala bezeichnet man die absoluten Temperaturgrade auch als Grad *Kelvin* (°K).

Führt man Gl. (1) in das GAY-LUSSACsche Gesetz (§ 3, 1) ein, so erhält man

$$v_{T,p_0} = v_{273,p_0}\left(1 + \frac{T - 273}{273}\right)$$

oder

$$v_{T,p_0} = v_{273,p_0} \cdot T/273\,. \tag{2}$$

Führt man den in § 3 geschilderten Versuch bei *konstantem Volumen* durch, so hat die Temperatursteigerung eine entsprechende *Druckerhöhung* zur Folge, und man erhält in Analogie zu Gl. (2)

$$p_{T,v_0} = p_{273,v_0} \cdot \frac{T}{273}\,. \tag{3}$$

§ 5. Zusammenfassung des Boyle-Mariotteschen und des Gay-Lussacschen Gesetzes. Die Gesetze von BOYLE-MARIOTTE und GAY-LUSSAC sind *partielle* Zustandsfunktionen; partiell deshalb, weil außer n jeweils eine Variable, nämlich T bzw. p konstant gehalten werden muß. Vereinigt man beide Gesetze, so kommt man zu einer Zustandsfunktion der drei Variablen p, v, T. Hierzu multiplizieren wir das GAY-LUSSACsche Gesetz (§ 4, 2) mit dem Druck p_0 (= 1 Atm) und erhalten

$$p_0 \cdot v_{T,p_0} = p_0 \cdot v_{273,p_0} \cdot T/273\,. \tag{1}$$

Links steht das Produkt aus p_0 und dem bei diesem Druck gemessenen Volumen. Das Produkt ist aber nach dem BOYLE-MARIOTTEschen Gesetz konstant, d. h. es hat für jeden Druck den gleichen Wert:

$$p_0 \cdot v_{T,p_0} = pv\,. \tag{2}$$

Vereinigt man Gl. (1) und (2), so erhält man

$$pv = p_0 v_0 T/273\,, \tag{3}$$

wenn man zur Abkürzung für das Volumen des Gases bei 0° C oder 273° K und bei dem Druck p_0 = 1 Atm

$$v_{273,p_0} = v_0 \tag{4}$$

setzt.

Schreibt man für Gl. (3)

$$\frac{pv}{T} = \frac{p_0 v_0}{273}\,, \tag{5}$$

so stehen rechts nur noch Konstanten. Für eine gegebene Menge des idealen Gases hat also der Ausdruck pv für beliebige Einzelwerte der Variablen stets die gleiche Größe.

§ 6. Der Avogadrosche Satz. AVOGADRO machte schon 1811 folgende Annahme, die allerdings erst wesentlich später durch die kinetische Gastheorie begründet werden konnte:

„*In gleichen Raumteilen verschiedener Gase sind gleichviele einzelne Moleküle enthalten, falls sie sich bei gleicher Temperatur und gleichem Druck befinden.*"

Unter 1 Mol versteht man diejenige Zahl N_L von Einzelmolekülen, die in 32,000 g Sauerstoff vorhanden sind. Diese Menge nimmt bei 0° C und 1 Atm Druck den Raum von

$$V_0 = 22414 \text{ cm}^3 \tag{1}$$

ein. Die Zahl N_L heißt die LOSCHMIDTsche Zahl und ist, wie eine Reihe verschiedenartiger Untersuchungen ergeben hat, gleich

$$N_L = 6{,}0 \cdot 10^{23}. \tag{2}$$

Auch der AVOGADROsche Satz ist ein Grenzgesetz für kleine Drucke und Temperaturen.

Allgemein, d. h. bei beliebigen Drucken und Temperaturen, bezeichnen wir das Volumen, welches 1 Mol eines Stoffes einnimmt, als *Molvolumen* mit V und die Molzahl mit n. Hiernach beträgt das Volumen v des ganzen Systems

$$v = nV. \tag{3}$$

§ 7. Das allgemeine Gasgesetz. Nach (§ 6, 3) gilt auch

$$v_0 = nV_0, \tag{1}$$

wobei der Index 0 bedeutet, daß das Volumen bei 1 Atm und 0° C gemessen ist. Setzt man das in (§ 5, 3) ein, so erhält man

$$pv = \frac{nV_0 p_0}{273} \cdot T. \tag{2}$$

Der Ausdruck $V_0 p_0/273$ enthält nur noch Konstanten. Man bezeichnet ihn als allgemeine Gaskonstante mit dem Symbol R

$$\frac{V_0 p_0}{273} \equiv R. \tag{3}$$

Hiermit nimmt Gl. (2) die Form an

$$\boxed{pv = nRT.} \tag{4}$$

Gl. (4) gibt den Zusammenhang der vier Zustandsvariablen p, v, n, T und wird als *allgemeines Gasgesetz* bezeichnet. Für die Konstante R erhält man mit $V_0 = 22414 \text{ cm}^3$ und $p_0 = 1$ Atm den Wert

$$R = \frac{22414 \cdot 1}{273{,}16} = 82{,}04 \frac{\text{cm}^3\text{Atm}}{\text{Grad}}. \tag{5}$$

Häufig ist es nützlich, den Druck eines Gases bei konstantem Volumen und Temperatur gegen die *Volumenkonzentration* c aufzutragen. Unter Volumenkonzentration versteht man die Anzahl Mole, die in einem Liter des Gases vorhanden sind, also

$$c \equiv \frac{1000\, n}{v}, \tag{6}$$

wenn man das Volumen in cm^3 mißt. Man erhält dann an Stelle von Gl. (4)

$$p = \frac{RT}{1000} \cdot c \tag{7}$$

oder mit Gl. (5)

$$p_{(\mathrm{Atm})} = 0{,}082\ T \cdot c, \tag{8}$$

für 25° C also

$$p_{(\mathrm{Atm})} = 24{,}4\ c\,. \tag{9}$$

In Abb. 9 ist der Druck gegen die Konzentration für einige Gase bei 25° C aufgetragen. Alle Meßkurven haben die Gerade (9) als Grenztangente, zeigen aber bei höheren Konzentrationen mehr oder weniger starke Abweichungen verschiedenen Vorzeichens. Man erkennt auch in dieser Darstellung den Charakter des idealen Gasgesetzes als *Grenzgesetz für kleine Konzentrationen.*

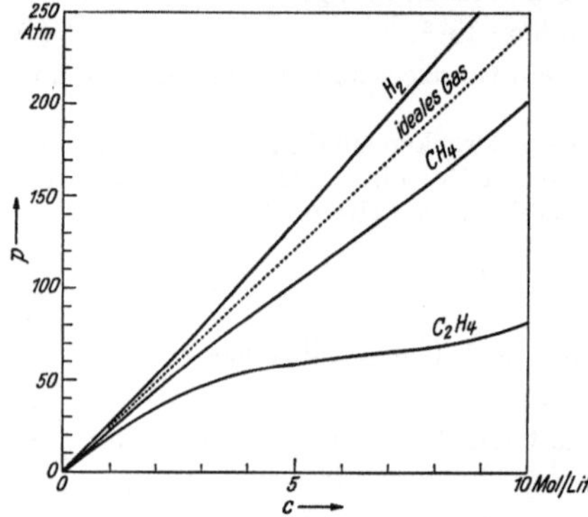

Abb. 9. Druck und Konzentration verschiedener Gase bei 25° C.

§ 8. Die Dimension der Gaskonstante *R*.

Das Produkt pv stellt den Wert einer Energie dar oder, wie man auch sagt, es hat die *Dimension* einer Energie, und zwar genau entsprechend dem aus der Mechanik bekannten Produkt Kraft × Weg ($K \cdot l$). Der Druck ist eine auf die Einheit der Fläche bezogene Kraft (vgl. § 2)

$$p = \frac{K}{l^2}, \tag{1}$$

und das Volumen ist gegeben durch

$$v = l^3. \tag{2}$$

Hiermit ist

$$pv = K \cdot l\,;$$

das Produkt pv hat die Dimension einer Energie.

Die Gaskonstante R ist nach (§ 7, 4) gegeben durch

$$R = \frac{pv}{nT},$$

hat also die *Dimension einer Energie durch Temperatur* (die Molzahl n ist als reine Zahl dimensionslos), dies ist die gleiche Dimension wie die einer Molwärme (vgl. § 18). Die Energie wird in verschiedenen Maßen gemessen, wie in Abschnitt 2 näher erläutert wird. Die entsprechenden Zahlenwerte für R sind in Tab. 2 zusammengestellt.

Tab. 2.
Zahlenwert der Gaskonstante R in verschiedenen Einheiten.

R	$= 8{,}313 \cdot 10^7$	erg/Grad.
	$= 8{,}309$	Joule/Grad.
	$= 82{,}04$	cm^3 Atm/Grad.
	$= 0{,}08204$	Liter Atm/Grad.
	$= 1{,}986$	cal/Grad.

§ 9. Molekulartheoretische Betrachtungen. Das *allgemeine Gasgesetz* ist genau so ein *Grenzgesetz* für hohe Temperaturen und geringe Drucke wie das BOYLE-MARIOTTEsche, das GAY-LUSSACsche Gesetz und der AVOGADROsche Satz, aus denen es hervorgegangen ist.

Wir haben diese Gesetze hier als empirische Tatsachen abgeleitet, bzw. als Hypothese von AVOGADRO übernommen. Es ist auch möglich, sie *theoretisch abzuleiten*. Diese Überlegungen brauchen in diesem Buch noch nicht im einzelnen behandelt zu werden. Wesentlich ist nur folgendes: Man erhält das allgemeine Gasgesetz, wenn man von einem *hypothetischen Gas ausgeht, dessen Moleküle bzw. Atome frei im Raum durcheinander fliegen. Sie sollen dabei keinerlei Kräfte aufeinander ausüben, und außerdem soll ihr Eigenvolumen im Verhältnis zu dem ihnen zur Verfügung stehenden Raum verschwindend klein sein. Das ist das Modell des idealen Gases.* Es existiert in der Natur nicht, erstens, weil alle Moleküle Anziehungskräfte aufeinander ausüben, die man auch VAN DER WAALSsche Kräfte nennt, und zweitens, weil jedes Molekül ein bestimmtes Eigenvolumen hat, das zwar im Verhältnis zum Gesamtvolumen bei Gasen im allgemeinen sehr klein, aber doch nicht gleich Null ist.

Die VAN DER WAALSschen Kräfte nehmen nun mit der Entfernung verhältnismäßig schnell ab und fallen daher um so weniger ins Gewicht, je weiter die Moleküle im Durchschnitt voneinander entfernt sind. Ebenso fällt das Eigenvolumen der Moleküle um so weniger ins Gewicht, je größer der Raum ist, den das Gas einnimmt. Man sieht hieraus, daß jedes Gas dem Verhalten des Modells um so näher kommt, je verdünnter es ist.

Wie aus den Abb. 5—6 und 8—9 hervorgeht, sind die VAN DER WAALSschen Kräfte (sie sind meist wichtiger als das Eigenvolumen) bei H_2, N_2, O_2 wesentlich kleiner als etwa bei C_2H_4, NH_3 oder CO_2. Die Größe der VAN DER WAALSschen Kräfte hängt vom Bau der Moleküle ab, und zwar sind sie um so größer, je größer und je komplizierter gebaut die Moleküle sind.

2. Der Erste Hauptsatz der Thermodynamik. (Energiesatz.)

§ 10. Das perpetuummobile. In Ergänzung zu den bisher behandelten vier Zustandsvariablen führen wir jetzt einen neuen Begriff in unsere Betrachtungen ein, indem wir nach der *Energie* fragen, die wir einem System durch Änderung dieser Zustandsvariablen entnehmen können.

Z. B. kann ein Gas, das sich in einem Zylinder mit beweglichem Stempel *ausdehnt*, Arbeit leisten, d. h. Energie liefern. Das ist der wesentliche Vorgang in Dampfmaschinen, Verbrennungsmotoren u. dgl.

Entscheidend für diese Betrachtungen ist der *allgemeine Satz von der Unmöglichkeit des perpetuum mobile: Es gibt keine Maschine, die Energie aus dem Nichts zu liefern imstande wäre.* Dieser Satz drückt das zuerst von J. R. MAYER 1842 ausgesprochene *Prinzip von der Erhaltung der Energie* aus und ist begründet in dem Mißerfolg zahlloser Versuche, ein perpetuum mobile zu bauen. Er läßt sich also z. Zt. nicht aus einem allgemeineren Satz herleiten, er ist ein „*Axiom*" und wird als *erster Hauptsatz der Thermodynamik* bezeichnet. Wie wir sehen werden, führt er zu einer Fülle von bestimmten experimentell nachprüfbaren positiven Aussagen, so daß keinerlei Grund besteht, an seiner strengen Gültigkeit zu zweifeln.

Ungeachtet der Allgemeinheit dieser Betrachtungen werden wir zunächst (bis einschließlich § 63) nur solche Vorgänge behandeln, bei denen *Wärme* und außerdem mechanische *Arbeit* durch Volumenänderung des Systems auftreten. Andere Energieformen, insbesondere elektrische und Grenzflächenenergie, sollen ausgeschlossen sein. Sie werden erst in §§ 64ff. behandelt.

§ 11. Die Energie *u* als Funktion von Volumen und Temperatur. Wir folgern zunächst, *daß die Energie, die man einem System entnehmen kann, nur von seinem jeweiligen* Zustand, *aber nicht von dem Wege abhängig ist, auf dem dieser Zustand erreicht wurde, denn sonst könnte man mit dem System ein perpetuum mobile bauen.*

Um das einzusehen, denken wir wieder an ein Gas, das in einem Zylinder mit beweglichem Stempel eingeschlossen ist. Zunächst führen wir diesem System einen bestimmten Betrag an Energie zu, indem wir den Stempel gegen den Gasdruck ein Stück hineinpressen. Sodann entnehmen wir dem System Energie, indem wir den Stempel wieder heraustreten lassen, wobei er irgend eine Maschine treiben mag. Befindet sich der Stempel wieder an seinem ursprünglichem Ort, d. h. nimmt das Gas wieder das gleiche Volumen ein, und hat sich auch die Temperatur während des Vorganges nicht geändert, so ist das System wieder genau in seinem Anfangszustand; wir haben einen *Kreisvorgang* durchgeführt. Demzufolge muß die Gesamtenergie, die hineingesteckt wurde, ebenso groß sein wie die, welche wieder abgegeben wurde. Wäre die abgegebene Energie größer, so würde die periodische Wiederholung des Kreisvorgangs ein perpetuum mobile darstellen. Wäre sie kleiner, so brauchte man den Vorgang nur in umgekehrter Richtung ablaufen zu lassen, um zu dem gleichen Ergebnis zu kommen. Bei einem Kreisvorgang ist also die Gesamtänderung von u gleich null. — Es ist damit nicht gesagt, daß in der zweiten Phase genau so viel *mechanische* Arbeit gewonnen wie in der ersten hineingesteckt wird; ein Teil der aufgewendeten Arbeit wird im allgemeinen wegen der Reibung des Stempels an den Zylinderwänden als *Wärme* an die Umgebung abgegeben; die *Summe* aus mechanischer Arbeit und Wärme muß aber dieselbe sein.

Man kann diese Überlegungen auf beliebige Systeme übertragen und sagen: *Der Energieinhalt eines Systems* (den wir mit u bezeichnen), *ist durch Volumen und Temperatur eindeutig festgelegt.* M. a. W. der Energieinhalt u ist eine Funktion der beiden Zustandsvariablen v und T, oder in mathematischer Formulierung

$$u = f(v, T) . \tag{1}$$

Die *Gl.* (1) stellt eine prägnante Formulierung des *1. Hauptsatzes der Thermodynamik* dar.

In Verbindung mit (§ 1, 4) können wir an ihrer Stelle auch schreiben

$$du = \left(\frac{\partial u}{\partial T}\right)_v dT + \left(\frac{\partial u}{\partial v}\right)_T dv . \tag{2}$$

Auch diese *Gleichung* gilt *allgemein.* Die Zahlenwerte der partiellen Differentialquotienten $\left(\frac{\partial u}{\partial v}\right)_T$ und $\left(\frac{\partial u}{\partial T}\right)_v$ hängen jedoch von dem *speziellen* System ab und stellen daher wichtige und charakteristische Eigenschaften des Systems bzw. der darin enthaltenen Stoffe dar, über deren Messung und Bedeutung in den nächsten Abschnitten noch mehrfach gesprochen wird.

§ 12. Arbeit und Wärme. Wie schon in § 10 erwähnt, behandeln wir zunächst nur solche Energieumwandlungen, bei denen Wärme und mechanische Volumenarbeit auftreten. Führt man einem System einen unendlich kleinen Betrag a an Arbeit und außerdem eine unendlich kleine Wärmemenge q zu, so nimmt die Gesamtenergie u des Systems um den Betrag du zu, und es gilt

$$du = a + q . \tag{1}$$

Die Festsetzung der Vorzeichen wird durch die schematische Abb. 10 veranschaulicht. Nach dem 1. Hauptsatz ist du, und damit die *Summe* $(a + q)$ ein vollständiges Differential. Der prinzipielle Unterschied zwischen den Größen a und q einerseits und der Funktion u anderseits liegt darin, daß *a und q* sich auf einen bestimmten *Vorgang* beziehen, und ihre *Einzelbeträge daher von der Art und dem Wege dieses Vorgangs abhängig sind.* u dagegen ist eine *Funktion,* die nur durch den *Zustand* des Systems bestimmt ist, ganz *unabhängig davon, auf welchem Wege dieser Zustand erreicht wurde.*

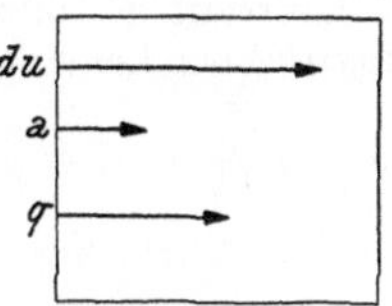

Abb. 10. Vorzeichen von a, q und du; positives Vorzeichen bedeutet dem System zugeführte Energie.

Einem Gas z. B., das in einem Zylinder mit beweglichem Stempel unter dem Druck p eingeschlossen ist, kann man *mechanische Energie* oder *Arbeit* zuführen, indem man den Stempel hineindrückt. Hierbei ändert sich im allgemeinen der Druck und das Volumen. Außerdem entsteht durch die Gasströmungen kinetische Energie, die in Wärme verwandelt wird, wenn das System wieder zur Ruhe kommt. Welcher Bruchteil der aufgewendeten mechanischen Energie dem System als Arbeit und welcher als Wärme zugeführt wird, hängt daher davon ab, wie schnell der Kolben bewegt wird. Ein wichtiger Grenzfall ist der, daß die Kompression unter einem unendlich kleinen Überdruck und daher auch unendlich langsam erfolgt, denn dann entsteht überhaupt keine kinetische Energie und daher auch keine Bremswärme. Außerdem kann in diesem Fall die Bewegungsrichtung des Kolbens in jedem Augenblick ohne weiteres umgekehrt werden, der Vorgang ist *reversibel*. Beschränkt man sich außerdem auf differentielle Änderungen, so kann man den Druck während des Vorgangs als konstant ansehen und erhält nach den Gesetzen der Mechanik für den unendlich kleinen Arbeitsbetrag a

$$a_{rev} = -p\,dv. \tag{2}$$

Das negative Vorzeichen kommt daher, daß sich bei einer Energie*zufuhr* $(+a)$ das Volumen verringert, also $(-dv)$.

Aus Gl. (1) und (2) erhält man für *reversible Vorgänge*

$$du = -p\,dv + q_{rev}. \tag{3}$$

§ 13. Die Wärmekapazität. Wenn man einem System die Wärmemenge q und außerdem die mechanische Energie $-p\,dv$ zuführt, so nimmt seine Energie insgesamt um

$$du = -p\,dv + q \qquad (\S\ 12,\ 3)$$

zu. Hält man dagegen das Volumen konstant $(dv = 0)$ und führt nur Wärme zu, so ist

$$(\partial u)_v = q. \tag{1}$$

Die Zufuhr der kleinen Wärmemenge q hat eine Erhöhung der Temperatur um dT zur Folge. Der Ausdruck

$$\left(\frac{\partial u}{\partial T}\right)_v = \left(\frac{q}{\partial T}\right)_v \tag{2}$$

gibt die Wärmemenge an, die man dem System zuführen muß, um es bei konstantem Volumen um 1° zu erwärmen, und wird als *Wärmekapazität* bei konstantem Volumen mit c_v bezeichnet. Wir setzen also

$$\left(\frac{q}{\partial T}\right)_v \equiv c_v = \left(\frac{\partial u}{\partial T}\right)_v \tag{3}$$

Der Koeffizient des ersten Gliedes der Gleichung

$$du = \left(\frac{\partial u}{\partial T}\right)_v dT + \left(\frac{\partial u}{\partial v}\right)_T dv \qquad (\S\ 11,\ 2)$$

ist also die Wärmekapazität c_v des Systems; der Koeffizient des zweiten Gliedes wird in § 16 besprochen.

§ 14. Die Einheit der Wärmemenge. Der Joulesche Versuch. Die Wärmemenge q mißt man in Kalorien (cal), und zwar ist eine *Kalorie diejenige Wärmemenge, welche 1 g Wasser aufnimmt, wenn man es von 14,5 auf 15,5° C erwärmt.* Die Wärme kann man auch zuführen, indem man mechanische Energie in Wärme verwandelt. In der Anordnung der Abb. 11 mißt man z. B. die Strecke, um welche das kg-Gewicht sinken muß, bis sich das Wasser durch die Rührwärme um 1° erwärmt hat (Versuch von JOULE), und findet so das *mechanische Wärmeäquivalent*

$$1 \text{ cal} = 0{,}4269 \text{ kgm.} \tag{1}$$

Man kann auch elektrisch heizen. Die elektrische Arbeit ist durch das Produkt aus Spannung ΔE, Stromstärke I und Zeit z gegeben. Man mißt ΔE in Volt und I in Ampère und außerdem die Zeit z in Sekunden, während der geheizt werden muß, um 1 g Wasser um 1° zu erwärmen, und findet

$$1 \text{ cal} = 4{,}184 \text{ Volt} \cdot \text{Amp} \cdot \text{sec.} \tag{2}$$

Das Produkt Volt · Amp. ist die Einheit der elektrischen *Leistung* (Leistung = Energie pro Zeiteinheit) und heißt *Watt.* Die Einheit der elektrischen *Energie* ist demnach die *Wattsekunde* und heißt *1 Joule.* Eine Zusammenstellung der Zahlenwerte ist in Tab. 3 gegeben.

Tab. 3. Energieeinheiten.

1 cal = $4{,}186 \cdot 10^7$ erg.
= 4,184 Wattsec (= Joule).
= 0,4269 kgm.
= 41,3 cm^3 Atm.

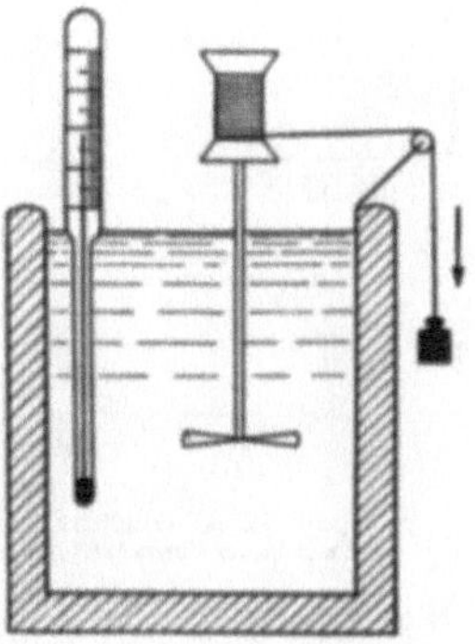

Abb. 11. Schematische Darstellung der Versuchsanordnung von JOULE zur Messung des mechanischen Wärmeäquivalents.

§ 15. Der Absolutbetrag von *u*. Nach (§ 13, 2 u. 3) ist

$$\left(\frac{\partial u}{\partial T}\right)_v = c_v \,. \tag{1}$$

Setzt man das in Gl. (§ 11, 2) ein, so erhält man

$$du = c_v dT + \left(\frac{\partial u}{\partial v}\right)_T dv \,. \tag{2}$$

Integriert man Gl. (2) bei konstantem Volumen ($dv = 0$) von 0 bis T:

$$\int_{u_0}^{u} du = \int_{0}^{T} c_v dT \,,$$

so erhält man

$$u = u_0 + \int_0^T c_v dT \,. \tag{3}$$

Abgesehen von u_0 ist also die *Energie u eines Systems gleich der Wärmemenge, die nötig ist, um es vom absoluten Nullpunkt bis zur Versuchstemperatur T bei konstantem* Volumen *zu erwärmen.* u_0, die *Nullpunktsenergie,* hat auch einen endlichen Wert, interessiert aber zunächst nicht, da es im folgenden nicht auf den Absolutbetrag von u, sondern immer auf die *Änderung* $\Delta u = u_2 - u_1$, bei Überführung des Systems von einem Zustand 1 in einen Zustand 2 ankommt.

§ 16. Der Koeffizient $\left(\frac{\partial u}{\partial v}\right)_T$. Der Gay-Lussacsche Versuch. Zur Messung von $\left(\frac{\partial u}{\partial v}\right)_T$ an einem Gas schließt man das Gas in einen Kolben A ein, der mit einem vorher evakuierten Kolben B durch einen zunächst geschlossenen Hahn verbunden ist (Abb. 12). Das Ganze befindet sich in einem Temperaturbad. Beim Öffnen des Hahnes strömt das Gas in den Kolben B. Arbeit wird hierbei nicht geleistet, abgesehen von der Betätigung des Hahnes, die nur zur Auslösung des Vorgangs dient. Es ist daher $a = 0$ und nach (§ 12, 1),

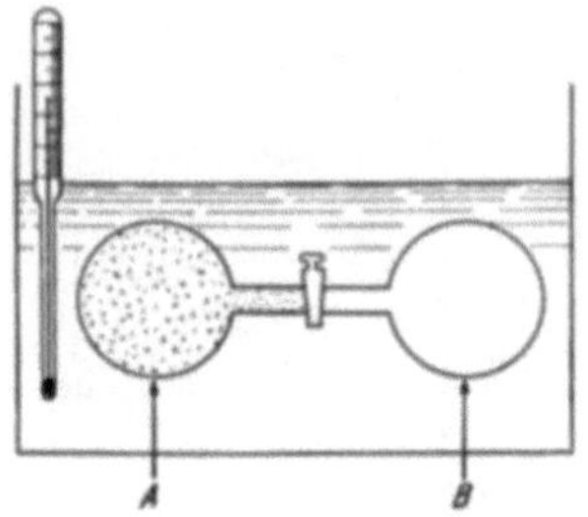

$$du = q$$

und

$$\left(\frac{\partial u}{\partial v}\right)_T = \left(\frac{q}{\partial v}\right)_T, \tag{1}$$

Abb. 12. Schematische Darstellung des *Gay-Lussacschen Versuches.*

d. h. *der Koeffizient* $\left(\frac{\partial u}{\partial v}\right)_T$ *ist gleich der Wärmemenge* q, *die aus dem Temperaturbad aufgenommen wird, wenn sich das Gas um* 1 cm³ *ausdehnt.*

Macht man den Versuch mit dem *idealen Gas*, so muß nach den Darlegungen des § 9 der *Effekt gleich Null* sein, denn die Moleküle des idealen Gases üben keine Kräfte aufeinander aus; also kann auch die Vergrößerung ihres gegenseitigen Abstandes, d. h. die Volumenvergrößerung des Gases keine Energieänderung nach sich ziehen. Für das ideale Gas gilt also

$$\left(\frac{\partial u}{\partial v}\right)_T = 0\,. \tag{2}$$

Sind dagegen Anziehungskräfte vorhanden, so nimmt die Energie u bei Vergrößerung des Volumens zu (so wie die Energie einer Zugfeder beim Dehnen zunimmt); es wird Wärme aufgenommen, d. h. $\left(\frac{\partial u}{\partial v}\right)_T > 0$. Überwiegen die Abstoßungskräfte, so ist $\left(\frac{\partial u}{\partial v}\right)_T < 0$. In Tab. 4 sind die

Tab. 4.
Zahlenwert des Koeffizienten $\left(\frac{\partial u}{\partial v}\right)_T$ für verschiedene Gase in cal/Liter.

t	H_2	O_2	CO_2
∼ 20° C	−0,1	+1,3	+6,6
∼100° C	−0,1	+0,7	+4,5

Koeffizienten $\left(\frac{\partial u}{\partial v}\right)_T$ für einige Gase in cal/Liter angegeben. Um die Zahlen direkt aus dem Versuch zu bekommen, müßte der Kolben B

(Abb. 12) also 1 l Inhalt haben. Bei Sauerstoff ist $\left(\frac{\partial u}{\partial v}\right)_T$ mit dem kleinen Betrag von 1,3 cal/Liter positiv. Sauerstoff nimmt bei der Ausdehnung um 1 l 1,3 cal aus dem Temperaturbad auf, um die Anziehungskräfte seiner Moleküle zu überwinden. Beim Wasserstoff ist $\left(\frac{\partial u}{\partial v}\right)_T$ mit 0,1 cal/Liter negativ; er gibt wegen der Abstoßung seiner Moleküle einen (wenn auch minimalen) Wärmebetrag an das Temperaturbad ab. Bei CO_2 sind wieder überwiegend Anziehungskräfte bemerkbar, und zwar von etwa dem 5fachen Betrag wie beim Sauerstoff. Mit steigender Temperatur werden die Effekte geringer, im Einklang mit den Überlegungen des § 9 über die VAN DER WAALSschen Kräfte.

§ 17. Die Enthalpie *h* als Funktion von Druck und Temperatur. Die Messung der Wärmekapazität bei konstantem Volumen ist im allgemeinen schwierig, besonders bei kondensierten Systemen (Flüssigkeiten und festen Körpern); denn wenn man das Volumen konstant halten, also die Wärmeausdehnung verhindern will, treten sehr hohe Drucke auf, die meßtechnische Schwierigkeiten verursachen. Bei Gasen treten zwar keine hohen Drucke auf, aber auch hier ist die Messung oft erheblich leichter, wenn man auf die Konstanthaltung des Volumens verzichtet, d. h. die Stoffe sich ausdehnen läßt und dafür bei konstantem Druck arbeitet, also c_p mißt. Stillschweigend haben wir das schon in der Versuchsanordnung der Abb. 11 getan. Die Wärmekapazitäten c_p und c_v unterscheiden sich um den Arbeitsbetrag pdv, den das System bei der Wärmeausdehnung dv bei einem Grad Temperaturerhöhung gegen den äußeren Druck p (gewöhnlich = 1 Atm) leistet. Für kondensierte Phasen ist die Volumenausdehnung so klein, daß der Unterschied zwischen c_p und c_v praktisch kaum eine Rolle spielt, *für Gase jedoch ist er wichtig.*

Wir müssen daher an Stelle von u eine Funktion einführen, die auf die Wärmekapazität bei *konstantem Druck* (und nicht bei konstantem Volumen) führt. Das ist die „*Enthalpie*"[1] h, die definiert ist durch

$$h \equiv u + pv\,. \qquad (1)$$

Es ist nämlich (vgl. § 2, 3)

$$dh = du + pdv + vdp, \qquad (2)$$

und mit

$$du = -pdv + q \qquad (\S\ 12,\ 3)$$

erhält man aus Gl. (2)

$$dh = vdp + q \qquad (3)$$

in Analogie zu (§ 12, 3).

Hieraus erhält man entsprechend der Überlegung des § 13 für c_p, die *Wärmekapazität bei konstantem Druck*

$$c_p \equiv \left(\frac{q}{\partial T}\right)_p = \left(\frac{\partial h}{\partial T}\right)_p. \qquad (4)$$

Die Wärmekapazität bei konstantem Druck ist also *gleich der Zunahme*

[1] Vom griechischen Wort enthalpein = erwärmen.

der Enthalpie pro Temperaturgrad. Integriert man Gl. (4) vom absoluten Nullpunkt bis zur Temperatur T

$$\int_{h_0}^{h} dh = \int_{0}^{T} c_p \, dT ,$$

so erhält man

$$h = h_0 + \int_0^T c_p \, dT \tag{5}$$

und sieht hieraus den Zusammenhang zwischen dem Absolutwert der Enthalpie eines Systems mit der experimentell zugänglichen Wärmekapazität: *Die* Enthalpie *ist die Wärmemenge, die nötig ist, um das System vom absoluten Nullpunkt bis zur Versuchstemperatur bei konstantem* Druck *zu erwärmen* und wird auch „*Wärmeinhalt*" genannt. Hierbei ist wiederum abgesehen von h_0, dem Wärmeinhalt beim absoluten Nullpunkt, der auch einen endlichen Betrag hat, aber im folgenden nicht interessiert.

§ 18. Die Molwärmen C_p und C_v. Die Wärmekapazität ist proportional der Menge des Stoffes, der erwärmt wird. Als Mengeneinheit wählen wir wieder das Mol und bezeichnen die Wärmekapazität eines Mols als *Molwärme* mit dem Symbol C, setzen also

$$\frac{c_v}{n} \equiv C_v \tag{1}$$

und

$$\frac{c_p}{n} \equiv C_p . \tag{2}$$

In Tab. 5 sind die Molwärmen einiger Stoffe bei 300° K (= 27° C) und 1000° K = 727° C aufgeführt.

Tab. 5. Molwärmen bei konstantem Druck in cal/Grad

		$T = 300°$	$T = 1000°$
Gase:	H_2	6,9	7,2
	Cl_2	8,1	8,8
	O_2	7,0	8,3
	N_2	7,0	7,8
	CO	7,0	7,9
	CO_2	8,9	13,0
	H_2O	8,0	9,8
	NH_3	8,6	13,0
	CH_4	8,5	16,8
	C_6H_6	20,1	
	$(C_2H_5)_2O$	28,5	
Flüssigkeiten	Hg	6,6	
	H_2O	18,0	
	CH_3OH	18,6	
feste Körper	C_{Graphit}	2,1	5,0
	C_{Diamant}	1,5	5,1
	$S_{\text{(rhomb)}}$	5,5	
	Fe	6,0	
	CaO	10,3	14,4

Bei den zweiatomigen Gasen liegen die Molwärmen alle zwischen 7 und 9 cal/Mol, zeigen also verhältnismäßig geringe Unterschiede. Mit der Temperatur steigen sie an, aber die Temperaturabhängigkeit ist im allgemeinen gering. Bei den drei- und mehratomigen Gasen sind die Molwärmen größer und steigen auch stärker mit der Temperatur an. Auffallend ist der Unterschied zwischen flüssigem und dampfförmigem Wasser (18,1 gegen 8,3 cal). Dieser Unterschied zwischen zwei Aggregatzuständen des gleichen Stoffes ist größer als die Unterschiede der aufgeführten verschiedenen Stoffe im gleichen Aggregatzustand.

Auch bei den *festen* Körpern treten keine allzugroßen individuellen Unterschiede auf; die Atomwärmen liegen bei etwa 6 cal, wenn auch dieser Wert von Graphit und Diamant erst bei höheren Temperaturen erreicht wird.

Die Zahlenwerte der Molwärme und ihr Temperaturverlauf sind theoretisch im großen und ganzen geklärt und sind Gegenstand der statistischen Wärmetheorie.

Außer der Molwärme ist (besonders für Stoffe, deren Molgewicht nicht angegeben werden kann, z. B. Holz, Zement usw.) noch die *spezifische Wärme* wichtig. Hierunter versteht man die Wärmekapazität eines *Grammes* des betr. Stoffes, also den Ausdruck $\frac{c}{m}$.

Die *spezifische Wärme* des Wassers bei 15° beträgt nach § 14 definitionsgemäß 1 cal, seine *Molwärme* beträgt daher

$$C_{H_2O} = 18{,}02 \text{ cal.}$$

§ 19. Die Differenz der Molwärmen $C_p - C_v$. Wie schon in § 17 erwähnt, bereitet die Messung von c_v wesentlich größere meßtechnische Schwierigkeiten als von c_p. Um zu der theoretisch wichtigen Größe c_v zu kommen, geht man daher meist den Umweg über c_p und *berechnet die Differenz* $c_p - c_v$. Hierzu gehen wir von der Gleichung

$$q = du + pdv \qquad (§\ 12,\ 3)$$

aus. Ersetzt man du durch

$$du = (\partial u/\partial T)_v dT + (\partial u/\partial v)_T dv \qquad (§\ 11,\ 2)$$

so ergibt sich

$$q = (\partial u/\partial T)_v dT + [(\partial u/\partial v)_T + p]\, dv \qquad (1)$$

und für die Wärmekapazität bei konstantem Druck

$$\left(\frac{q}{\partial T}\right)_p \equiv c_p = (\partial u/\partial T)_v + [(\partial u/\partial v)_T + p]\left(\frac{\partial v}{\partial T}\right)_p. \qquad (2)$$

Für c_v gilt

$$c_v = (\partial u/\partial T)_v\,, \qquad (§\ 13,\ 3)$$

also ist die gesuchte Differenz

$$c_p - c_v = [(\partial u/\partial v)_T + p]\; (\partial v/\partial T)_p\,. \qquad (3)$$

Dieser Ausdruck gilt allgemein; zu seiner Auswertung muß der Koeffizient $\left(\frac{\partial u}{\partial v}\right)_T$ und die Wärmeausdehnung $\frac{\partial v}{\partial T}$ bekannt sein.

Für das ideale Gas ist die Auswertung sehr einfach: $(\partial u/\partial v)_T$ ist gleich null (§ 16, 2) und für $(\partial v/\partial T)_p$ erhält man mit $pv = nRT$

$$\left(\frac{\partial v}{\partial T}\right)_p = \frac{nR}{p}\,. \qquad (4)$$

Setzt man das in Gl. (3) ein, so erhält man für die Wärmekapazitäten

$$c_p - c_v = nR \qquad (5)$$

und für die Molwärmen

$$C_p - C_v = R\,. \tag{6}$$

Für das ideale Gas ist also C_p um 1,98 cal/Grad größer als C_v. In Tab. 6 ist $C_p - C_v$ für einige Stoffe angegeben.

Tab. 6.

$C_p - C_v$, Differenz der Molwärmen bei konstantem Druck und bei konstantem Volumen für verschiedene Gase bei 15°C und 1 Atm.

Ar	1,994	CH_4	2,004	C_2H_6	2,086
H_2	1,987	CO_2	2,041	H_2S	2,092
N_2	1,995	NO_2	2,050	NH_3	2,108
O_2	1,995	C_2H_4	2,057	Cl_2	2,135
NO	1,996	HCl	2,057	$(CN)_2$	2,170
CO	1,995	C_2H_2	2,057	SO_2	2,183

§ 20. Der Wärmebedarf thermodynamischer Umwandlungen.

Chemische Prozesse, wie z. B. die Verbrennung von Kohlenstoff oder Wasserstoff, sind mit *Energieänderungen* verbunden. Das gleiche gilt für Änderungen des Aggregatzustandes homogener Stoffe, Schmelzen, Sublimation und Verdampfung und auch für Umwandlungen im festen Zustand, z. B. Diamant in Graphit, weißes Zinn in graues Zinn usw. Die Messung der Energieänderung kann man entweder bei *konstantem Volumen* oder bei *konstantem Druck* vornehmen. Im ersten Falle wird die Gleichung

$$du = -pdv + q \tag{§ 12, 3}$$

angewendet. Bei konstantem Volumen ist

$$du = q_v\,, \tag{1}$$

die gesuchte Energieänderung ist gleich der bei der Reaktion aufgenommenen experimentell meßbaren Wärmemenge.

Bei chemischen Reaktionen nennt man die aufgenommene Wärme den *Wärmebedarf* und bezeichnet ihn mit dem Symbol w.

Bei *konstantem Volumen* ist

$$w_v = u_E - u_A\,. \tag{2}$$

Hierbei bedeutet u_E die Energie des Systems im Endzustande, also *nach* der Reaktion, und u_A die Energie des Systems im Anfangszustande. Reaktionen mit *positivem* Wärmebedarf nennt man *endotherm*, solche mit *negativem* Wärmebedarf dagegen *exotherm*. Exotherm sind z. B. alle Verbrennungsreaktionen, weil dabei Wärme *abgegeben* wird. Zur experimentellen Bestimmung von w_v bei Verbrennungsreaktionen (*Verbrennungswärme*) schließt man die Substanz zusammen mit der nötigen Menge Sauerstoff in ein druckfestes Gefäß ein (BERTHELOTsche Bombe) und zündet (elektrisch), nachdem man die Bombe in ein Wasserbad bekannter Wärmekapazität gebracht hat. Aus der Temperaturerhöhung des ganzen „*Kalorimeters*" läßt sich dann w_v ermitteln.

Führt man die Reaktion bei *konstantem Druck* durch, so geht man von der Gleichung

$$dh = vdp + q \tag{§ 17, 3}$$

aus und erhält analog zu Gl. (2)

$$w_p = h_E - h_A. \tag{3}$$

Der Wärmebedarf bei konstantem Druck *ist gleich der Zunahme der* Enthalpie.

Bei chemischen Reaktionen benutzt man den auf einen „Formelumsatz" bezogenen Wärmebedarf W. Er bezieht sich auf diejenigen Mengen der beteiligten Stoffe, die die stöchiometrische Gleichung angibt, z. B.

$$C_{fest} + O_2 + W_p = CO_2 \tag{4}$$

$$CH_4 + 2\,O_2 + W_p = CO_2 + 2\,H_2O \tag{5}$$

$$2\,C_{fest} + O_2 + W_p = 2\,CO \tag{6}$$

Für die Reaktion (4) gilt also nach Gl. (3)

$$W_p = H_{CO_2} - (H_{C fest} + H_{O_2})$$

oder für die Reaktion (5)

$$W_p = H_{CO_2} + 2\,H_{H_2O} - (H_{CH_4} + 2\,H_{O_2})\,.$$

Allgemein schreiben wir

$$W_p = \sum_E H - \sum_A H\,. \tag{7}$$

Hierbei bedeutet

$$H \equiv \frac{h}{n} \tag{8}$$

die *molare* Enthalpie eines Stoffes, $\sum_E H$ die stöchiometrische Summe der molaren Enthalpien der *E*ndstoffe und $\sum_A H$ den entsprechenden Wert für die *A*usgangsstoffe.

Analog dazu schreiben wir

$$W_v = \sum_E U - \sum_A U\,, \tag{9}$$

wobei

$$U \equiv \frac{u}{n} \tag{10}$$

die *molare Energie* eines Stoffes bedeutet.
Für die Differenz $W_p - W_v$ erhält man aus Gl. (7) und (9)

$$W_p - W_v = \sum_E (H - U) - \sum_A (H - U)\,. \tag{11}$$

Nun ist

$$h - u = pv \tag{§ 17, 1}$$

oder

$$H - U = pV\,, \tag{12}$$

also ist

$$W_p - W_v = p\,(\sum_E V - \sum_A V)\,. \tag{13}$$

Der Ausdruck $\sum_E V - \sum_A V$, die Differenz der Summen der Molvolumina der End- und Ausgangsstoffe, ist die *Volumenänderung bei einem Formelumsatz*; bezeichnen wir sie mit ΔV:

$$\sum_E V - \sum_A V \equiv \Delta V \tag{14}$$

so wird

$$W_p - W_v = p\Delta V\,. \tag{15}$$

W_p und W_v sind also identisch, wenn sich das Volumen bei der Reaktion nicht ändert. Eine merkbare Volumenänderung tritt nur auf, wenn *Gase* entstehen oder verschwinden. Bei allen Reaktionen zwischen *kondensierten Phasen* besteht dagegen zwischen W_p und W_v *kein meßbarer Unterschied.* Zur Berechnung von ΔV aus Gl. (14) werden deshalb bei der Summierung nur die Gase berücksichtigt und wir können schreiben

$$\Delta V = \Delta n_{\mathrm{gas}} \cdot V_{\mathrm{gas}}$$

oder mit dem idealen Gasgesetz

$$\Delta V = \Delta n_{\mathrm{gas}} \cdot \frac{RT}{p}\,.$$

Hiermit erhält man aus Gl. (15)

$$W_p - W_v = \Delta n_{\mathrm{gas}} \cdot RT\,. \tag{16}$$

Bei den Reaktionen (4) und (5) ist $\Delta n_{\mathrm{gas}} = 0$, bei (6) ist $\Delta n_{\mathrm{gas}} = 1$.

Tab. 7. W_p, Wärmebedarf thermodynamischer Umwandlungen.
I. Chemische Reaktionen.

	t
a) Hydrierungen:	
$C_{\mathrm{Graphit}} + 2\,H_2 - 18{,}0$ kcal $= CH_4$	20°
$^1/_2\,N_2 + {}^3/_2\,H_2 - 11{,}0$,, $= NH_3$	20°
b) Halogenierungen:	
$^1/_2\,H_2 + {}^1/_2\,Cl_2 - 21{,}9$ kcal $= HCl$	25°
$^1/_2\,H_2 + J_{\mathrm{fest}} + 6{,}0$,, $= HJ$	~20°
c) Oxydationen:	
$H_2 + {}^1/_2\,O_2 - 68{,}3$ kcal $= H_2O_{\mathrm{fl.}}$	25°
$C_{\mathrm{Graphit}} + {}^1/_2\,O_2 - 26{,}6$,, $= CO$	25°
$C_{\mathrm{Graphit}} + O_2 - 94{,}2$,, $= CO_2$	25°
$C_{\mathrm{Diamant}} + O_2 - 94{,}4$,, $= CO_2$	25°
$CO + {}^1/_2\,O_2 - 67{,}6$,, $= CO_2$	25°
$3/2\,O_2 + 33{,}9$,, $= O_3$	~20°
II. Änderung des Aggregatzustandes.	
a) Verdampfungswärmen:	
$H_2O_{\mathrm{fl.}} + 10{,}75$ kcal $= H_2O_{\mathrm{gas}}$	0°
,, $+ 9{,}70$,, ,,	100°
$NH_{3\,\mathrm{fl.}} + 5{,}64$,, $= NH_{3\,\mathrm{gas}}$	−33°
$CH_3Cl_{\mathrm{fl.}} + 4{,}9$,, $= CH_3Cl_{\mathrm{gas}}$	0°
$CO_{2\,\mathrm{fest}} + 6{,}3$,, $= CO_{2\,\mathrm{gas}}$	−78°
b) Schmelzwärme	
$H_2O_{\mathrm{fest}} + 1{,}43$ kcal $= H_2O_{\mathrm{fl.}}$	0°

Nun ist $R = 2$ cal/Grad und bei Zimmertemperatur $T = 300$° K. Also ist $RT = 0{,}6$ kcal. Da Δn im allgemeinen höchstens 2—3 Einheiten beträgt, ist die Differenz $W_p - W_v$ meistens von der Größenordnung 1 kcal.

In Tab. 7 sind die W_p-Werte einiger Reaktionen bei Zimmertemperatur zusammengestellt. Bei stark exothermen Reaktionen, wie der Verbrennung von Kohlenstoff, liegt W_p in der Größenordnung von —60 bis —90 kcal. Man sieht, daß dagegen der Unterschied $W_p - W_v$ von geringer Bedeutung ist.

Die meisten Verdampfungswärmen liegen in der Größenordnung von 10 kcal und die Schmelzwärme noch eine Zehnerpotenz tiefer.

§ 21. Der Heßsche Satz. Da nach dem 1. Hauptsatz die Größen h und u Zustandsfunktionen sind, ist der *Wärmebedarf einer Reaktion nur vom Anfangs- und Endzustande, aber nicht vom Reaktionswege abhängig.*

(*Hessscher Satz.*) Mit Hilfe des Hessschen Satzes kann man den Wärmebedarf von Reaktionen berechnen, die ***direkt nicht meßbar*** sind; z. B. entnimmt man Tab. 7

$$C_{\text{Graphit}} + O_2 - 94{,}2 \text{ kcal} = CO_2$$
$$C_{\text{Diamant}} + O_2 - 94{,}4 \text{ kcal} = CO_2$$

und findet durch Subtraktion für die nicht meßbare, aber theoretisch wichtige Umwandlung von Graphit in Diamant den Wert

$$C_{\text{Graphit}} + 0{,}2 \text{ kcal.} = C_{\text{Diamant}}$$

Bildungswärmen.

Eine Erweiterung dieses Verfahrens erleichtert die *Tabellierung* des Wärmebedarfs chemischer Reaktionen und sonstiger thermodynamischer Umwandlungen: Der Wärmebedarf W_p irgend einer Umwandlung ist gegeben durch

$$W_p = \sum_E H - \sum_A H. \qquad (\S\ 20,\ 7)$$

Aus kalorimetrischen Messungen erhält man also immer nur die auf die betreffende *Umwandlung* bezügliche *Differenz* $\sum_E H - \sum_A H$, aber nicht die Absolutwerte H der molaren Enthalpien der Stoffe selbst. Diese wären zur Tabellierung besser geeignet, denn die Zahl der *Stoffe* ist viel kleiner als die Zahl der zwischen ihnen möglichen *Umsetzungen*, und man könnte den Wärmebedarf einer Umwandlung ohne weiteres aus den Enthalpien der beteiligten Stoffe zusammensetzen.

Wenn auch die molare Enthalpie nach (§ 17, 5) (aus Messungen der Molwärmen bis zu sehr tiefen Temperaturen) zugänglich ist, so ist das Verfahren doch bisher nur für verhältnismäßig wenige Stoffe durchgeführt. Das ist für den vorliegenden Zweck auch gar nicht nötig, denn da es praktisch nur auf Differenzwerte ankommt, ist es gleichgültig, ob man den Wärmeinhalt vom absoluten Nullpunkt oder von einem anderen Ausgangszustand an rechnet.

Man arbeitet daher mit einem *Normalwert* des Wärmeinhaltes, der sog. „*Bildungswärme*" und setzt diese für die wichtigsten Ausgangsstoffe aller thermodynamischen Umwandlungen, das sind die chemischen Elemente, definitionsgemäß gleich null und zwar für denjenigen Zustand, in dem sie bei 25° C und 1 Atm Druck stabil sind. Das ist z. B. für H_2, N_2, O_2, Cl_2 usw. der Gaszustand, für Br_2, Hg der flüssige und für J, Li, Na usw. der feste Zustand. Z. B. ist die Reaktion

$$H_2 + Cl_2 = 2\,HCl$$

im Gasraum bei 25° und 1 Atm Druck mit 43,8 kcal exotherm (Tab. 7). Es ist also

$$W_p = 2\,H_{HCl} - (H_{H_2} + H_{Cl_2}) = -43{,}8 \text{ kcal.}$$

Setzt man willkürlich

$$H_{H_2} = 0 \qquad (1)$$

und

$$H_{Cl_2} = 0 \qquad (2)$$

so ergibt sich $H_{HCl} = -21{,}9$ kcal.

Das ist die *Bildungswärme* für ein Mol gasförmigen HCl aus den Elementen H_2 und Cl_2. Sie ist mit dem entsprechend (§ 17, 5) definierten molaren Wärmeinhalt

$$H = H_0 + \int_0^T C_p\,dT \qquad (3)$$

des Chlorwasserstoffs bis auf eine additive Konstante identisch und soll der Einfachheit halber von diesem formelmäßig im folgenden nicht unterschieden werden.

Löst man nun 1 Mol gasförmigen HCl in viel Wasser auf, so daß nach

$$HCl = H^+ + Cl^-$$

verdünnte Salzsäure, d. h. eine verdünnte wäßrige Lösung von H^+ und Cl^- entsteht, so ist diese Reaktion mit 18,1 kcal exotherm. Es ist also

$$W_p = H_{H^+} + H_{Cl^-} - H_{HCl} = -18{,}1 \text{ kcal}.$$

Setzt man willkürlich auch die Bildungswärme des hydratisierten Wasserstoffions

$$H_{H^+} \equiv 0, \tag{4}$$

so erhält man

$$\begin{aligned} H_{Cl^-} &= W_p + H_{HCl} \\ &= -18{,}1 - 21{,}9 \text{ kcal} \\ &= -40{,}0 \text{ kcal.} \end{aligned}$$

Auf diese Weise erhält man die in Tab. 8 (§ 78) zusammengestellten *Bildungswärmen* H, d. h. den Wärmebedarf bei der Bildung einer Verbindung aus den *Elementen* bei 25° C und 1 Atm. Druck. Die Bildungswärme gelöster Stoffe bezieht sich auf 1 molare Lösungen.

Die in der 3. Spalte der Tab. 8 angeführten $\mathfrak{F}_0$-Werte werden erst in § 77f. besprochen.

Aufgabe 1: Berechne aus den Daten der Tab. 8

a) die Verbrennungswärme des flüssigen Äthylalkohols,

b) die Bildungswärme des flüssigen Methylalkohols aus Kohlenoxyd und Wasserstoff,

c) die Bildungswärme des gasförmigen Chlorwasserstoffs aus wasserfreier Schwefelsäure und festem Natriumchlorid entsprechend der Reaktion

$$H_2SO_4 + 2\,NaCl = Na_2SO_4 + 2\,HCl,$$

d) den Wärmebedarf der Umsetzung von $CaCO_3$ mit verdünnter Salzsäure nach

$$CaCO_3 + 2\,HCl = CaCl_2 + CO_2 + H_2O$$

in wäßriger Lösung,

e) die Verdampfungswärme des Wassers,

f) die Sublimationswärme des Jods.

§ 22. Die Temperaturabhängigkeit des Wärmebedarfs. (Der Kirchhoffsche Satz.)

Differenziert man die Gleichung $W_p = \sum_E H - \sum_A H$ (§ 20, 7) bei konstantem Druck nach der Temperatur, so erhält man

$$\left(\frac{\partial W_p}{\partial T}\right)_p = \sum_E \left(\frac{\partial H}{\partial T}\right)_p - \sum_A \left(\frac{\partial H}{\partial T}\right)_p \tag{1}$$

Nun ist

$$\left(\frac{\partial h}{\partial T}\right)_p = c_p \tag{§ 17, 4}$$

und daher (wegen § 18, 2 und § 20, 8):

$$\left(\frac{\partial H}{\partial T}\right)_p = C_p\,. \tag{2}$$

Damit wird aus Gl. (1)

$$\left(\frac{\partial W_p}{\partial T}\right)_p = \sum_E C_p - \sum_A C_p\,. \tag{3}$$

Analog erhält man

$$\left(\frac{\partial W_v}{\partial T}\right)_v = \sum_E C_v - \sum_A C_v. \tag{4}$$

Die Gl. (3) und (4) sind Ausdruck des *Kirchhoffschen Satzes,* der besagt: *Der Temperaturkoeffizient des Wärmebedarfs einer Umwandlung ist gleich der Differenz der Molwärmen der Ausgangs- und Endstoffe.*

Unmittelbar anschaulich wird der Kirchhoffsche Satz aus folgender Überlegung. Man läßt die Umwandlung auf zwei Wegen ablaufen: 1. bei der Temperatur T (Wärmebedarf W_T) und erwärmt die Endstoffe um dT auf $T + dT$ (Wärmebedarf $\sum_E CdT$). 2. Man erwärmt zuerst die Ausgangsstoffe um dT auf $T + dT$ (Wärmebedarf $\sum_A CdT$) und läßt dann die Umwandlung bei $T + dT$ vor sich gehen (Wärmebedarf $W_T + dT$).

Nach Abb. 13 ist

$$W_T + \sum_E CdT = W_{T+dT} + \sum_A CdT$$

oder

$$\frac{W_{T+dT} - W_T}{dT} = \frac{dW}{dT} = \sum_E C - \sum_A C.$$

Man erhält das gleiche Resultat wie oben.

Aufgabe 2: a) Prüfe, ob die Differenz der Verdampfungswärme des Wassers bei 0° und 100° C (Abb. 14) mit den Angaben der Tab. 5 über die Molwärmen des flüssigen und des dampfförmigen Wassers übereinstimmt.

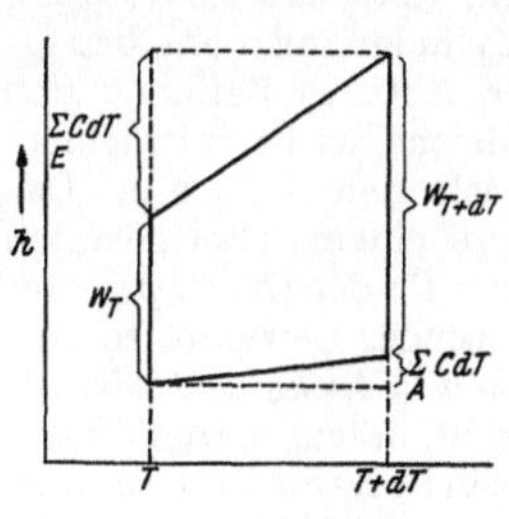

Abb. 13. Zum Kirchhoffschen Satz.

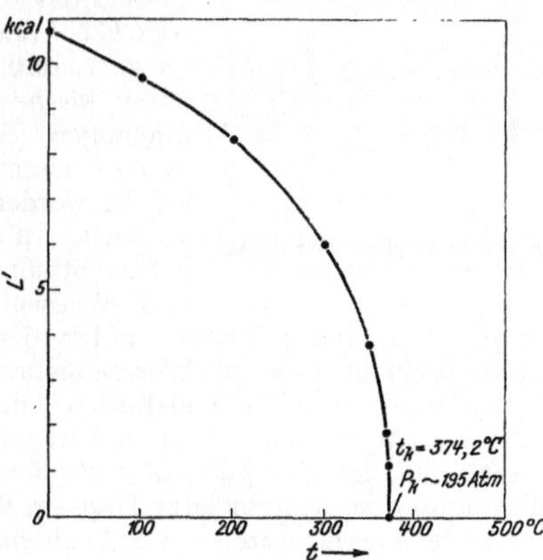

Abb. 14. L molare Verdampfungswärme des Wassers in Abhängigkeit von der Temperatur.

b) Berechne den Wärmebedarf W_p der Reaktion $C + O_2 = CO_2$ bei 1000° C aus den Daten der Tab. 5 und 7.

3. Der zweite Hauptsatz der Thermodynamik.

§ 23. Allgemeines über thermodynamische Gleichgewichte. Nachdem wir die Energieverhältnisse bei thermodynamischen Umwandlungen untersucht haben, wenden wir uns jetzt der Frage nach der *Lage des thermodynamischen Gleichgewichts* zu. *Homogene* chemische Reaktionen, z. B. Reaktionen in Gasen oder Lösungen, führen zu einem *Gleichgewicht,* das bei bestimmter Temperatur und Druck durch das *Massenwirkungsgesetz* gekennzeichnet ist. Der *heterogene* Vorgang der Verdampfung verläuft solange, bis der Dampfdruck über der Flüssigkeit einen bestimmten Wert erreicht hat, der allein durch die Temperatur bestimmt ist; vorausgesetzt, daß die Flüssigkeit nicht vorher verbraucht ist.

Anderseits gibt es auch Systeme, die zwar keinerlei zeitliche Veränderungen erkennen lassen, sich aber trotzdem *nicht* im Gleichgewicht befinden, z. B. eine übersättigte Lösung, eine unterkühlte Schmelze, eine überhitzte Flüssigkeit u. dgl. In diesen Fällen kann von selbst, d. h. ohne äußere Energiezufuhr plötzlich eine einseitig verlaufende *irreversible* Zustandsänderung in Richtung auf das Gleichgewicht eintreten, sobald die Kristallisation oder Dampfbildung irgendwie ausgelöst wird (z. B. durch einen Keim). Ein System, das sich im *thermodynamischen Gleichgewicht* befindet, ist dagegen dadurch charakterisiert, daß die betreffende Umwandlung durch kleine Änderungen der äußeren Bedingungen (der Zustandsvariablen) sowohl *in der einen wie in der anderen* Richtung veranlaßt werden kann, d. h. daß sie *reversibel* verläuft. In dem Zylinder mit dem beweglichen Stempel der Abb. 15 befindet sich z. B. Wasser im Gleichgewicht mit seinem Dampf. Der Stempel steht unter dem konstanten Druck p. Das Ganze befindet sich im Wärmeaustausch mit einem Thermostaten (Wärmebehälter) bei der konstanten Temperatur T; der Druck p, unter dem der Stempel steht, ist durch Auflegung passender Gewichte so austariert, *daß der Stempel weder steigt noch sinkt* (*Gleichgewichtsdruck*). Führt man dem System jetzt langsam Wärme zu, indem man die Temperatur des Thermostaten um den beliebig kleinen Betrag dT *erhöht,* oder entlastet man den Stempel ein wenig, so verdampft Wasser; das Volumen des Systems vergrößert sich, und der Stempel *steigt* dauernd, allerdings entsprechend langsam, in die Höhe. *Verringert* man die Temperatur des Wärmebehälters dagegen um dT oder legt ein unendlich kleines Zusatzgewicht auf den Stempel, so beginnt der Stempel zu *sinken*; das Volumen des Systems vermindert sich, weil Wasserdampf kondensiert wird. Die dabei entwickelte Wärme wird an den Thermostaten abgegeben.

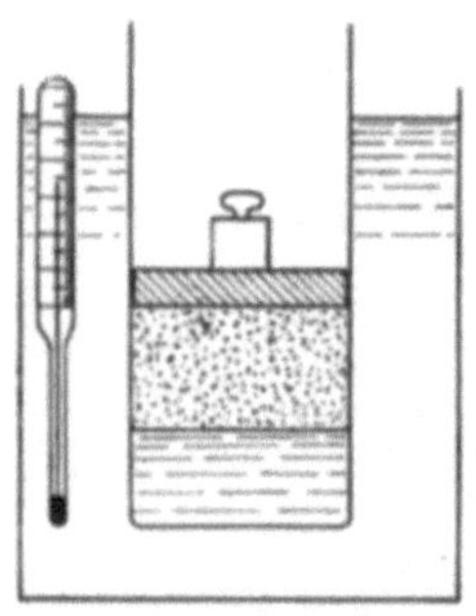

Abb. 15. Verdampfung einer Flüssigkeit bei konstantem Druck.

Ganz analog sind die Verhältnisse, wenn sich in dem Zylinder nicht Wasser, sondern z. B. $CaCO_3$ befindet, das bei Wärmezufuhr nach der

Gleichung

$$CaCO_3 = CaO + CO_2$$

das Gas CO_2 entwickelt (Vorgang des Kalkbrennens). An die Stelle der Verdampfungswärme tritt dann der Wärmebedarf dieser Reaktion.

Zu beachten ist, das es sich bei all diesen reversiblen Zustandsänderungen unter *währendem Gleichgewicht* um *isotherm-isobare* Vorgänge handelt. Isotherm, weil die Wärmezufuhr keine Erhöhung der Temperatur, sondern den Ablauf der Reaktion zur Folge hat; *isobar*, weil der Druck konstant gehalten werden soll.

Wiederholt man die Untersuchung bei einer anderen Temperatur, so verhält sich alles ganz entsprechend, nur ist der Gleichgewichtsdruck p ein anderer, das ist der Druck, den man einstellen muß, damit der Stempel weder steigt noch sinkt.

Im folgenden interessiert nun der Zusammenhang zwischen Gleichgewichts*druck* und *Temperatur*, also der Zusammenhang derjenigen Variablen, die bei den besprochenen *Veränderungen unter währendem Gleichgewicht konstant* gehalten werden sollen.

§ 24. Die Gleichgewichtsbedingung für abgeschlossene Systeme (Entropiesatz). Um diesen Zusammenhang, d. h. die Bedingungen des thermodynamischen Gleichgewichts allgemein zu erkennen, betrachten wir zunächst ein einfaches *mechanisches Gleichgewicht*, z. B. eine Kugel, die sich in einer Schale befindet (Abb. 16) und sich nur auf der Schalenfläche bewegt. Sie ist nur an der tiefsten Stelle im stabilen Gleichgewicht, denn allein dort sind alle Verschiebungen der Kugel reversibel. Stößt man die Kugel an, so schaukelt sie um den Punkt o herum, die einzelnen Ausschläge sind umkehrbar (wenn man von der Reibung absieht). Würde die Kugel an irgendeiner anderen Stelle der Schale *haften*, so wäre ihr Zustand etwa mit dem einer unterkühlten Flüssigkeit vergleichbar, d. h. bei Auslösung würde sie sich sofort auf den Punkt o zu bewegen, also in der *Richtung*, daß ihre potentielle Energie *abnimmt*. Eine Umkehrung dieses Vorganges ist nicht denkbar. Wie in diesem Falle ist auch jede andere *spontane* Einstellung eines Gleichgewichtes ein *irreversibler* Vorgang.

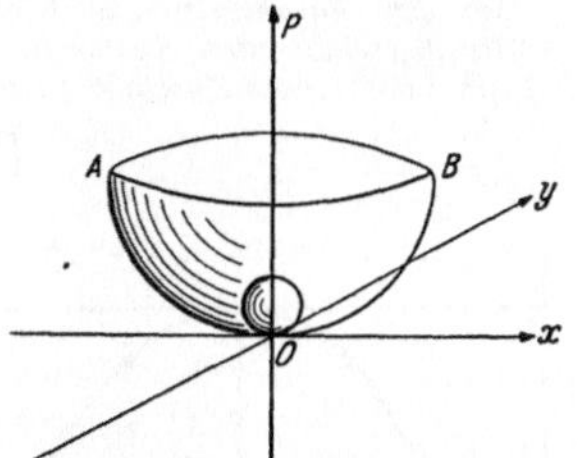

Abb. 16. Die Kugel befindet sich nur im tiefsten Punkt der Schale im stabilen Gleichgewicht. Die Kurve $A - O - B$, welche die Form der Schale beschreibt, gibt zugleich die potentielle Energie oder das Potential P der Kugel als Funktion der Lagekoordinaten x und y an.

Die potentielle Energie der Kugel ist durch ihre Höhe bestimmt und auf der senkrechten Koordinate der Abb. 16 aufgetragen. Sie ist eine Funktion der (waagerechten) Lagekoordinaten x und y:

$$P = f(x, y)$$
$$dP = \left(\frac{\partial P}{\partial x}\right) dx + \left(\frac{\partial P}{\partial y}\right) dy .$$

Die Funktion f, also die Werte der Koeffizienten $\left(\frac{\partial P}{\partial x}\right)$ und $\left(\frac{\partial P}{\partial y}\right)$ sind durch die Form der Schale bestimmt, denn die Koeffizienten geben die Steilheit der Tangenten an die Schale von Punkt zu Punkt an. Die Form der Schale interessiert uns im einzelnen nicht. Im Punkt o jedenfalls verlaufen alle Tangenten waagerecht, es ist

$$\left(\frac{\partial P}{\partial x}\right)_0 = \left(\frac{\partial P}{\partial y}\right)_0 = 0$$

und damit $$(dP)_0 = 0 .$$

Die potentielle Energie der Kugel hat im Punkte o ein *Minimum*.

Dieses mechanische Gleichgewicht ist nur ein Sonderfall. Mit dem *allgemeinen* Fall, d. h. mit dem Begriff des Gleichgewichts überhaupt, beschäftigt sich der *2. Hauptsatz der Thermodynamik*. Er führt, wie in § 106f. gezeigt wird, zu dem folgenden

Entropiesatz:

„In einem abgeschlossenen System ist die Richtung, in der ein Vorgang ablaufen kann, durch eine Funktion s bestimmt, die nach dem griechischen Wort entrepein = wenden „Entropie" genannt wird. Ein abgeschlossenes System ist dadurch gekennzeichnet, daß keinerlei Energieaustausch, insbesondere also auch kein Wärmeaustausch mit der Umgebung und keine Änderung seines Volumens möglich ist. Die Entropie ist eine Zustandsfunktion wie u oder h, und hat die charakteristische Eigenschaft, bei allen irreversiblen Vorgängen in abgeschlossenen Systemen zuzunehmen. Geht ein solches System irreversibel von einem Zustand 1 in einen Zustand 2 über, so ist also immer

$$\boxed{s_2 > s_1 .}\text{"} \tag{1}$$

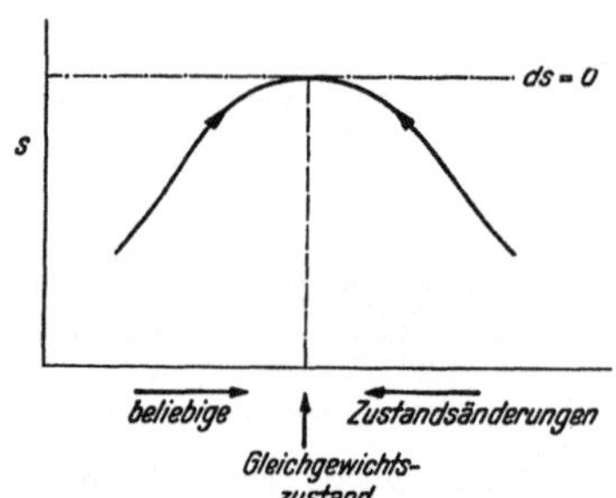

Abb. 16a. Entropie und Gleichgewichtszustand in abgeschlossenen Systemen.

Hieraus ziehen wir folgende Schlüsse für das thermodynamische Gleichgewicht:

Die Einstellung eines *Gleichgewichts*zustandes ist, wie wir gesehen haben, stets ein irreversibler Vorgang und ist daher in einem abgeschlossenen System nach Gl. (1) mit einer Entropiezunahme verbunden. Im Gleichgewichtszustand selbst kann die Entropie nicht mehr wachsen, sie hat ein Maximum erreicht (vgl. Abb. 16a). Da die Tangente an eine Kurve im Maximum waagerecht verläuft, ist die allgemeine Gleichgewichtsbedingung für ein abgeschlossenes System mathematisch als

$$\boxed{ds = 0} \tag{2}$$

zu formulieren.

Auch ein abgeschlossenes System kann aus mehreren Teilen bestehen, für die man die einzelnen Beiträge zur Funktion s des Gesamtsystems getrennt berechnen kann. Wir werden hiervon in § 26 Gebrauch machen.

Hiermit ist die Frage nach dem physikalischen Sinn der Entropie vom Standpunkt der Thermodynamik bereits erschöpfend beantwortet. *Die Entropie ist diejenige Funktion, die für ein abgeschlossenes System im Gleichgewicht ein Maximum hat.* Sie bildet damit das analytische Merkmal des thermodynamischen Gleichgewichts in abgeschlossenen Systemen (so wie die potentielle Energie in dem besprochenen Sonderfall eines mechanischen Gleichgewichts).

Eine weitere Frage ist, wie *Entropiedifferenzen experimentell bestimmt* werden können. Sie ist für die folgenden zahlreichen und wichtigen Anwendungen des Entropiesatzes entscheidend. Aus dem 2. Hauptsatz ergibt sich in § 106f folgende Antwort, die sich *nicht* auf abgeschlossene Systeme, sondern auf solche Systeme bezieht, die im *Wärmeaustausch* mit ihrer Umgebung stehen. Sie lautet:

„*Führt man einem System reversibel die kleine Wärmemenge q_{rev} zu, so wächst seine Entropie um*

$$\boxed{ds = \frac{q_{\text{rev}}}{T}} \text{ .“} \tag{3}$$

Als Beispiel möge uns einstweilen das Verdampfungsgleichgewicht dienen. Führen wir dem System der Abb. 15 *unter währendem Gleichgewicht*, also reversibel, die kleine Wärmemenge q zu, so verdampft eine entsprechende Menge Flüssigkeit, und wir erhalten die Entropiezunahme ds, wenn wir die zugeführte Wärmemenge durch die absolute Gleichgewichtstemperatur dividieren.

Die Herleitung der grundlegenden Gl. (1) und (3) aus dem zweiten Hauptsatz der Thermodynamik wird in § 106f. durchgeführt. Die Beweisführung erfolgt indirekt, und zwar wird gezeigt, daß ein perpetuum mobile 2. Art möglich wäre, wenn die Gl. (1) und (3) *nicht* bestünden. Unter einem perpetuum mobile 2. Art versteht man eine periodisch arbeitende Maschine, die weiter nichts bewirkt, als Hebung einer Last und Abkühlung eines Wärmebehälters, und der 2. Hauptsatz besagt, daß ihre Herstellung unmöglich ist.

In § 25 wird auf Grund von Gl. (3) gezeigt, wie *Entropiedifferenzen zwischen zwei Zuständen gleichen Druckes und gleicher Temperatur* aus *kalorimetrischen* Messungen, also aus dem Wärmebedarf W_p der entsprechenden Umwandlung ermittelt werden können. Kalorimetrische Messungen werden im allgemeinen an *irreversiblen* Vorgängen durchgeführt, z. B. an der Verbrennung einer Substanz oder Mischung zweier Stoffe usw. Gl. (3), die sich auf reversible Umwandlungen bezieht, ist also entsprechend umzuformen.

In § 26 wird dann die Gleichgewichtsbedingung (2), die sich auf abgeschlossene Systeme bezieht, für *isotherm-isobare Vorgänge* ausgewertet, mit denen wir uns im folgenden allein zu beschäftigen haben. Isotherm-isobare Vorgänge können sich nicht in abgeschlossenen Systemen abspielen. Isotherme Vorgänge sind vielmehr nur möglich, wenn ihr Wärmebedarf aus einem Wärmebehälter außerhalb des Systems gedeckt wird, und isobare Vorgänge sind im allgemeinen mit einer Volumenänderung des Systems verbunden und daher ebenfalls nicht in abgeschlossenen Systemen denkbar. Die Gleichgewichtsbedingung (2) ist also entsprechend umzuformen.

§ 25. Die Entropiedifferenz $(\Delta s)_{p,T}$ zwischen zwei Zuständen gleichen Druckes und gleicher Temperatur. Führt man einem System unter währendem Gleichgewicht, also *reversibel* die Wärmemenge q zu, so nimmt seine Entropie um

$$ds = \frac{q_{\text{rev}}}{T} \qquad (\S\, 24,\, 3)$$

zu.

Nun ist allgemein

$$q = du - a\,. \qquad (\S\, 12,\, 1)$$

Sofern keine anderen Energieformen als Wärme und mechanische Volumenarbeit auftreten (vgl. § 10), gilt für reversible Zustandsänderungen

$$a_{\text{rev}} = -\,pdv \qquad (\S\, 12,\, 2)$$

und dementsprechend

$$q_{\text{rev}} = du + pdv\,, \qquad (\S\, 12,\, 3)$$

und hiermit erhält man für die Entropieänderung

$$ds = \frac{du + pdv}{T}\,. \qquad (1)$$

Die Gl. (1) enthält nur noch Zustandsfunktionen bzw. Zustandsvariable, ist aber im Gegensatz zu der ursprünglichen Gleichung (§ 24, 3) nicht mehr allgemeingültig, sondern setzt voraus, daß insbesondere keine elektrischen oder Grenzflächenenergien auftreten. Hierauf kommen wir in § 71 zurück.

Da wir es im folgenden bei der Berechnung der einzelnen Gleichgewichtsbedingungen immer nur mit Entropiedifferenzen zwischen zwei Zuständen gleichen Druckes und gleicher Temperatur zu tun haben werden, wollen wir die Gl. (1) für *isotherm-isobare Vorgänge* auswerten. Zunächst ersetzen wir die Energieänderung du durch die entsprechende Enthalpieänderung dh nach

$$du = dh - pdv - vdp \qquad (\S\, 17,\, 2)$$

und erhalten

$$ds = \frac{dh - vdp}{T} \qquad (2)$$

und für *isobare* Prozesse ($dp = 0$)

$$(ds)_p = \frac{dh}{T}\,. \qquad (3)$$

Für *isotherme* Prozesse läßt sich die Gl. (3) leicht integrieren, da T konstant ist und $\frac{1}{T}$ daher vor das Integralzeichen gesetzt werden kann.

Man erhält für den Anfangs- und Endzustand isotherm-isobarer Prozesse

$$\int_{s_A}^{s_E} (ds)_{p,T} = \frac{1}{T} \int_{h_A}^{h_E} dh \tag{4}$$

oder

$$(s_E - s_A)_{p,T} = \frac{h_E - h_A}{T}. \tag{5}$$

Nun ist

$$h_E - h_A = w_p \qquad (\S\ 20, 3)$$

und damit

$$(s_E - s_A)_{p,T} \equiv (\Delta\, s)_{p,T} = \frac{w_p}{T}, \tag{6}$$

d.h. *die Entropiedifferenz zwischen zwei Zuständen gleichen Drucks und gleicher Temperatur ist gleich dem Wärmebedarf der Umwandlung dividiert durch die absolute Temperatur.* (Der Wärmebedarf ist also kalorimetrisch bei konstantem Druck und konstanter Temperatur zu ermitteln.)

Bezieht man die Gl. (6) auf 1 Mol und setzt für die *molare Entropie* eines Stoffes

$$\frac{s}{n} \equiv S, \tag{7}$$

so erhält man

$$(S_E - S_A)_{p,T} = \frac{W_p}{T} \tag{8}$$

für die Umwandlung eines Einstoffsystems.

Bei Verdampfungsvorgängen bedeutet W_p die molare Verdampfungswärme, die man zuführen muß, um 1 Mol der Substanz bei der Temperatur T zu verdampfen. Man bezeichnet sie mit dem Symbol L'. Bei Schmelzvorgängen ist W_p die molare Schmelzwärme L'', bei Lösungsvorgängen die molare Lösungswärme des zu lösenden Stoffes (näheres hierüber in § 52), usw.

Bei chemischen Reaktionen beziehen wir Gl. (6) auf einen Formelumsatz (vgl. § 20) und erhalten

$$(\Delta S)_{p,T} \equiv \sum_E S_{p,T} - \sum_A S_{p,T} = \frac{W_p}{T}. \tag{9}$$

Hierbei bedeutet $(\Delta S)_{p,T}$ die Entropieänderung bei einem Formelumsatz unter konstantem p und T, $\sum_E S_{p,T}$ die stöchiometrische Summe der molaren Entropien der Endstoffe und $\sum_A S_{p,T}$ das gleiche für die Ausgangsstoffe. W_p ist der durch (§ 20, 7) definierte Wärmebedarf der Reaktion.

§ 26. Die Bedingung des thermodynamischen Gleichgewichts für isotherm-isobare Vorgänge. Um die Gleichgewichtsbedingung für ein abgeschlossenes System

$$ds = 0 \qquad (\S\ 23, 2)$$

für isotherm-isobare Vorgänge auszuwerten, zerlegen wir das Gesamtsystem in zwei Teile: 1. in das System im engeren Sinne, z. B. die in dem Zylinder der Abb. 15 eingeschlossenen Stoffe, die wir von nun an wieder kurz mit „System" bezeichnen wollen; 2. den umgebenden Wärmebehälter, der konstantes Volumen haben und auch gegen Wärmeaustausch mit der Umgebung vollständig abgeschlossen sein soll. Bezeichnen wir mit ds die Entropiezunahme des Systems und mit ds_0 die Entropiezunahme des umgebenden Wärmebehälters, so lautet die Gleichgewichtsbedingung für das Gesamtsystem

$$ds + ds_0 = 0. \tag{1}$$

Hierbei ist nach (§ 25, 2)

$$ds_0 = -\frac{dh - vdp}{T}, \tag{2}$$

denn die Entropie des umgebenden Wärmebehälters nimmt um ds_0 *ab*, wenn der Energiebetrag $dh - vdp$ an das System abgegeben wird. Damit wird aus Gl. (1)

$$ds - \frac{dh - vdp}{T} = 0$$

oder

$$Tds - (dh - vdp) = 0. \tag{3}$$

In Gl. (3) kommen nur noch Größen vor, die sich auf das System selbst beziehen, welches mit seiner Umgebung in Wärmeaustausch steht. Für die uns im folgenden allein interessierenden *isotherm-isobaren* Vorgänge nimmt sie eine wesentlich einfachere Form an, denn für $dT = dp = 0$ wird erstens

$$vdp = 0, \tag{4}$$

und zweitens kann man T, da es konstant ist, mit unter das Differentialzeichen nehmen, d. h.

$$Tds = d(Ts) \tag{5}$$

setzen. Hiermit wird aus Gl. (3)

$$d(Ts) - dh = 0 \tag{6}$$

oder

$$d(Ts - h) = 0, \tag{7}$$

d. h. das thermodynamische Gleichgewicht ist für *isotherm-isobare* Vorgänge durch das Maximum der Funktion $Ts - h$ oder (was auf dasselbe hinauskommt) durch das *Minimum* der Funktion $h - Ts$ gekennzeichnet. Setzen wir zur Abkürzung

$$\boxed{h - Ts \equiv g}, \tag{8}$$

so nimmt die Gleichgewichtsbedingung (7) die Form an

$$\boxed{dg = 0}. \tag{9}$$

§ 27. Das thermodynamische Potential. Da die Funktion g im thermodynamischem Gleichgewicht für isotherm-isobare Prozesse ein Minimum hat, spielt sie für diese dieselbe Rolle, wie die potentielle Energie bzw. das Potential in der Mechanik. Man nennt sie daher das *thermodynamische Potential*.

An die Stelle der Lagekoordinaten x und y in unserem mechanischen Beispiel (Abb. 16) treten die Zustandsvariablen p und T; denn nach (§ 26, 8) ist

$$dg = dh - Tds - sdT \tag{2}$$

oder mit

$$Tds = dh - vdp \qquad (\S\ 25,\ 2)$$

$$dg = vdp - sdT\,. \tag{3}$$

Da die Koeffizienten v und s eindeutige Zustandsfunktionen sind, ist dg ein vollständiges Differential, d. h. das thermodynamische Potential g ist eine Funktion von p und T

$$g = f\,(p,\ T)\,, \tag{4}$$

und die Koeffizienten der Gleichung

$$dg = \left(\frac{\partial g}{\partial p}\right) dp + \left(\frac{\partial g}{\partial T}\right) dT \tag{5}$$

sind gegeben durch

$$\left(\frac{\partial g}{\partial p}\right) = v \tag{6}$$

und

$$\left(\frac{\partial g}{\partial T}\right) = -s\,, \tag{7}$$

wie man durch Vergleich der Koeffizienten von Gl. (3) und (5) sieht.

Die Gl. (3) bezieht sich auf die gerade vorliegende Menge eines Stoffes. Will man sie auf ein Mol beziehen, so ist sie durch die Molzahl n zu dividieren. Mit

$$\frac{g}{n} \equiv G \tag{8}$$

$$\frac{v}{n} \equiv V \qquad (\S\ 6,\ 3)$$

$$\frac{s}{n} \equiv S \qquad (\S\ 25,\ 7)$$

erhalten wir an Stelle von Gl. (3) für die Änderung des *molaren* thermodynamischen Potentials G die Gleichung

$$\boxed{dG = Vdp - SdT} \tag{9}$$

mit den Koeffizienten

$$\frac{\partial G}{\partial p} = V \tag{10}$$

und

$$\frac{\partial G}{\partial T} = -S \tag{11}$$

und die *Gleichgewichtsbedingung*

$$\boxed{dG = 0} \tag{12}$$

§ 28. Übersicht über die Anwendung des thermodynamischen Potentials zur Berechnung verschiedener thermodynamischer Gleichgewichte. Die Gl. (§ 27, 9 u. 12) bilden die Grundlage für die Berechnung der einzelnen thermodynamischen Gleichgewichte (Teil B dieses Kapitels); ihrer Anwendung liegen allgemein folgende Überlegungen zugrunde:

Ein thermodynamisches Gleichgewicht stellt sich durch den Übergang eines Stoffes von einem Zustand 1 in einen Zustand 2 ein und ist dann erreicht, wenn beim Übergang einer kleinen Menge des Stoffes in der einen oder anderen Richtung sein molares thermodynamisches Potential *insgesamt ungeändert* bleibt, d. h. wenn

$$dG = 0 \qquad (\S\ 27,\ 12)$$

ist. Die Potentialänderung dG setzt sich zusammen aus der Zunahme des Potentials $(dG)_E$ beim Auftreten des Stoffes im Endzustand und der Abnahme $-(dG)_A$ beim Verschwinden des Stoffes im Ausgangszustand

$$dG = (dG)_E - (dG)_A\,, \qquad (1)$$

so daß wir für (§ 27, 12) auch schreiben können

$$(dG)_E - (dG)_A = 0\,. \qquad (2)$$

Die kleinen reversiblen Übergänge des Stoffes von einem Zustand in den anderen bei währendem Gleichgewicht mit den entsprechenden Änderungen der Zustandsvariablen dp und dT entsprechen in unserem mechanischen Beispiel dem Herumschaukeln der Kugel um die Gleichgewichtslage mit den Änderungen der Lagekoordinaten dx und dy.

Welchen Zustand man als End- und welchen als Ausgangszustand bezeichnet, ist dabei gleichgültig. Bei der Verdampfung ist der gasförmige der Endzustand und der flüssige der Ausgangszustand. $(dG)_E$ bedeutet dann die Zunahme des Potentials des Stoffes in der Gasphase und $-(dG)_A$ seine Abnahme in der flüssigen Phase. Bei der Kondensation ist es umgekehrt. Entsprechendes gilt für den Schmelz- und Sublimationsvorgang. Zur Berechnung dieser Gleichgewichte hat man also nur die Veränderungen $(dG)_E$ und $(dG)_A$ nach (§ 27, 9) anzuschreiben und ihre Differenz gleich null zu setzen. Für das Verdampfungsgleichgewicht wird dieses Verfahren in § 38 durchgeführt[1].

Von besonderer Wichtigkeit sind nun Gleichgewichte, an denen *mehrere Stoffe* beteiligt sind. Wie lautet z. B. die Gleichgewichtsbedingung für die Verdampfung des Wassers aus einer *Lösung*, welche Rohrzucker oder irgend einen anderen nichtflüchtigen Stoff enthält? Für die Gasphase gilt das gleiche wie bisher; denn sie enthält nur Wasserdampf. Die Lösung hingegen enthält zwei Stoffe, das Wasser und den gelösten Stoff, sie ist eine *Mischphase*.

Das thermodynamische Gleichgewicht zwischen beiden Phasen stellt sich auch in diesem Falle allein durch den Übergang des Wassers von einer Phase in die andere ein und ist erreicht, wenn für *dessen* Potential die Bedingung (2) erfüllt ist.

[1] Der Leser, welcher die Durchführung sogleich kennen lernen will, kann die §§ 38—39 schon jetzt durcharbeiten.

Nehmen wir die Gasphase als Endzustand, so ist $(dG)_E$ wieder ohne weiteres nach (§ 27, 9) zu berechnen; $(dG)_A$ die Potentialänderung des Wassers in der Flüssigkeit hängt dagegen außer von den Zustandsvariablen p und T offenbar noch von der Zusammensetzung, d. h. von der Konzentration der Lösung ab. Für Mischphasen muß daher die Gl. (§ 27, 9) noch in dieser Richtung ergänzt werden. Das geschieht in den folgenden §§ 29—32 und führt zu der Gl. (§ 32, 2).

Ähnlich wie für die Verdampfung liegen die Verhältnisse für den *Schmelzvorgang* (§§ 47—50). Das Gleichgewicht zwischen einer wäßrigen Lösung und Eis stellt sich durch den Übergang des Wassers von einer Phase in die andere ein. Mischt man z. B. Eis mit Wasser oder einer wäßrigen Lösung von Zimmertemperatur, so schmilzt solange Eis, d. h. Wasser geht von der festen Phase in Lösung über, bis durch den Verbrauch an Schmelzwärme die Temperatur des ganzen Systems auf den Gleichgewichtswert gesunken ist, der durch den äußeren Druck und durch die Konzentration der Lösung bestimmt ist. Nunmehr hat ein weiterer Übergang einer kleinen Menge Wassers in der einen oder anderen Richtung, d. h. durch Schmelzen oder Ausfrieren insgesamt keine Potentialänderung des Wassers mehr zur Folge, es gilt die Beziehung (2); das Gleichgewicht ist erreicht.

Das *Löslichkeitsgleichgewicht* (§§ 51—52) besteht zwischen der Lösung und den Kristallen des zu lösenden Stoffes. Es stellt sich durch *dessen* Übergang von einer Phase in die andere ein. Die Gleichgewichtsbedingung (2) ist also in diesem Falle auf den gelösten Stoff zu beziehen.

Allgemein bezieht sich die Gleichgewichtsbedingung (2) auf denjenigen Stoff, d. h. auf diejenige Komponente der Mischphase, durch deren Übergang zwischen zwei Zuständen das Gleichgewicht eingestellt wird. Bezeichnen wir sie mit dem Index i, so lautet die Gleichgewichtsbedingung

$$(dG_i)_E - (dG_i)_A = 0 \,. \tag{3}$$

Da das Potential G_i sich nicht auf die ganze Phase, sondern nur auf den durch die Komponente i gebildeten *Bestandteil* bezieht, bezeichnet man es als *partielles* molares thermodynamisches Potential. Der Kürze halber werden wir es meistens einfach das Potential der Komponente i nennen. Wir können die Aufgabe der folgenden §§ 29—32 jetzt dahin präzisieren, daß die Potentialänderung dG_i für eine Komponente der Mischphase in Abhängigkeit von allen in Frage kommenden Zustandsvariablen zu berechnen ist, damit sie dann in die Gleichgewichtsbedingung (3) eingesetzt werden kann.

Ein *chemisches* Gleichgewicht (§§ 53f.) stellt sich durch die Verwandlung eines oder mehrerer Ausgangsstoffe in einen oder mehrere Endstoffe nach einer bestimmten Reaktionsgleichung ein.

Es ist dann erreicht, wenn die Summe $\sum_E dG_i$ der Potentialzunahmen beim Entstehen der Endstoffe gleich der Summe $\sum_A dG_i$ der Potentialabnahmen beim Verschwinden der Ausgangsstoffe für einen beliebig kleinen Umsatz in der einen oder anderen Richtung ist, d. h. wenn

$$\sum_E dG_i - \sum_A dG_i = 0 \tag{4}$$

ist. Die Summen sind über die stöchiometrischen Mengen entsprechend der Reaktionsgleichung zu bilden, also z. B. für die Reaktion

$$2\,H_2 + O_2 \rightleftarrows 2\,H_2O$$

ist

$$\sum_E dG_i = 2\,dG_{H_2O}$$

und

$$\sum_A dG_i = 2\,dG_{H_2} + dG_{O_2}\,.$$

Einen Sonderfall chemischer Gleichgewichte bilden elektrochemische Umsetzungen, d.h. solche, an denen Elektronen beteiligt sind (§§ 65f). Sie treten in galvanischen Elementen auf, z. B. die Reaktion

$$Cu \rightleftarrows Cu^{++} + 2\,\ominus\,,$$

d. h. der Übergang von metallischem Kupfer in zweifach positive Kupferionen und zwei Elektronen. In diesem Falle tritt zwischen dem Kupfer und der die Kupferionen enthaltenden Lösung eine *elektrische* Potentialdifferenz (Spannung) auf, und diese ist als neue Zustandsvariable in die thermodynamische Potentialgleichung einzuführen.

Außer der elektrischen Potentialdifferenz kann als weitere Zustandsvariable schließlich noch die Größe der Oberfläche einer Phase, bzw. der Grenzfläche zwischen zwei Nachbarphasen auftreten. Es handelt sich in diesen Fällen um sog. *Grenzflächengleichgewichte*, die in §§ 72ff. besprochen werden.

Wie man aus diesen hier vorläufig nur kurz angedeuteten Beispielen ersieht, treten thermodynamische Gleichgewichte in mannigfachen Formen auf. Ihre Berechnung beruht jedoch immer wieder auf derselben grundlegenden Gleichgewichtsbedingung (2). Diese Einheitlichkeit *der Systematik ermöglicht es uns, die Einzelaufgaben im Teil B dieses Kapitels ohne neue Rechenansätze und mit einem sehr geringen Formelaufwand zu lösen.*

4. Die Thermodynamik der Mischphasen.

Die bisherigen Betrachtungen beschränkten sich auf chemisch einheitliche Substanzen. Wenn wir sie jetzt auf *Mischphasen* erweitern, so tritt als unabhängige Zustandsvariable außer Druck und Temperatur noch die *Zusammensetzung* auf. Eine Mischphase kann beliebig viele Stoffe (oder Komponenten) enthalten, die wir der Reihe nach mit 1, 2, 3, ... numerieren. Ist von einer noch nicht näher bezeichneten Komponente dieser Reihe die Rede, so bezeichnen wir ihre Nummer mit i, so daß für i irgend eine der Zahlen 1, 2, 3, ... eingesetzt werden kann. Wir beschränken uns im folgenden auf Mischphasen aus nur zwei Komponenten, auf sog. *binäre Mischungen*, weil diese zunächst am wichtigsten sind.

Beim Zusammengeben der Komponenten tritt im allgemeinen eine *Mischungswärme* auf. Entweder tritt Erwärmung ein, wie beim Zusammengeben von H_2O und H_2SO_4, oder Abkühlung wie beim Auflösen von NH_4Cl in H_2O. Die Mischungswärme hängt nach Betrag und evtl. auch Vorzeichen von der Konzentration der Mischung ab und rührt von den Wechselwirkungskräften der Komponenten her. Einen wichtigen Grenzfall bilden diejenigen Mischphasen, bei denen die Mischungswärme über den ganzen Konzentrationsbereich — das ist bei binären Mischungen von der reinen Komponente 1 bis zur reinen Komponenten 2 — gleich null ist. Wir bezeichnen sie als *ideale Mischungen.*

Flüssige Mischphasen bezeichnet man kurz als *Lösungen.* Von ihnen stehen für uns die *verdünnten Lösungen* aus praktischen Gründen im Vordergrund. Unter verdünnten Lösungen versteht man solche, bei denen die eine Komponente (wir bezeichnen sie als *erste*) in *großem Überschuß* vorhanden ist und daher als *Lösungsmittel* bezeichnet wird. Der Index *1* bezieht sich also im folgenden immer auf das *Lösungsmittel,* der Index *2* auf den *gelösten Stoff.* Symbole ohne Index beziehen sich auf die gesamte Mischphase.

§ 29. Konzentrationsmaße. Die Zusammensetzung oder Konzentration einer Lösung kann auf sehr verschiedene Weise angegeben werden; die gebräuchlichsten Konzentrationsmaße sind folgende:

1. Man gibt das Verhältnis q von m_2, der Menge des gelösten Stoffes, zu m_1, der Menge des Lösungsmittels, in Gramm an

$$q \equiv \frac{m_2}{m_1}\,. \tag{1}$$

2. Man gibt das Verhältnis p von m_2 zu m, der Gesamtmenge der Lösung an

$$p \equiv \frac{m_2}{m} = \frac{m_2}{m_1 + m_2}\,. \tag{2}$$

Den Ausdruck $100\,p$ bezeichnet man auch als *Prozentgehalt* der Lösung (Gewichtsprozente).

3. Unter der *Volumenkonzentration* c versteht man die Anzahl der *Mole* des gelösten Stoffes auf 1000 cm³-Lösung

$$c \equiv \frac{1000\,n_2}{v}\,. \tag{3}$$

4. Unter der *Gewichtskonzentration* c_g versteht man die Anzahl der Mole des gelösten Stoffes auf 1000 g Lösungs*mittel*

$$c_g \equiv \frac{1000\,n_2}{m_1}\,. \tag{4}$$

5. Unter dem Molenbruch x_2 des gelösten Stoffes versteht man das Verhältnis

$$x_2 \equiv \frac{n_2}{n_1 + n_2}\,. \tag{5}$$

Der Prozentgehalt $100\,p$ wird meist für technische Zwecke angegeben; außerdem dann, wenn das Molgewicht M_2 des gelösten

Stoffes nicht bekannt ist. In der Chemie benutzt man meist die Konzentrationsmaße c oder c_g. Die Volumenkonzentration c ist zweckmäßig, wenn die Lösung durch Auflösen des Stoffes in einem Meßkolben erfolgt, und ist besonders für Titrationen das gegebene Maß. Unbequem ist, daß sie für ein bestimmtes Mengenverhältnis der beiden Stoffe temperaturabhängig ist, denn das Volumen der Lösung nimmt mit der Temperatur zu. Sie wird meist für 15° angegeben.

Für *physikalisch-chemische* Berechnungen ist der *Molenbruch* zweckmäßig. Er hat den Vorteil, daß sein Zahlenwert für alle Mischungsverhältnisse zwischen 0 und 1 liegt und daß die Summe aller Molenbrüche stets gleich 1 ist; denn es gilt für Mischungen aus beliebig vielen Komponenten

$$x_1 = \frac{n_1}{n_1 + n_2 + n_3 \cdots}, \quad x_2 = \frac{n_2}{n_1 + n_2 + n_3 \cdots}, \quad x_3 = \frac{n_3}{n_1 + n_2 + n_3}$$

und daher

$$x_1 + x_2 + x_3 \cdots = \frac{n_1 + n_2 + n_3 + \cdots}{n_1 + n_2 + n_3 + \cdots} = 1 \tag{6}$$

Speziell für *binäre Mischphasen* gilt also

$$x_1 = \frac{n_1}{n_1 + n_2} \quad \text{und} \quad x_2 = \frac{n_2}{n_1 + n_2} \tag{7}$$

und daher

$$x_1 + x_2 = 1 \,. \tag{8}$$

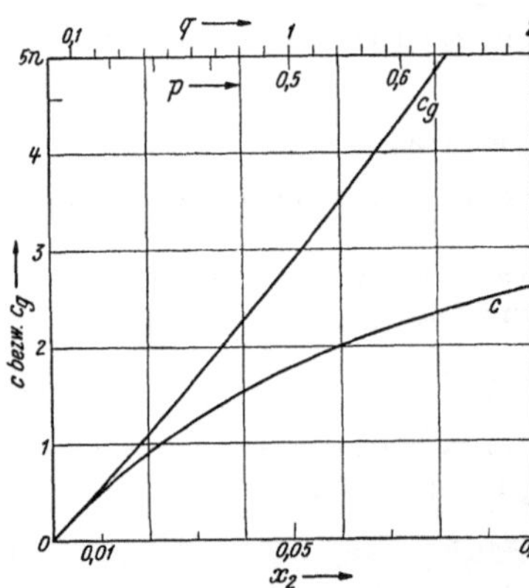

Abb. 17. Zusammenhang verschiedener Konzentrationsskalen fur wäßrige Rohrzuckerlösungen bei 18°. (Bedeutung der Symbole, Tab. 9.)

Für die folgenden Ansätze werden wir zunächst immer den Molenbruch als Konzentrationsmaß benutzen und ihn für verdünnte Lösungen im Bedarfsfalle auf c oder c_g umrechnen. Zur Erleichterung von Umrechnungen ist in Tab. 9 der Zusammenhang der verschiedenen Konzentrationsmaße angegeben. Für wäßrige Rohrzuckerlösungen ist der Zusammenhang der verschiedenen Konzentrationsmaße in Abb. 17 dargestellt. *Im Grenzfall sehr verdünnter Lösungen ($x_2 \to 0$) sind alle Konzentrationsmaße einander proportional.*

Aufgabe 3. Berechne die Molenbrüche x_2 folgender Lösungen.

a) 5% H_2SO_4, 95% H_2O,
b) 0,3 Mole Phenol auf 1000 g H_2O,
c) 0,3 Mole Phenol auf 1000 g Benzol.

Tab. 9 Umrechnung der Konzentrationsmaße.

$$p = \frac{m_2}{m_1 + m_2}; \; q = \frac{m_2}{m_1}; \; x_2 = \frac{n_2}{n_1 + n_2}; \; c_g = \frac{1000\, n_2}{m_1}; \; c = \frac{1000\, n_2}{v}.$$

	p	q	x_2	c_g	c
$p=$	p	$\frac{q}{1+q}$	$\frac{M_2}{\frac{M_1}{x_2}+M_2-M_1}$	$\frac{1}{\frac{1000}{M_2 c_g}+1}$	$\frac{M_2 c}{1000\,\varrho}$
$q=$	$\frac{p}{1-p}$	q	$\frac{M_2 x_2}{M_1(1-x_2)}$	$\frac{M_2 c_g}{1000}$	$\frac{1}{\frac{1000\,\varrho}{M_2 c}-1}$
$x_2=$	$\frac{1}{\frac{M_2(1-p)}{M_1 p}+1}$	$\frac{q}{\frac{M_2}{M_1}+q}$	x_2	$\frac{1}{\frac{1000}{c_g M_1}+1}$	$\frac{M_1}{\frac{1000\,\varrho}{c}+M_1-M_2}$
$c_g=$	$\frac{1000\,p}{M_2(1-p)}$	$\frac{1000\,q}{M_2}$	$\frac{1000\,x_2}{M_1(1-x_2)}$	c_g	$\frac{1}{\frac{\varrho}{c}-\frac{M_2}{1000}}$
$c=$	$\frac{1000\,\varrho\,p}{M_2}$	$\frac{1000\,\varrho\,q}{M_2(1+q)}$	$\frac{1000\,\varrho}{\frac{M_1(1-x_2)}{x_2}+M_2}$	$\frac{\varrho}{\frac{1}{c_g}+\frac{M_2}{1000}}$	c

§ 30. Partielle molare Größen. Für Einstoffsysteme haben wir mit den *molaren* Größen G, V, S, H usw. gerechnet und verstehen darunter die Quotienten

$$G \equiv \frac{g}{n}; \quad V \equiv \frac{v}{n}; \quad S \equiv \frac{s}{n}; \quad H \equiv \frac{h}{n} \text{ usw.} \tag{1}$$

oder — was bei Einstoffsystemen auf dasselbe hinauskommt — die Zunahme der Funktionen g, v, s, h bei Zugabe von 1 Mol des Stoffes unter Konstanthaltung aller übrigen Veränderlichen, d. h. die Differentialquotienten

$$G \equiv \left(\frac{\partial g}{\partial n}\right); \quad V \equiv \left(\frac{\partial v}{\partial n}\right); \quad S \equiv \left(\frac{\partial s}{\partial n}\right); \quad H \equiv \left(\frac{\partial h}{\partial n}\right). \tag{2}$$

Die Definitionen (1) und (2) sind identisch, wenn die Funktionen linear mit der Molzahl zunehmen, wie es bei Einstoffsystemen der Fall ist. Das Volumen v z. B. ist bei gegebenem p und T proportional der Menge des Stoffes, das Molvolumen V ist also unabhängig von ihr.

Bei *Mischphasen* liegen die Verhältnisse nicht so einfach. Wie wir schon in § 28 gesehen haben, kommt es für die Formulierung der Gleichgewichtsbedingung auf das *partielle* molare thermodynamische Potential G_i der Komponente i an; das ist in Analogie zu der Definitionsgleichung (2) die Zunahme des Potentials der Mischphase bei Zugabe eines Mols der Komponente i unter Konstanthaltung aller übrigen Variablen, also der Ausdruck

$$G_i = \left(\frac{\partial g}{\partial n_i}\right). \tag{3}$$

Zu den konstant zu haltenden Variablen gehört auch die *Konzentration* der Lösung, denn die partiellen molaren Funktionen sind, wie wir alsbald sehen werden, keineswegs unabhängig von der Konzentration. Das Mol des Stoffes i muß deshalb zu einer *genügend großen Menge* der Lösung gegeben werden, so daß sich die Konzentration durch den Zusatz nicht merklich ändert.

Entsprechend definieren wir als *partielles Molvolumen* V_i der Komponente i die *Volumenzunahme* einer genügend großen Menge Lösung bei Zugabe eines Mols der Komponente i

$$V_i = \left(\frac{\partial v}{\partial n_i}\right), \tag{4}$$

als partielle molare *Entropie* S_i die *Entropiezunahme* bei Zugabe eines Mols der Komponente i

$$S_i = \left(\frac{\partial s}{\partial n_i}\right) \tag{5}$$

und als partielle molare *Enthalpie* H_i die *Zunahme des Wärmeinhalts* der Lösung bei Zugabe eines Mols der Komponente i

$$H_i \equiv \left(\frac{\partial h}{\partial n_i}\right). \tag{6}$$

Die Zugabe muß unter Konstanthaltung des Drucks, der Temperatur und der Zusammensetzung der Lösung erfolgen.

Wir wollen uns jetzt den Sinn dieser partiellen molaren Funktionen am partiellen Molvolumen V_i an Hand von Messungen an einem konkreten Beispiel klar machen. In Abb. 18 ist das Molvolumen V_i des $RbNO_3$ in wäßrigen Lösungen verschiedener Konzentration aufgetragen. Das *Molvolumen* des *festen* $RbNO_3$ ist gleich dem Molgewicht $M = 147{,}5$ dividiert durch die Dichte des festen Salzes $\varrho = 3{,}10$, d. h. $V = 147{,}5/3{,}10 = 47{,}6\ \text{cm}^3$.

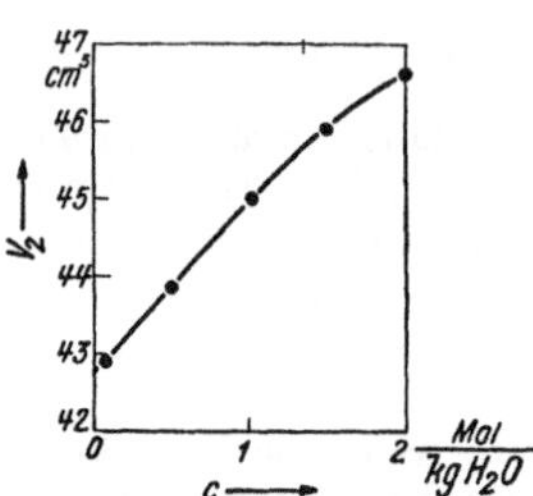

Abb. 18. V_i, partielles Molvolumen des $RbNO_3$ in wäßriger Lösung bei 18°.

Gibt man nun ein Mol des Salzes, also $47{,}6\ \text{cm}^3$, in eine große Menge reinen Wassers, so nimmt das Volumen nicht um $47{,}6\ \text{cm}^3$, sondern nur um $42{,}8\ \text{cm}^3$ zu. Dementsprechend lesen wir bei der Konzentration $c = 0$ als *partielles Molvolumen* $42{,}8\ \text{cm}^3$ ab. Würde man das Salz etwa als kompakten Kristall von $47{,}6\ \text{cm}^3$ Inhalt in das Wasser geben, so würde das Volumen natürlich zunächst um $47{,}6\ \text{cm}^3$ zunehmen, sodann aber bei der Auflösung des Kristalls um $4{,}8\ \text{cm}^3$ *abnehmen*, so daß die endgültige Zunahme nur $42{,}8\ \text{cm}^3$ beträgt. Das rührt daher, daß die Struktur des Wassers sowohl wie des Salzes sich bei der Auflösung ändert. Die Wassermoleküle werden z. B. in diesem speziellen Falle durch den Einfluß der gelösten Substanz vermutlich *enger gepackt* werden als das in reinem Wasser der Fall ist.

In diesem Versuch wird vorausgesetzt, daß die Wassermenge so groß ist, daß die Lösung, welche 1 Mol Salz enthält, noch im Rahmen der gewünschten Meßgenauigkeit als unendlich verdünnt anzusehen ist. Gibt man bei einem zweiten Versuch das Salz nicht in reines Wasser, sondern in eine genügend große Menge einer bereits 1 n-Lösung, so findet man als partielles Molvolumen den größeren Wert 44,9 cm³ (s. Abb. 18). Der Unterschied gegen das feste Salz wird also kleiner, vermutlich deswegen, weil die Wassermoleküle unter dem Einfluß des ursprünglich vorhandenen Salzes schon von vornherein enger gepackt waren. Man sieht, daß *das partielle Molvolumen des Salzes von der Konzentration der Lösung abhängt.* Dasselbe gilt für das partielle Molvolumen des *Wassers* in einer Lösung (darunter versteht man die Volumenzunahme von sehr viel Lösung bei Zugabe von 18,02 g Wasser) und für die *übrigen partiellen molaren Funktionen G_i und S_i.*

Ohne den molekulartheoretischen Ursachen dieser Abhängigkeit in jedem Einzelfalle nachzugehen, stellen wir noch einmal fest, *daß die partiellen molaren Funktionen V_i, S_i, G_i die Zunahme der betr. Funktion bei Zufügen eines Mols der Komponente i zu einer genügend großen Menge Mischung bedeuten, und sowohl von der Zusammensetzung der Mischung wie von den übrigen Zustandsvariablen abhängig sind.*

In *sehr verdünnten Lösungen,* deren sämtliche Eigenschaften sich von denen des reinen Lösungsmittels nur noch entsprechend wenig unterscheiden, werden im Grenzfall $x_2 \to 0$, $x_1 \to 1$, die partiellen molaren Eigenschaften des *Lösungsmittels* gleich den entsprechenden Eigenschaften der reinen Flüssigkeit.

§ 31. Das partielle thermodynamische Potential. Für das thermodynamische Potential einer binären Mischphase haben wir an Stelle von (§ 27,5) zu schreiben

$$dg = (\partial g/\partial p)\, dp + (\partial g/\partial T)\, dT + (\partial g/\partial x_i)\, dx_i\,. \tag{1}$$

In dieser Gleichung tritt als neues Glied der Ausdruck $(\partial g/\partial x_i) \cdot dx_i$ auf. Er bringt — zunächst rein formal — die *Abhängigkeit des thermodynamischen Potentials von der Zusammensetzung der Mischphase,* d. h. vom Molenbruch der Komponente i zum Ausdruck.

Aus der Änderung ∂g des Gesamtpotentials der Phase berechnen wir die *Änderung ∂G_i des partiellen molaren Potentials der Komponente i bei Zufügung eines Mols,* indem wir Gl. (1) nach n_i differenzieren und erhalten

$$\partial G_i = V_i dp - S_i dT + \left(\frac{\partial G_i}{\partial x_i}\right) \cdot dx_i\,. \tag{2}$$

Die Beziehung (2) kann für unsere Zwecke erst dadurch nutzbringend werden, daß die Größe $\left(\frac{\partial G_i}{\partial x_i}\right)$ auf bekannte meßbare Größen zurückgeführt wird. Das läßt sich für *ideale Mischungen* leicht erreichen, und wir behandeln daher zunächst die Mischung aus zwei *idealen Gasen.* Für jedes einzelne gilt das Gasgesetz:

$$p_1 = n_1 \frac{RT}{v} \quad \text{und} \quad p_2 = n_2 \frac{RT}{v}\,. \tag{3}$$

Hierbei bedeutet v das gemeinsame Volumen, dagegen p_i den Druck, den man messen würde, wenn die Komponente i allein da wäre; man bezeichnet ihn als *Partialdruck*. Es ist also

$$p_1/p_2 = n_1/n_2 , \tag{4}$$

d. h. die *Partialdrucke verhalten sich wie die Molzahlen.* (*Daltons Gesetz der Partialdrucke.*) Demnach ist auch

$$\frac{p_1}{p_1 + p_2} = \frac{n_1}{n_1 + n_2} = x_1 . \tag{5}$$

Die Summe aller Teildrucke ist der Gesamtdruck p der Gasmischung, und wir erhalten allgemein

$$x_i = \frac{p_i}{p} . \tag{6}$$

Nun ist für ein einzelnes Gas

$$\left(\frac{\partial G}{\partial p}\right)_T = V, \qquad (\S\, 27, 10)$$

also in einer Mischung

$$\left(\frac{\partial G_i}{\partial p_i}\right)_{p, T} = V_i = \frac{RT}{p_i} \tag{7}$$

und

$$\left(\frac{\partial G_i}{\partial p_i}\right) \cdot dp_i = RT \frac{dp_i}{p_i} = RTd \ln p_i . \tag{8}$$

Da Molenbruch x_i und Partialdruck p_i einer Komponente nach Gl. (6) einander proportional sind, können wir in Gl. (8) die eine Variable ohne weiteres durch die andere ersetzen und schreiben

$$\left(\frac{\partial G_i}{\partial x_i}\right) dx_i = RTd \ln x_i . \tag{9}$$

Gl. (9) gibt die gesuchte Abhängigkeit des thermodynamischen Potentials G_i der Komponente i von ihrem Molenbruch.

Abgeleitet haben wir sie nur für eine ideale *Gas*mischung; es läßt sich aber zeigen, daß sie für *alle idealen* Mischphasen, also auch für flüssige und feste, gültig ist.

§ 32. Die Aktivität. Bei *realen Mischungen* können die Wechselwirkungskräfte im allgemeinen nicht vernachlässigt werden. Wir haben das ja schon an den Abweichungen der reinen realen Gase vom idealen Verhalten gesehen. Schon hier unterscheidet sich der gemessene Druck vom idealen, d. h. von dem Druck, den man aus v, n und T nach dem idealen Gasgesetz berechnet, und zwar ist der wirkliche bei kleinen Konzentrationen meist kleiner als der ideale, kann aber unter Umständen auch größer werden. Das sieht man z. B. aus Abb. 5, die das Verhalten des Produktes pv in Abhängigkeit vom Druck wiedergibt, oder aus Abb. 9, in der der Gasdruck gegen die Konzentration aufgetragen ist.

Bei kondensierten Mischphasen, also insbesondere bei Lösungen muß man damit rechnen, daß die Abweichungen vom idealen Verhalten noch größer sind als bei Gasen, denn die Wechselwirkungskräfte nehmen, wie wir gesehen haben, mit abnehmender Entfernung stark zu, und die mittlere Entfernung der Moleküle voneinander ist in kondensierten Phasen viel kleiner als in Gasen. Tatsächlich sind die Wechselwirkungskräfte zwischen dem Lösungsmittel und dem gelösten Stoff, die ja zur Solvatation des gelösten Stoffes führen, sehr erheblich. Sie treten indessen für die folgenden Betrachtungen zurück, weil als gelöster Stoff von vornherein der solvatisierte Komplex angesehen wird. Wichtig sind für uns in erster Linie die Wechselwirkungskräfte zwischen diesen Komplexen unter sich. Besonders treten sie bei *Elektrolytlösungen* hervor wegen der *elektrostatischen Kräfte, die von den Ionenladungen herrühren* und die nur langsam mit der Entfernung abnehmen.

Die Größe der Abweichungen vom idealen Verhalten ist von Fall zu Fall verschieden und muß durch *Messungen* festgestellt werden. Vom Standpunkt der klassischen Thermodynamik, d. h. auf Grund der beiden Hauptsätze, kann man jedenfalls nichts darüber sagen. Um sie *formal* in den thermodynamischen Gleichungen zum Ausdruck zu bringen, führt man an Stelle des Molenbruchs x_1 die „*Aktivität*" a_i ein, schreibt also an Stelle von (§ 31, 9)

$$\left(\frac{\partial G_i}{\partial x_i}\right) dx_i = RT d \ln a_i \tag{1}$$

und versteht unter der Aktivität a denjenigen Wert des Molenbruches x, den die Komponente i in einer idealen Gleichung haben müßte, um den gleichen Beitrag zum thermodynamischen Potential zu liefern wie in *Wirklichkeit*. Das gilt für alle realen Mischphasen, gasförmige und flüssige oder feste. Setzt man Gl. (1) in (§ 31, 2) ein, so erhält man für das *partielle molare thermodynamische Potential* der Komponente i die *allgemeingültige* Beziehung

$$\boxed{dG_i = V_i dp - S_i dT + RT d \ln a_i}. \tag{2}$$

Im *Grenzfall unendlich kleiner Konzentration* der Komponente i verschwinden die zwischen ihren Teilchen bestehenden Wechselwirkungskräfte; man kommt auf die Gl. (§ 31, 9) zurück. Für sehr verdünnte Lösungen ($x_2 \to 0$) wird daher

$$d \ln a_2 = d \ln x_2 = d \ln c = d \ln c_g, \tag{3}$$

d. h. Aktivität und Molenbruch des gelösten Stoffes werden einander *proportional*. Das gilt auch für die anderen Konzentrationsskalen, denn diese sind, wie am Schluß von § 29 gezeigt wurde, im Bereich genügend verdünnter Lösungen alle dem Molenbruch proportional. Es läßt sich zeigen, daß die Aktivität des *Lösungsmittels* in diesem Fall seinem Molenbruch *gleich* wird, d. h. daß

$$\lim_{x_2 \to 0} a_1 = x_1 \tag{4}$$

wird; d. h. die Aktivität jedes *reinen* flüssigen oder festen Stoffes ist konstant und gleich 1.

Hiermit sind unsere allgemeinen thermodynamischen Überlegungen abgeschlossen, und wir können nun mit der Untersuchung einzelner Gleichgewichtszustände beginnen.

B. Spezieller Teil.

1. Der osmotische Druck.

§ 33. Die Pfeffersche Zelle. Die Untersuchungen über den osmotischen Druck gehen zurück auf den Botaniker PFEFFER. In der Versuchsanordnung der Abb. 19, der *PFEFFERschen Zelle*, ist Z ein starkwandiges Gefäß, das mit einem Flüssigkeitsmanometer M versehen und unten mit einer *halbdurchlässigen* Wand verschlossen ist. Eine Wand ist für eine Lösung ideal halbdurchlässig oder „semipermeabel", wenn sie für das *Lösungsmittel vollständig durchlässig* und für den *gelösten Stoff vollständig undurchlässig* ist. Ideal semipermeable Wände gibt es nicht, dagegen sind gewisse tierische oder pflanzliche Membranen, ferner synthetische Materialien auf Cellulosebasis wie Cellophan, Cuprophan u. dgl. für wäßrige Lösungen nahezu semipermeabel.

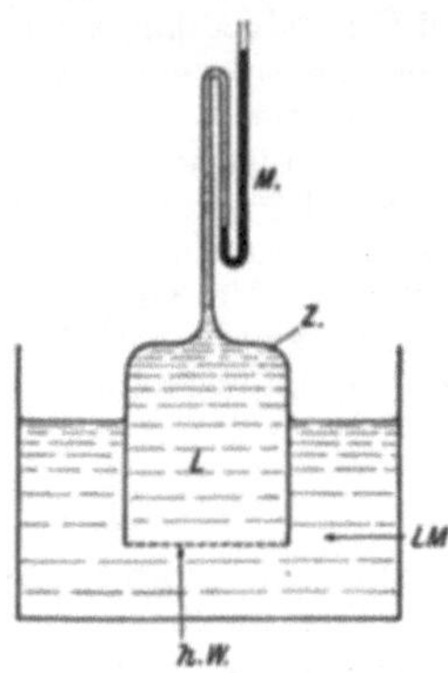

Abb. 19. PFEFFERsche Zelle zur Messung des osmotischen Drucks.

Befindet sich nun in der Zelle eine Lösung und außen das reine Lösungsmittel, so beobachtet man beim Eintauchen der Zelle in das Lösungsmittel ein Ansteigen des Druckes im Innern der Zelle gegenüber dem Außendruck, weil Lösungsmittel von außen durch die semipermeable Wand in die Zelle strömt. Den Überdruck im Innern der Zelle, bei dem kein weiteres Einströmen mehr erfolgt, nennt man *osmotischen Druck*. In Abbildung 20 (ausgezogene Kurve) sind neuere Messungen an wäßrigen Rohrzuckerlösungen aufgetragen. Man sieht, daß der osmotische Druck schon bei geringer Konzentration beträchtliche Werte annimmt und dann mit der Konzentration der Lösung immer steiler ansteigt. So beträgt er für eine etwa 25proz. Lösung (Molenbruch 0,02) 30 Atm und für eine 60proz. Lösung (Molenbruch 0,07) schon 150 Atm. Die experimentelle Schwierigkeit bei der Messung liegt darin, daß die Membranen diesen hohen Druck nur aushalten, wenn man besondere Vorsichtsmaßregeln anwendet.

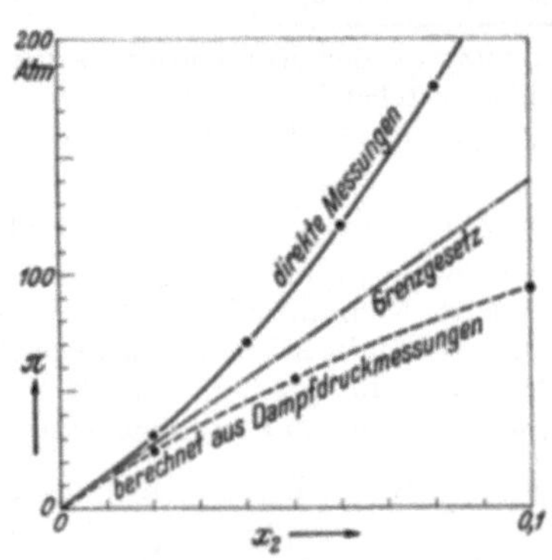

Abb. 20. Osmotischer Druck von Rohrzucker in Wasser bei 30° C.

Daß gerade tierische und pflanzliche Membranen für wäßrige Lösungen meist semipermeabel sind, ist kein Zufall. Der osmotische Druck spielt in der Zellphysiologie eine bedeutende Rolle. Da die Zellwände im allgemeinen semipermeabel sind, füllen sich die Zellen prall mit Lösung, solange sie von Lösungsmittel umspült sind und fallen zusammen, wenn der Körper austrocknet. Auch die Blutgefäße sind semipermeabel, und das Blut steht unter einem bestimmten (erheblichen) osmotischen Druck. Man darf deshalb das Blut im lebenden Organismus nicht mit Wasser verdünnen, sondern nur mit einer Lösung, welche gegenüber Wasser den gleichen osmotischen Druck erzeugt, wie Blut („isotonische" Lösung).

§ 34. Die thermodynamische Berechnung des osmotischen Druckes. Zur *Berechnung des osmotischen Druckes* ändern wir die PFEFFERsche Zelle entsprechend der Abb. 21 ab. Sie stellt ein oben offenes Rohr dar, in dem der ideal halbdurchlässige Stempel hW verschoben werden kann. Die Lösung befindet sich oberhalb und unterhalb des Stempels, ihre Konzentration ist auf beiden Seiten die gleiche, und zwar soll die Aktivität des Lösungs*mittels* x_1 betragen. Drückt man jetzt den Stempel, dessen Eigengewicht irgendwie kompensiert sein mag, durch Auflegen eines kleinen Gewichtes (G) nach unten, so wird die Lösung unten konzentrierter, da der Stempel nur für das Lösungsmittel, aber nicht für den gelösten Stoff durchlässig ist, d. h. die Aktivität des gelösten Stoffes a_2 nimmt um da_2 zu und die Aktivität des Lösungsmittels a_1 um da_1 ab. Gleichzeitig nimmt der Druck, unter dem die Lösung unten steht, um dp zu. Vergrößert man das Gewicht nochmals, so nimmt der Stempel eine neue Gleichgewichtslage noch weiter unten ein usw.

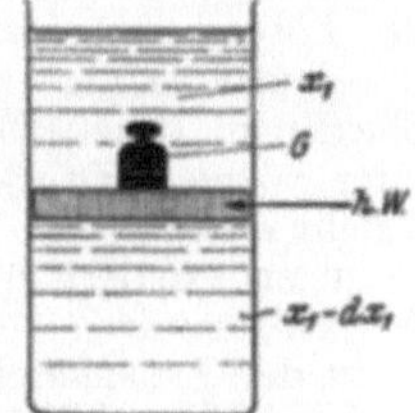

Abb. 21. Schematische Versuchsanordnung zur Erläuterung des osmotischen Drucks.

Die *Gleichgewichtsbedingung* ist in diesem Falle besonders einfach zu formulieren, denn das Gleichgewicht stellt sich durch den Übergang des Lösungsmittels zwischen verschiedenen Bezirken ein und derselben Phase (der Flüssigkeit) ein. Sie lautet, daß bei jeder derartigen Verschiebung *das thermodynamische Potential des* Lösungsmittels *konstant bleiben* muß, d. h.

$$dG_1 = 0$$

oder

$$dG_1 = V_1 dp - S_1 dT + RT d \ln a_1 = 0 \,. \qquad (\S\, 32, 2)$$

Im Gegensatz zu späteren Beispielen, die sich auf Zweiphasengleichgewichte beziehen, tritt also hier anstatt zweier nur *eine* Differentialgleichung als Gleichgewichtsbedingung auf.

Da wir die Abhängigkeit des Druckes von der Konzentration bei konstanter Temperatur ($dT = 0$), d. h. den Verlauf der Isothermen (Abb. 20), ermitteln wollen, vereinfacht sich die Gleichgewichtsbedingung zu

$$d \ln a_1 = -\frac{V_1}{RT} dp \,. \qquad (1)$$

§ 35. Der Grenzfall sehr verdünnter Lösungen. Zur Auswertung von § 34, 1 beschränken wir uns auf den *Grenzfall verdünnter Lösungen* ($x_2 \to 0$). Hier wird

$$a_1 = x_1 = 1 - x_2 \qquad (\S\,32,\,4)$$

und

$$d \ln a_1 = d \ln (1 - x_2) = - dx_2, \tag{1}$$

da der Molenbruch des gelösten Stoffes $x_2 \ll 1$ ist[1]. Hiermit wird aus (§ 34, 1)

$$dx_2 = \frac{V_1}{RT} dp\,. \tag{2}$$

Mit einer Verschiebung von Lösungsmittel ist eine Änderung der Konzentration verbunden, und Gl. (2) besagt, daß die *Zunahme der Konzentration* dx_2 mit einer *Zunahme des Druckes* dp verbunden ist. Sind also die Lösungen beiderseits des Stempels verschieden konzentriert, so befinden sie sich nur dann im Gleichgewicht, wenn sie unter verschiedenem Druck stehen, und zwar muß die konzentriertere Lösung unter höherem Druck stehen, als die verdünntere. Das *Druckgefälle* besteht *nur innerhalb der Membran* (des Stempels), denn innerhalb der Lösungen existiert kein Druckgefälle (abgesehen vom hydrostatischen Druck).

In der PFEFFERschen Zelle ist nun die Konzentration der Außenlösung gleich null und die der Innenlösung $= x_2$. Um die Druckdifferenz beiderseits der Membran zu berechnen, ist also Gl. (2) über die Membran, d. h. von $x_2 = 0$ bis x_2 und von dem Außendruck p_0 (im allgemeinen $= 1$ Atm) bis zum Innendruck p zu integrieren:

$$x_2 = \frac{1}{RT} \int\limits_{p_0}^{p} V_1 dp\,. \tag{3}$$

Zur vollständigen Auswertung des Integrals müßte V_1, das *partielle Molvolumen des Lösungsmittels, in Abhängigkeit von Druck und Konzentration* bekannt sein. Für den *Grenzfall* verdünnter Lösungen nähert es sich dem *Molvolumen des reinen Lösungsmittels* unter gewöhnlichem Druck V_1^0 (vgl. § 30), wir dürfen also für diesen Fall

$$V_1 = V_1^0 \tag{4}$$

setzen und erhalten an Stelle von Gl. (3)

$$x_2 = \frac{V_1^0}{RT} (p - p_0)\,. \tag{5}$$

Hierbei ist $p - p_0$ *der Überdruck im Innern der Zelle*, den wir als *osmotischen Druck* kennen gelernt haben und mit dem Symbol π bezeichnen.

---

[1] Der Gl. (1) liegt die allgemeine mathematische Beziehung

$$\ln (1 + x) = x - \frac{x^2}{2} + \frac{x^3}{3} - \frac{x^4}{4} + \cdots$$

zugrunde. Die Reihe kann man für $x \ll 1$ nach dem ersten Glied abbrechen. Vgl. z. B. H. SIRK: Mathematik f. Naturwissenschaftler und Chemiker, 2. Aufl. Steinkopff 1941.

Wir schreiben also für Gl. (5)

$$\pi = \frac{RT}{V_1^0} \cdot x_2 \tag{6}$$

und sehen, daß im *Grenzfall verdünnter Lösungen der osmotische Druck linear mit dem Molenbruch* ansteigt. Die nach Gl. (6) zu berechnende *Gerade* muß also die *Grenztangente an die experimentelle Kurve* sein. Es ist die punktierte Gerade der Abb. 20, die mit dem Koeffizienten

$$\frac{RT}{V_1^0} = \frac{82{,}0 \cdot 303}{18{,}02} = 1380 \text{ Atm} \tag{7}$$

berechnet ist. ($R = 82 \frac{\text{cm}^3 \text{ atm}}{\text{Mol. Grad}}$; $T = 30 + 273 = 303^0$ K; V_1^0 = Molvolumen des Wassers bei 30° C = 18,02 cm³/Mol.)

§ 36. Das van't Hoffsche Grenzgesetz des osmotischen Drucks. Den Sinn des Grenzgesetzes (§ 35, 7) erkennt man noch besser, wenn man für den Molenbruch wieder

$$x_2 = \frac{n_2}{n_1 + n_2} \qquad (\S\ 29,\ 5)$$

schreibt. Dann wird aus (§ 35,6)

$$\pi \cdot V_1^0 (n_1 + n_2) = n_2 RT\,. \tag{1}$$

Nun ist bei verdünnten Lösungen $n_2 \ll n_1$, also im Grenzfall

$$V_1^0 (n_1 + n_2) \simeq V_1^0 \cdot n_1 = v_1^0\,. \tag{2}$$

v_1^0 ist das Gesamtvolumen des Lösungsmittels, und das ist im Grenzfall gleich dem Gesamtvolumen der Lösung v. Hiermit erhält man aus Gl. (2)

$$\pi v = n_2 RT\,, \tag{3}$$

oder

$$\pi = 0{,}082\ cT \tag{4}$$

das van't Hoff*sche Gesetz für den osmotischen Druck verdünnter Lösungen, analog zum allgemeinen Gasgesetz* für den Grenzfall verdünnter Gase:

$$p = 0{,}082\ cT\,. \qquad (\S\ 7,\ 8)$$

Die Grenzgesetze (§ 3 u. § 35, 6) sind abgeleitet durch die Gleichsetzung von Molenbruch und Aktivität des Lösungsmittels (§ 32, 4) und außerdem unter Vernachlässigung des Eigenvolumens des gelösten Stoffes (§ 36, 2). *Im Grenzfall* sehr kleiner Konzentrationen verhält sich also eine *Lösung* wie ein *ideales Gas*, wenn man an Stelle des Gasdrucks den osmotischen Druck und an Stelle der Gasmoleküle die Moleküle (bzw. Ionen) des gelösten Stoffes setzt. Gemeinsam ist beiden Gesetzen ferner, daß die *chemische Natur* der beteiligten Stoffe, also auch des Lösungsmittels, *belanglos* ist. Es kommt allein auf die *Zahl* der in der Volumeneinheit befindlichen Gasmoleküle, bzw. Moleküle des gelösten Stoffes an.

Eigenschaften, die nur von der molaren Konzentration, aber nicht von der chemischen Natur des gelösten Stoffes abhängen, nennt man *kolligative* Eigenschaften. Sie treten bei solchen Gleichgewichten hervor, die sich durch den Übergang des Lösungs*mittels* von einem Zustand in den anderen einstellen. Zu den kolligativen Eigenschaften gehört außer dem osmotischen Druck auch die Dampfdruckerniedrigung (§ 41), die Siedepunktserhöhung (§ 42) und die Gefrierpunktserniedrigung (§ 49) einer Lösung.

Aus Abb. 20 sieht man, daß bei einem osmotischen Druck von 25 Atm die *Abweichungen vom Grenzgesetz* in dem gewählten Maßstab gerade merklich werden. Allgemein ist das VAN't HOFFsche Gesetz bis zu Konzentrationen von etwa 1 *n* anwendbar, wenn es sich nicht um Präzisionsberechnungen handelt.

Da der osmotische Druck schon bei sehr kleinen molaren Konzentrationen beträchtliche Werte annimmt (für eine 1 molare Lösung bei 20° C schon 24 Atm), bilden osmotische Messungen die geeignete Methode zur thermodynamischen Bestimmung großer Molekulargewichte[1]. Die später zu besprechenden Methoden der Siedepunktserhöhung (§ 42) und der Gefrierpunktserniedrigung (§ 49) kommen für diesen Zweck meist nicht in Frage, denn für Lösungen hochmolekularer Substanzen ist die für den osmotischen Druck maßgebende Zahl der Moleküle im cm^3 bzw. die molare Konzentration $\frac{n_2}{v} = \frac{1}{M_2} \cdot \frac{m_2}{v}$ bei experimentell noch erreichbaren Werten von $\frac{m_2}{v}$ so klein, daß die Meßeffekte im allgemeinen viel zu gering werden.

Die Molgewichtsbestimmung hochpolymerer Substanzen ist für zahlreiche wissenschaftliche und besonders technische Aufgaben wichtig (z. B. Zellwolle, Kunstharze, Buna), weil die Molgewichte der entsprechenden Zwischenprodukte, z. B. Acetylcellulose für die Zellwolleindustrie, von der Vorbehandlung abhängen und für die Weiterverarbeitung maßgebend sind.

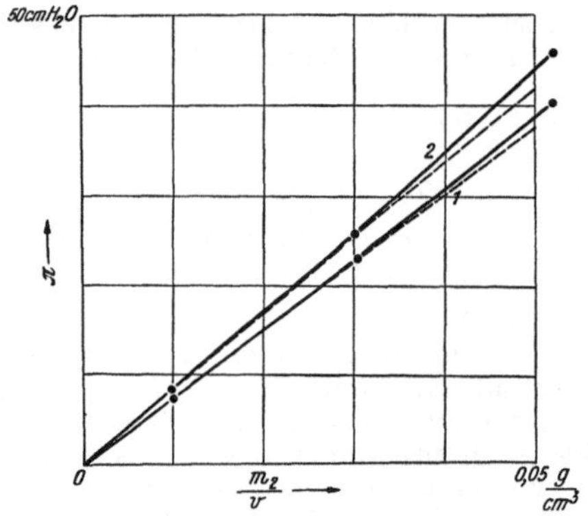

In Abb. 22 sind Messungen an Acetylcellulose in Aceton und in Acetophenon als Lösungsmittel wiedergegeben.

Abb. 22. Osmotischer Druck von Lösungen von Acetylcellulose in 1. Aceton, 2. Acetophenon bei 40° C.

Aufgabe 4. 1. Berechne das Molgewicht der bei den Messungen der Abb. 22 vorliegenden Acetylcellulose. 2. Berechne die molare Konzentration (in Mol/Liter) bei einem Gehalt der Lösung von 0,05 g/cm^3.

§ 37. Der osmotische Druck von Elektrolytlösungen. Für den osmotischen Druck von Elektrolytlösungen ist die Zahl der Ionen maßgebend, in die sie dissoziieren. Eine sehr verdünnte wäßrige Lösung von NaOH z. B. zeigt den doppelten osmotischen Druck wie eine Rohrzuckerlösung

[1] Vgl. hierzu auch § 83.

gleicher molarer Konzentration, weil das NaOH in die beiden Ionen Na^+ und OH^- dissoziiert ist. Entsprechend würde eine $BaCl_2$-Lösung den 3fachen osmotischen Druck zeigen, weil $BaCl_2$ in die 3 Ionen Ba^{++} und 2 Cl^{--} dissoziiert. In die Gleichung für den osmotischen Druck ist also jeweils die *Summe* der Aktivitäten bzw. Konzentrationen der *wirklich in der Lösung vorhandenen Teilchen* einzusetzen, so daß die Gleichungen allgemein lauten

$$\pi = \frac{RT}{v_1^0} \cdot (x_2 + x_3 + \cdots) \tag{1}$$

und

$$\pi v = (n_2 + n_3 + \cdots) RT . \tag{2}$$

Bezeichnet man mit n die Molzahl des Elektrolyten pro Volumeneinheit und mit j die Zahl der Ionen, in die er dissoziiert, so kann man an Stelle von Gl. (2) auch schreiben

$$\pi v = njRT \tag{3}$$

oder

$$\pi = 0{,}082\, jcT . \tag{4}$$

c ist die molare Konzentration, j ist der sog. VAN'T HOFFsche Faktor. Im Grenzfall sehr verdünnter Lösungen beträgt er für

	j
NaCl	2
$BaCl_2$	3
$MgSO_4$	2
$K_4Fe(CN)_6$	5 .

2. Das Gleichgewicht Flüssigkeit — Gasphase.

§ 38. Die Gleichgewichtsbedingung für Einstoffsysteme. Die Clausius-Clapeyronsche Gleichung. *Eine reine Flüssigkeit befindet sich im Gleichgewicht mit ihrem Dampf, wenn beim Übergang einer kleinen Menge des Stoffes von einer Phase in die andere das thermodynamische Potential konstant bleibt* (vgl. § 28). Bezeichnen wir das thermodynamische Potential des flüssigen Stoffes mit G, das des gasförmigen mit G', so nimmt bei der Verdampfung einer kleinen Menge des Stoffes sein Potential in der Dampfphase um dG' zu, in der flüssigen Phase um dG ab, und beide Phasen stehen dann im thermodynamischen Gleichgewicht, wenn entsprechend (§ 28, 2)

$$dG' - dG = 0 \tag{1}$$

ist.

Für ein Einstoffsystem ist nun

$$\left.\begin{aligned} dG' &= V'dp - S'dT \\ dG &= Vdp - SdT . \end{aligned}\right\} \quad (\S\ 27, 9)$$

und

Hierbei bedeuten V' bzw. S' das *Molvolumen* bzw. die *molare Entropie* des Stoffes in der *Gasphase* und V und S die entsprechenden Werte der *flüssigen Phase.* Setzt man die Gleichungen (§ 27, 9) in Gl. (1) ein, so erhält man als Gleichgewichtsbedingung

$$(V' - V)\, dp - (S' - S)\, dT = 0\,. \tag{2}$$

Nun ist

$$S' - S = \frac{W_p}{T} \qquad (\S\,25{,}8)$$

oder

$$S' - S = \frac{L}{T}\,,$$

wenn man den molaren Wärmebedarf W_p der Verdampfung, d. h. die molare Verdampfungswärme (vgl. Tab. 7) wie üblich mit L bezeichnet. Damit erhält man aus Gl. (2)

$$\frac{dp}{dT} = \frac{L}{T\,(V' - V)} \tag{3}$$

für die *Abhängigkeit des Dampfdruckes von der Temperatur.* Man sieht sofort, daß der *Dampfdruck in jedem Falle mit der Temperatur ansteigt,* d. h. daß dp/dT *positiv* ist, denn keine der auf der rechten Seite der Gleichung vorkommenden Größen kann jemals negativ werden. Die Verdampfungswärme muß immer positiv sein, ebenso die absolute Temperatur, und schließlich ist das Molvolumen jedes Stoffes im Gaszustand größer als im flüssigen.

In der Nähe des kritischen Punktes geht die Differenz $V' - V$ gegen null und ebenso, wie Abb. 14 für Wasser zeigt, die Verdampfungswärme L. Im kritischen Gebiet wird also der Temperaturkoeffizient des Dampfdruckes unbestimmt, weil auf der rechten Seite von Gl. (3) der Quotient 0/0 auftritt. Tatsächlich verliert hier der Begriff des Dampfdrucks *überhaupt seinen Sinn,* weil flüssige und Gasphase identisch werden. Die Dampfdruckkurve *endet* also im kritischen Punkt.

Bei *kleinen Drucken* kann man im allgemeinen V gegen V' vernachlässigen. Für Wasser ist z. B. $V = 18\ \mathrm{cm}^3$ und $V' \simeq 30\,000\ \mathrm{cm}^3$ bei Siedetemperatur. Außerdem nähert sich der Zustand des Dampfes bei kleinen Drucken dem des idealen Gases. Setzt man daher

$$V \ll V', \tag{4}$$

und wendet auf V' das ideale Gasgesetz an, wonach

$$V' = \frac{RT}{p} \tag{5}$$

ist, so erhält man aus Gl. (3)

$$\frac{1}{p}\frac{dp}{dT} = \frac{L}{RT^2}$$

oder (6)

$$\frac{d\ln p}{dT} = \frac{L}{RT^2}\,,$$

die nicht mehr strenge aber *praktisch sehr wichtige* CLAUSIUS-CLAPEYRON*sche Gleichung.*

Zur praktischen Anwendung schreiben wir sie in der Form

$$\frac{d \ln p}{d T / T^2} = \frac{L}{R} \qquad (6a)$$

und erhalten mit

$$d T / T^2 = - d \left(\frac{1}{T}\right)^1 \qquad (7)$$

$$\frac{d \ln p}{d \left(\frac{1}{T}\right)} = - \frac{L}{R} \qquad (8)$$

oder

$$\frac{d \log p}{d \left(\frac{1}{T}\right)} = - \frac{L}{4{,}57}, \qquad (9)$$

da $\ln p = 2{,}303 \log p$ und $2{,}303 \cdot R = 4{,}57$ cal/Grad ist.

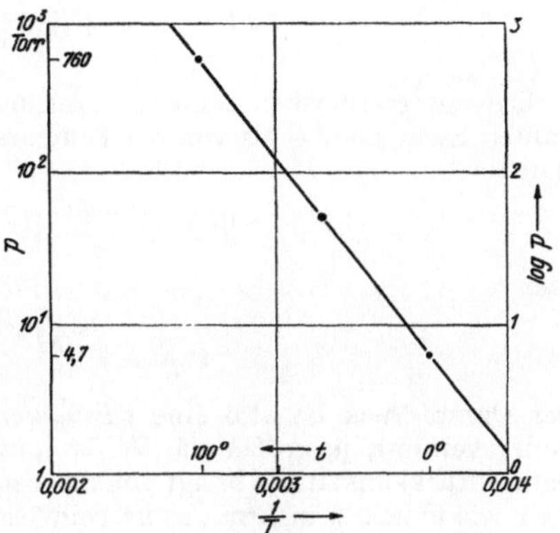

Abb. 23. Dampfdruck des Wassers.

In Abb. 23 und 24 ist für Wasser und eine Reihe von Metallen nach Dampfdruckmessungen lg p gegen $\frac{1}{T}$ aufgetragen. Aus der Neigung der Kurven kann man nach Gl. (9) die Verdampfungswärme berechnen oder umgekehrt aus der kalorimetrisch ermittelten Verdampfungswärme die Neigung der Dampfdruckkurve ermitteln. Das ist der Inhalt der CLAUSIUS-CLAPEYRONschen Gleichung.

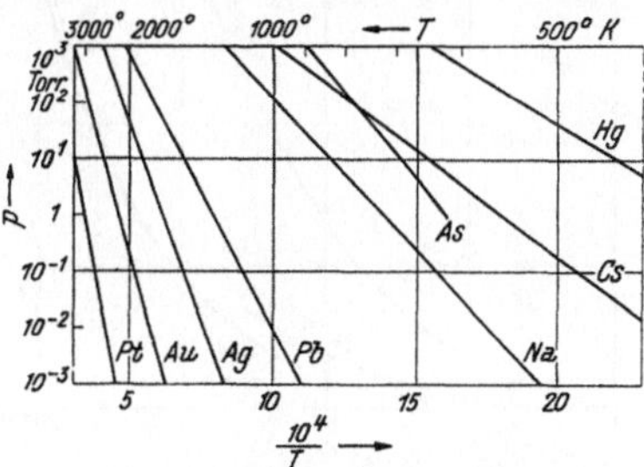

Abb. 24. Dampfdruck verschiedener Metalle.

Wie man aus den Abb. 24 und 25 ersieht, erhält man über recht große Temperaturbereiche einigermaßen gerade Linien. Die Verdampfungswärme L ist also bei diesen Stoffen nur wenig von der Temperatur abhängig, denn sonst müßte sich nach Gl. (9) die Neigung der Kurve mit der Temperatur ändern, die Kurve selbst also gekrümmt sein.

In erster Näherung fällt demnach der Logarithmus des Dampfdruckes linear mit dem Kehrwert der absoluten Temperatur. In zweiter Näherung wäre die Temperaturabhängigkeit der Verdampfungswärme nach dem KIRCHOFFschen Satz aus den Molwärmen von Dampf und Flüssigkeit zu ermitteln und in dritter Näherung schließlich noch die Temperatur-

[1] Allgemein ist $d\left(\frac{1}{x}\right) = d\left(x^{-1}\right) = - \frac{dx}{x^2}$.

abhängigkeit der Molwärme zu berücksichtigen. Für praktische Zwecke genügt jedoch fast immer die erste Näherung.

Um zu dem Dampfdruck selbst zu kommen, integrieren wir Gl. (8) unbestimmt

$$\int d\ln p = -\int \frac{L}{R}\, d\left(\frac{1}{T}\right) + i\,. \qquad (10)$$

Die Integrationskonstante i bezeichnet man als Dampfdruckkonstante. Sieht man L als von der Temperatur unabhängig an, so erhält man

$$\ln p = -\frac{L}{RT} + i \qquad (11)$$

oder

$$p = e^{-\frac{L}{RT} + i}\,. \qquad (12)$$

Der Dampfdruck ist also eine *e-Funktion* der Temperatur, die um so steiler verläuft, je größer die Verdampfungswärme ist. Der Wert der Dampfdruckkonstante i hängt von der benutzten Druckeinheit ab. Mißt man, wie üblich, p in Atm., so ist beim Siedepunkt $p = 1$ und $\ln p = 0$. Ferner ist $T = T_s$ (Siedetemperatur), und man erhält aus Gl. (11)

$$i = \frac{L}{RT_s}\,. \qquad (13)$$

Für Wasser z. B. ergibt sich mit $L = 9710$ cal und $T_s = 373°$ K

$$i_{H_2O} = \frac{9710}{1{,}986 \cdot 373} = 13{,}11\,.$$

Hiermit erhält man für das Temperaturgebiet um 100° C aus Gl. (12) die Gleichung

$$p_{H_2O} = e^{13{,}11 - 4890/T}\,. \qquad (14)$$

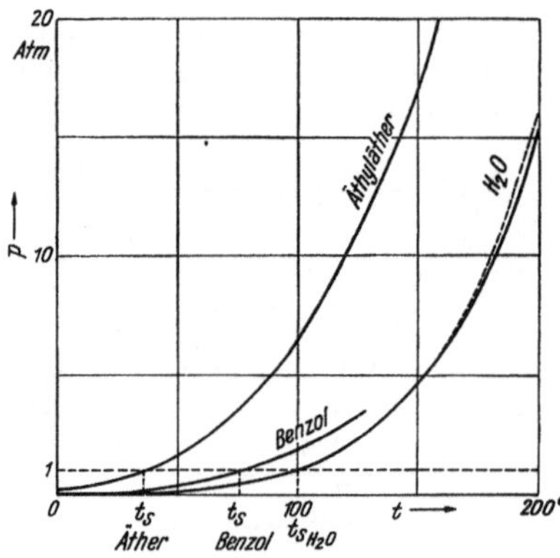

Abb. 25. Dampfdruck verschiedener Substanzen in Abhängigkeit von der Temperatur.

In Abb. 25 ist der Dampfdruck verschiedener Substanzen in Abhängigkeit von der Temperatur wiedergegeben. Die Dampfdruckkurve des Wassers ist in ihrem oberen Teil doppelt gezeichnet. Die punktierte Kurve ist nach Gl. (14) berechnet. Sie fällt unterhalb von 160° C in dem gewählten Maßstab mit der experimentellen Kurve zusammen. *Die* CLAUSIUS-CLAPEYRON*sche Gleichung gibt die Messungen also in einem großen Temperaturbereich gut wieder.* Das liegt daran, daß die Vereinfachungen, die in ihr stecken, erstens $V \ll V'$, zweitens $V' = \frac{RT}{p}$ und drittens $L =$ konst. sich teilweise kompensieren.

§ 39. Die Troutonsche Regel. In Abb. 24 nimmt die Steilheit der einzelnen Geraden ziemlich regelmäßig mit der Temperatur zu; bis auf das Arsen kommen keine Überschneidungen vor. Offenbar besteht also ein Zusammenhang zwischen der für die Steilheit der Geraden maßgebenden Verdampfungswärme und der Temperatur.

In Tab. 10 ist die absolute Siedetemperatur T_s, die Verdampfungswärme beim Siedepunkt L_s und der Quotient L_s/T_s, die *Verdampfungsentropie* für eine Reihe von Stoffen mit sehr verschiedenem Siedepunkt (N_2 ($T_s = 77{,}3$) bis Cu ($T_s = 2700$) angeführt. Wie man sieht, liegt trotz des sehr verschiedenen Betrages der Einzelwerte L_s und T_s, der Quotient L_s/T_s immer zwischen 17 und 25. Für rohe Abschätzungen genügt es oft, mit einem *universellen Durchschnittswert* für die Verdampfungsentropie zu rechnen. Man setzt meist

$$L_s/T_s = 21{,}5\,, \tag{1}$$

da gerade bei 21,5 eine Häufung der Verdampfungsentropie für sehr viele, sog. *normale* Stoffe beobachtet wird. Die Gl. (1) wird als *Troutonsche Regel* bezeichnet.

Tab. 10. Verdampfungsentropie beim Siedepunkt (Troutonsche Regel).

	L_s	T_s	L_s/T_s
N_2	1 340	77,3	17,3
O_2	1 630	90,1	18,1
HCl	3 890	188,1	20,7
NH_3	5 560	239,8	23,4
C_5H_{12}	6 100	309,0	19,8
C_6H_6	7 350	353	20,8
C_2H_5OH	9 550	351,5	27,2
H_2O	9 710	373,1	26,0
CH_3COOH	5 830	391,2	14,9
Hg	14 200	630,0	22,6
Pb	46 000	1890	24,4
Cu	69 000	2700	25,5

Führt man die Troutonsche Regel in die Clausius-Clapeyronsche Gleichung (§ 38,6) ein, so erhält man eine *universelle Beziehung* für den Temperaturkoeffizienten des Dampfdrucks in der Nähe des Siedepunktes. Wir schreiben (§ 38, 6) in der Form

$$d \ln p = \frac{1}{R} \cdot \frac{L}{T} \cdot d \ln T\,. \tag{2}$$

In der Nähe des Siedepunktes wird

$$L/T = L_s/T_s = 21{,}5\,,$$

und damit wird aus Gl. (2)

$$d \ln p = 10{,}8\, d \ln T \tag{3}$$

oder

$$\frac{dp}{p} = 10{,}8\, \frac{dT}{T}\,. \tag{4}$$

Eine bestimmte relative Dampfdruckerhöhung hat eine rund 11mal so große relative Erhöhung der Siedetemperatur zur Folge.

Diese Regel eignet sich besonders für die Abschätzung der Siedetemperaturen bei Vakuumdestillationen oder für die Abschätzung des Dampfdruckes in Bombenrohren, sofern diese bei der entsprechenden Versuchtstemperatur neben Dampf auch noch Flüssigkeit enthalten.

§ 40. Die Gleichgewichtsbedingung für Lösungen mit nur einer flüchtigen Komponente. Für das Gleichgewicht einer *Lösung* mit dem Dampf des Lösungsmittels gelten die gleichen Überlegungen, wie sie in § 38 für reine Flüssigkeiten wiedergegeben sind, nur ist für das Lösungsmittel in der flüssigen Phase an Stelle von (§ 27, 9) die Gleichung

$$dG_1 = V_1 dp - S_1 dT + RTd \ln a_1 \qquad (\S\ 32,\ 2)$$

anzusetzen, da die Flüssigkeit eine *Mischphase* ist. Der *Dampf* hingegen ist eine *reine Phase*, denn es sei zunächst vorausgesetzt, daß der *gelöste Stoff keinen merklichen Dampfdruck* besitzt, wie es im allgemeinen bei Salzen und festen organischen Substanzen der Fall ist. Für die Gasphase gilt also

$$dG_1' = V_1' dp - S_1' dT\,. \qquad (\S\ 27,\ 9)$$

Die Gleichgewichtsbedingung lautet entsprechend (§ 28, 3)

$$dG_1' - dG_1 = 0\,, \tag{1}$$

d. h.

$$(V_1' - V)\, dp - (S_1' - S_1)\, dT - RTd \ln a_1 = 0\,. \tag{2}$$

§ 41. Das Raoultsche Gesetz. Das *Grenzgesetz für verdünnte Lösungen* ($x_2 \to 0$; $a_1 = x_1$) (§ 32, 4) und für konstante Temperatur ($dT = 0$) lautet demnach entsprechend (§ 40, 2)

$$(V_1' - V_1)\, dp = RTd \ln x_1\,. \tag{1}$$

Setzt man wieder $V_1 \ll V'_1$ und $V'_1 = \frac{RT}{p}$, so erhält man

$$RTd \ln p = RTd \ln x_1$$

oder

$$d \ln p = d \ln x_1\,. \tag{2}$$

Integriert man die linke Seite von Gl. (2) von p_0, dem Dampfdruck des *reinen* Lösungsmittels, bis p, dem Dampfdruck über der Lösung, und die rechte Seite von $x_1 = 1$ oder $\ln x_1 = 0$, dem Molenbruch des reinen Lösungsmittels, bis x_1 dem Molenbruch des Lösungsmittels in der Lösung:

$$\int_{p_0}^{p} d \ln p = \int_{0}^{\ln x_1} d \ln x_1\,, \tag{3}$$

so erhält man

$$\ln x_1 = \ln \frac{p}{p_0}$$

oder

$$x_1 = p/p_0\,. \tag{4}$$

Der Quotient aus dem Dampfdruck p des Lösungsmittels über der Lösung und dem Dampfdruck p_0 des reinen Lösungsmittels bei der gleichen Temperatur ist gleich dem Molenbruch des Lösungsmittels in der Lösung. Da x_1 in jeder Lösung kleiner als 1 ist, ist also auch der Dampfdruck p immer kleiner als p_0, d. h. der *Dampfdruck des Lösungsmittels wird in verdünnter Lösung durch jeden gelösten Stoff erniedrigt.*

Setzt man in Gl. (4) für den Molenbruch des Lösungsmittels den *Molenbruch des gelösten Stoffes* ein, entsprechend

$$x_1 = 1 - x_2, \quad (\S\, 29, 8)$$

so erhält man

$$x_2 = \frac{p_0 - p}{p_0} \qquad (5)$$

Hierbei bedeutet $p_0 - p$ die Dampfdruckerniedrigung selbst und $(p_0 - p)/p_0$ die Dampfdruckerniedrigung als Bruchteil des Dampfdruckes des reinen Lösungsmittels, oder die relative Dampfdruckerniedrigung. *Die relative Dampfdruckerniedrigung ist gleich dem Molenbruch des gelösten Stoffes* (RAOULTsches *Gesetz*).

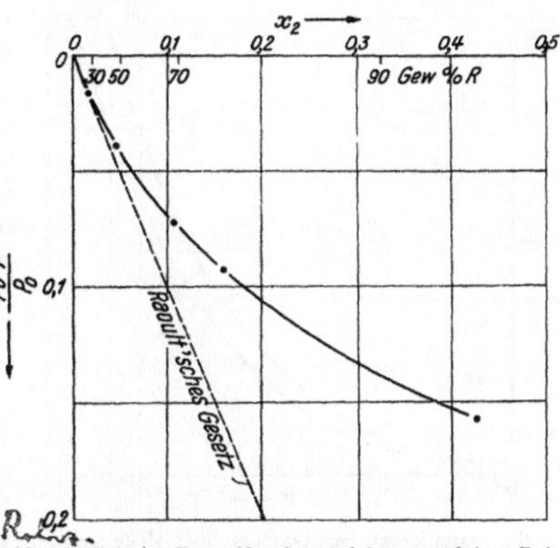

Abb. 26. Relative Dampfdruckerniedrigung wäßriger Rohrzuckerlösungen bei 40° C.

In Abb. 26 ist die relative Dampfdruckerniedrigung wäßriger *Rohrzuckerlösungen* gegen den Molenbruch des Rohrzuckers nach Präzisionsmessungen aufgetragen. Man sieht auch hier, daß das RAOULTsche Gesetz ein *Grenzgesetz für kleine Konzentrationen* ist, denn die RAOULTsche Gerade ist die Grenztangente an die experimentelle Kurve. Immerhin gibt das RAOULTsche Gesetz die relative Dampfdruckerniedrigung von Lösungen bis zu 30% Rohrzuckergehalt noch auf 1% richtig wieder.

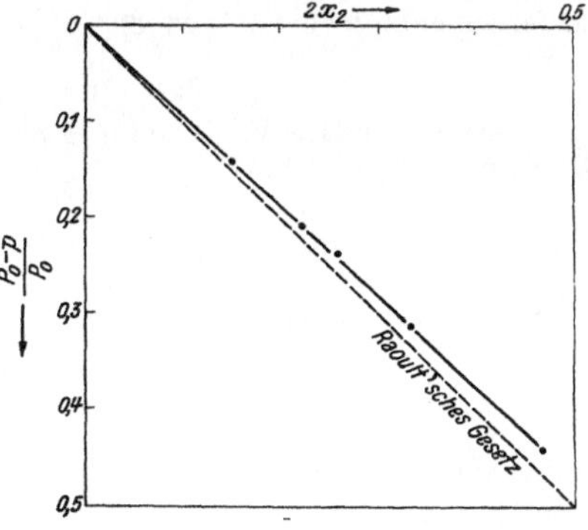

Abb. 27. Relative Dampfdruckerniedrigung des Wassers über einer KSCN-Lösung ($t = 20°$).

Bei *dissoziierenden Stoffen* ist bei der Berechnung des Molenbruchs wieder die *tatsächliche Teilchenzahl* zugrunde zu legen, genau wie bei der Berechnung des osmotischen Drucks. In Abb. 27 ist die relative Dampfdruckerniedrigung wäßriger KSCN-Lösungen im Vergleich mit dem RAOULTschen Gesetz wiedergegeben.

Aufgabe 5. Berechne den *osmotischen* Druck von Rohrzuckerlösungen aus den Daten der Abb. 26, und vergleiche das Ergebnis mit den direkten Messungen der Abb. 20.

§ 42. Die Siedepunktserhöhung. Da der Dampfdruck einer verdünnten Lösung eines nicht flüchtigen Stoffes immer niedriger ist, als der des reinen Lösungsmittels, liegt der *Siedepunkt* immer höher als der des reinen Lösungsmittels; denn unter dem Siedepunkt versteht man die Temperatur, bei welcher der Dampfdruck des Lösungsmittels $p_1 = 1$ Atm wird. In Abb. 28 ist der Dampfdruck des reinen Wassers im Vergleich zum Dampfdruck des Wassers über einer 30proz. Schwefelsäure dargestellt. Die Schnittpunkte der Kurven mit der Horizontalen $p_1 = 1$ Atm sind die Siedepunkte t_s bzw. t_s^0.

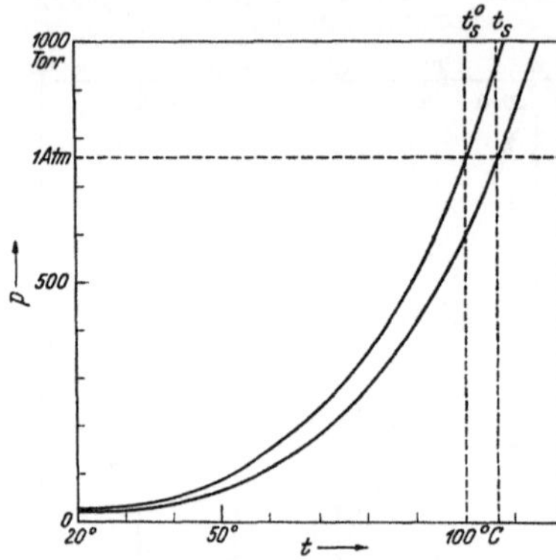

Abb. 28. Dampfdruck des Wassers über einer 30proz. H_2SO_4-Lösung im Vergleich zum reinen Wasser in Abhängigkeit von der Temperatur.

Zur *Berechnung der Siedepunktserhöhung* gehen wir wieder von der Gleichgewichtsbedingung (§ 40, 2) aus, die wir jetzt für *konstanten Druck* $p = 1$ Atm ($dp = 0$ und $T = T_s$) auswerten. Sie lautet dann

$$(S_1' - S_1)\, dT_s = -R T_s\, d\ln a_1. \quad (1)$$

Setzt man wieder als *Grenzgesetz für kleine Konzentrationen* ($x_2 \to 0$)

$$a_1 = x_1 \quad (§ 32, 4)$$

und ferner entsprechend (§ 25, 8)

$$S_1' - S_1 = L_1 / T_s \quad (2)$$

(L_1 = partielle molare Verdampfungswärme des Lösungsmittels), so erhält man

$$\frac{dT_s}{d\ln x_1} = -\frac{R T_s^2}{L_1} \quad (3)$$

oder mit

$$d\ln x_1 = d\ln(1 - x_2) \simeq -dx_2 \quad (4)$$

$$\frac{dT_s}{dx_2} = \frac{R T_s^2}{L_1} \quad (5)$$

für die Abhängigkeit der Siedetemperatur vom Molenbruch des gelösten Stoffes.

Für verdünnte Lösungen rechnet man gewöhnlich mit der Gewichtskonzentration

$$c_g = \frac{1000\, n_2}{m_1} \quad (§ 29, 4)$$

an Stelle des Molenbruchs. Im Grenzfall sehr verdünnter Lösungen ($n_2 \ll n_1$) kann man setzen

$$x_2 = \frac{n_2}{n_1 + n_2} \simeq \frac{n_2}{n_1} = M_1 \frac{n_2}{m_1} = M_1 \frac{c_g}{1000} \tag{6}$$

und erhält aus Gl. (5)

$$\lim_{c \to 0} \frac{dT_s}{dc_g} = \frac{R T_s^2}{1000\, L_1/M_1}. \tag{7}$$

Den Grenzwert bezeichnet man als *molare Siedepunktserhöhung* mit dem Symbol E_0'; es ist also

$$\lim_{c \to 0} \frac{dT_s}{dc_g} \equiv E_0' \tag{8}$$

und

$$E_0' = \frac{R T_s^2}{1000\, L_1/M_1}. \tag{9}$$

L_1 ist die molare Verdampfungswärme des Lösungsmittels, L_1/M_1 daher die Verdampfungswärme für 1 g oder die spezifische Verdampfungswärme und 1000 L_1/M_1 die Verdampfungswärme für 1 kg des Lösungsmittels. *Die molare Siedepunktserhöhung ist eine Funktion der Siedetemperatur und der spezifischen Verdampfungswärme des Lösungsmittels.*

Integriert man Gl. (8) von T_s^0, der Siedetemperatur des reinen Lösungsmittels, bis T_s, der Siedetemperatur der Lösung, und entsprechend von 0 bis c_g:

$$\int_{T_s^0}^{T_s} dT_s = E_0' \cdot \int_0^{c_g} dc_g\,, \tag{10}$$

so erhält man als *Grenzgesetz* für die Siedepunktserhöhung ΔT_s

$$\Delta T_s = E_0' \cdot c_g\,. \tag{11}$$

Tab. 11. E_0', Molare Siedepunktserhöhung in verschiedenen Lösungsmitteln.

Lösungsmittel	t_s	L/M (cal)	E_0' (ber.)	E_0' (exp.)	M
Wasser	100°	539,1	0,513	0,515	18,02
Äthylalkohol	77,4°	202	1,2	1,0	46,1
Aceton	56,0°	122	1,8	1,5	46,1
Benzol	80,1°	94,5	2,62	2,62	78,1
Dioxan $O\begin{smallmatrix} CH_2-CH_2 \\ CH_2-CH_2 \end{smallmatrix}O$	100,3°	86	3,2	3,2	88,1
Chloroform	61,1°	59,0	3,76	3,80	119,4
$C\,Cl_4$	76,6°	46,4	5,24	5,29	153,8
$Sn\,Cl_4$	114°	30,6	9,7	10,2	260,5

In Tab. 11 ist t_s, die Siedetemperatur in °C, ferner die spezifische Verdampfungswärme und die molare Siedepunktserhöhung, berechnet nach Gl. (9), für einige gebräuchliche Lösungsmittel angegeben. Man sieht an den Zahlen wie aus Gl. (9), daß die molare Siedepunktserhöhung um so größer wird, je kleiner die spezifische Verdampfungswärme ist. Der Ausdruck dT_s/dx_2 ist dagegen viel weniger vom Lösungsmittel abhängig, weil hierfür nach Gl. (5) die *molare* Verdampfungswärme L_1 maßgebend ist. Diese aber ist nach der *Troutonschen Regel* für Lösungsmittel, welche in der Nähe der Zimmertemperatur sieden, nicht allzu verschieden (vgl. Tab. 10). *Die starken Unterschiede der molaren Siedepunkterhöhung* in Tab. 11 rühren also im wesentlichen von den *Unterschieden des Molgewichts* her. Wasser mit dem kleinsten Molgewicht hat auch die kleinste Siedepunktserhöhung, und allgemein steigt die Siedepunktserhöhung bis auf einige Ausnahmen ziemlich monoton mit dem Molgewicht des Lösungsmittels an.

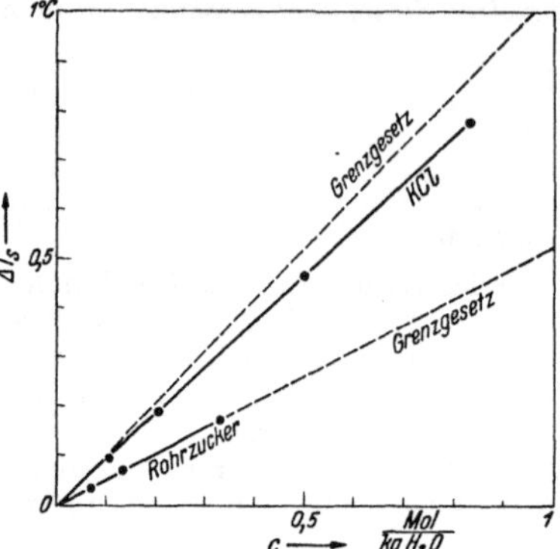

Abb. 29. Siedepunktserhöhung wäßriger Lösungen von KCl und Rohrzucker.

In Abb. 29 sind neuere Präzisionsmessungen der Siedepunktserhöhung wäßriger Lösungen in Vergleich zum Grenzgesetz (11) wiedergegeben. Die Messungen an *Rohrzuckerlösungen* gehen bis zu $c_g = 0{,}33$, und bis zu dieser Konzentration ist in dem gewählten Maßstabe noch *keine Abweichung* vom Grenzgesetz erkennbar.

Bei KCl-Lösungen ist die molare Siedepunktserhöhung wegen der Dissoziation in K^+ und Cl^- wieder doppelt so hoch, *außerdem sind die Abweichungen vom Grenzgesetz hier sehr deutlich.* Die Siedepunktserhöhung ist in dem gemessenen Konzentrationsbereich kleiner als nach dem Grenzgesetz, d. h. die *Aktivität der Ionen ist kleiner als ihre Konzentration. Das tritt bei allen Ionenlösungen auf und rührt von den elektrostatischen Kräften her, die die Ionenladungen aufeinander ausüben* (§ 32).

Messungen der Siedepunktserhöhung werden vielfach zu *Molgewichtsbestimmungen* herangezogen. Im einfachsten Falle kann man das Molgewicht M_2 des gelösten Stoffes aus der Siedepunktserhöhung ΔT_s einer Lösung bekannter Zusammensetzung (m_2/m_1) ermitteln, denn aus Gl. (11) und (§ 27,4) erhält man mit $M_2 = m_2/n_2$

$$\Delta T_s = \frac{1000\, E_0'}{M_2} \cdot \frac{m_2}{m_1}. \tag{12}$$

Genauere Molgewichtsbestimmungen sind an einer *Reihe* verschieden konzentrierter Lösungen vorzunehmen und auf $m_2/m_1 = 0$ zu extrapolieren, denn Gl. (12) ist ebenso wie (11) nur das Grenzgesetz für verdünnte Lösungen. Außerdem kann das Molgewicht durch Assoziationsvorgänge mit steigender Konzentration zunehmend entstellt werden.

§ 43. Die Gleichgewichtsbedingung für Lösungen mit zwei flüchtigen Komponenten. *Wenn der gelöste Stoff selbst einen merklichen Dampfdruck hat,* so ist auch die *Gasphase* eine *Mischphase.* Das Gleichgewicht kann sich durch Übergang jeder der beiden Komponenten von einer Phase in die andere einstellen. Die Gleichgewichtsbedingung lautet daher für jede der beiden Komponenten (sofern ihr Molgewicht in beiden Phasen das gleiche ist):

$$dG'_i = V'_i dp - S'_i dT + RT d \ln a'_i$$
$$dG_i = V_i dp - S_i dT + RT d \ln a_i$$

$$dG'_i - dG_i = 0 = (V'_i - V_i)\, dp - (S'_i - S_i)\, dT + RT d \ln \frac{a'_i}{a_i}. \quad (1)$$

§ 44. Das Henrysche Gesetz. Für *konstanten Druck und Temperatur* ($dp = dT = 0$) wird aus Gl. (§ 43, 1):

$$d \ln \frac{a'_i}{a_i} = 0 \quad (1)$$

oder

$$a_i = k \cdot a'_i \,. \quad (2)$$

Die Aktivität eines Stoffes in Lösung ist proportional seiner Aktivität in der benachbarten Gasphase. Die Konstante k heißt *Verteilungskoeffizient.*

Wir wenden Gl. (1) zunächst auf den gelösten Stoff an ($i = 2$). Im Grenzfall verdünnter Lösungen und Gase ist a_2 nach § 32 proportional x_2 und a'_2 ist nach (§ 31, 6) proportional dem Partialdruck p_2. Damit erhält man an Stelle von (2)

$$x_2 = k \cdot p_2 \,, \quad (3)$$

das HENRYsche *Gesetz: Die Konzentration eines flüchtigen Stoffes in verdünnter Lösung ist proportional seinem Dampfdruck über der Lösung.* Da in verdünnten Lösungen Molenbruch, Gewichts- und Volumenkonzentration einander proportional sind (vgl. Abb. 17), gilt das HENRYsche Gesetz für jede dieser Konzentrationsskalen, nur der Zahlenwert der Konstante ist verschieden. Die Konstante gibt die Konzentration des Stoffes in der Lösung für die Einheit des Partialdrucks an und ist damit ein Maß für die *Löslichkeit* des Gases. Ihren Zahlenwert kann man vom Standpunkt der Thermodynamik nicht vorhersagen, er

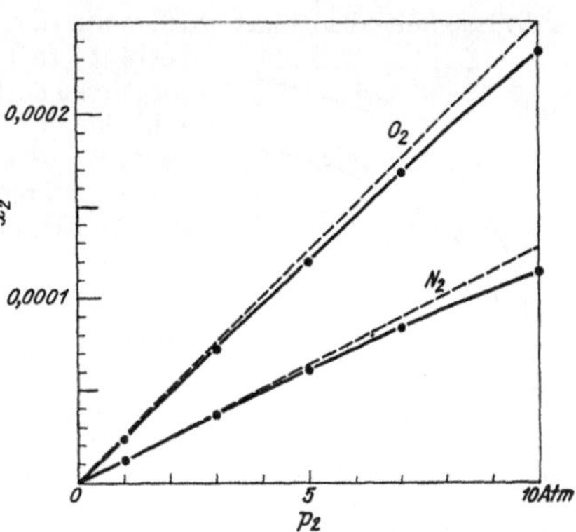

Abb. 30. Löslichkeit von O_2 und N_2 bei 20° in Wasser.

muß wie die Löslichkeit eines festen oder flüssigen Stoffes (§ 51) experimentell bestimmt werden.

In Abb. 30 sind die Löslichkeiten des Sauerstoffs und Stickstoffs in Wasser bei 20° C gegen den Partialdruck dieser Gase aufgetragen. Die punktierten Grenztangenten stellen das HENRYsche Gesetz dar. Es ist in beiden Fällen bis zu Drucken von 10 Atm noch recht gut erfüllt, die Abweichungen betragen hier nur einige Prozente. Die Löslichkeit des Sauerstoffs ist ziemlich genau doppelt so groß wie die des Stickstoffs. In luftgesättigtem Wasser verhalten sich die Molzahlen O_2/N_2 also wie 1:2,5, während sie sich in Luft wie 1:5 verhalten. Das ist biologisch wichtig.

Tab. 12. Löslichkeit einiger Gase in verschiedenen Lösungsmitteln bei 20° C (tabelliert ist $\alpha \cdot 10^3$, wobei α der BUNSENsche Absorptionskoeffizient ist).

Lösungsmittel / gelöster Stoff	H_2O	CH_3OH	CH_3COCH_3	$CHCl_3$
H_2	18,5	84,0	65,5	
N_2	16,0	125,6	128,9	119,5
O_2	31,2	175 (19°)	207 (19°)	205 (16°)
O_3	332			
CO	23,3			
CO_2	885			
CH_4	33,2			
C_2H_2	1 003			
NH_3	445 000			

Die Absolutwerte der Löslichkeit sind klein. Beträgt der Partialdruck des Sauerstoffs z. B. $p_{O_2} = 1$ Atm, so ist, wie man aus der Abb. 30 abliest $x_{O_2} = 2{,}5 \cdot 10^{-5}$. Als praktisches Maß für die Löslichkeit von Gasen in Flüssigkeiten gibt man meist den *BUNSENschen Absorptionskoeffizienten* an, das ist das Normalvolumen[1] v_0' des Gases, das von 1 cm³ der Flüssigkeit absorbiert wird, wenn der Partialdruck des Gases 1 Atm beträgt. In Tab. 12 ist der BUNSENsche Absorptionskoeffizient für einige Gase in verschiedenen Lösungsmitteln angegeben. Der Wert $\alpha \cdot 10^3$ gibt die Zahl der (Normal-)Kubikzentimeter des Gases an, die von 1 Liter der Flüssigkeit absorbiert werden. Für die meisten Gase liegt dieser Wert in der Größenordnung von 20—200 cm³/Liter. Bei NH_3 in H_2O ist er mit 445000 abnorm hoch.

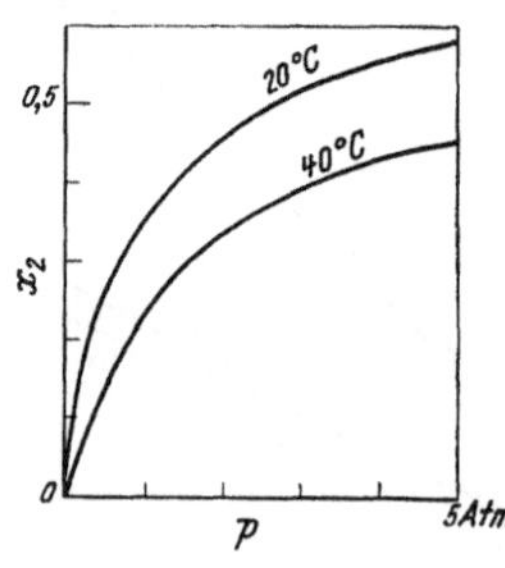

Abb. 31. Löslichkeit des Ammoniaks in Wasser.

Wie Abb. 31 zeigt, sind für NH_3 die Abweichungen vom HENRYschen Gesetz schon bei kleinen Drucken ($p < 1$ Atm) sehr erheblich. Das liegt daran, daß die Konzen-

[1] Das Normalvolumen ist dasjenige Volumen, welches das Gas bei 0° C und $p = 1$ Atm. einnimmt.

trationen schon sehr groß sind, das HENRYsche Gesetz ist ja ein Grenzgesetz für kleine Konzentrationen. Mit steigender *Temperatur* nimmt die Löslichkeit des NH_3 ab, wie man aus Abb. 31 entnimmt. Das ist bei vielen Gasen der Fall.

Im Falle des HCl ist von einer Erfüllung des HENRYschen Gesetzes *keine Rede,* weil die wesentliche Voraussetzung des Ansatzes (1) *nicht* gegeben ist, nämlich daß *es sich in beiden Phasen um den gleichen Stoff handelt.* Im Gegenteil, das HCl-Gas besteht aus HCl-*Molekülen,* in wäßriger Lösung hingegen dissoziiert HCl in die Ionen H^+ und Cl^-, die ihrerseits noch mit dem Wasser reagieren und sich mit einer *Hydrat*hülle umgeben. —

Wendet man den allgemeinen Verteilungssatz Gl. (1) auf das *Lösungsmittel* an ($i = 1$), so wird im Grenzfall verdünnter Lösungen ($x_2 \rightarrow 0$)

$$a_1 = x_1 \qquad (\S\,32,4)$$

und

$$a_1' = x_1' = \frac{p_1}{p}. \qquad (\S\,31,6)$$

Man erhält also in Analogie zu Gl. (3)

$$x_1 = k_1 \cdot p_1. \qquad (4)$$

In diesem Falle kann man k_1 ohne weiteres ausrechnen, denn für das *reine* Lösungsmittel ($x_1 = 1$) wird $p_1 = p_1^0$, wenn man mit p_1^0 den Dampfdruck des reinen Lösungsmittels bei der betr. Temperatur bezeichnet. Setzt man das in Gl. (4) ein, so erhält man

$$k_1 = \frac{1}{p_1^0}, \qquad (5)$$

und damit wird aus Gl. (4)

$$x_1 = \frac{p_1}{p_1^0}. \qquad (6)$$

Gl. (6) ist eine erweiterte Form des RAOULTschen Gesetzes

$$x_1 = \frac{p}{p_0}. \qquad (\S\,41,4)$$

Beide Beziehungen werden identisch für den in §41 behandelten Sonderfall, daß der gelöste Stoff keinen merklichen Dampfdruck hat; denn dann ist in der Gasphase nur noch der Dampfdruck des Lösungsmittels vorhanden und sein Partialdruck p_1 bzw. p_1^0 ist gleich dem Gesamtdruck p bzw. p_0.

Aufgabe 6. Berechne den BUNSENschen Absorptionskoeffizienten des Sauerstoffs in Wasser aus den Angaben der Abb. 30.

§ 45. Dampfdruck- und Siedediagramme. Aus der allgemeinen Gleichgewichtsbedingung (§43,1) erhält man für konstante Temperatur ($dT = 0$)

$$d \ln \frac{a_i'}{a_i} = -\frac{V_i' - V_i}{RT}\, dp \qquad (1)$$

und für den konstanten Druck $p = 1$ Atm. ($T = T_s$)

$$d \ln \frac{a'_i}{a_i} = \frac{S'_i - S_i}{R T_s} \, d T_s \, . \qquad (2)$$

Die Gl. (1) und (2) zeigen die Abhängigkeit des Verteilungskoeffizienten einer Komponente vom Druck und von der Siedetemperatur der Lösung. Ihre systematische Auswertung und der Vergleich mit Messungen ist allerdings bisher noch nicht durchgeführt. Man beschränkt sich auf die Darstellung der Messungen in Dampfdruck- und Siedediagrammen, und zwar werden gewöhnlich die Molenbrüche einzeln für beide Phasen (und nicht der Verteilungskoeffizient) gegen den Druck bzw. die Siedetemperatur aufgetragen. Wir besprechen im folgenden einige Beispiele:

In Abb. 32 ist das Dampfdruckdiagramm von Lösungen aus Äthylenbromid $C_2H_4Br_2$ und Propylenbromid $C_3H_6Br_2$ bei 85° C wiedergegeben. Man sieht, daß für beide Komponenten das *Raoultsche Gesetz über den ganzen Mischungsbereich sehr genau* *erfüllt* ist. Das liegt an der *chemischen Ähnlichkeit* der beiden Komponenten (Näheres s. u.). Die Endpunkte der beiden sich kreuzenden Geraden entsprechen den Dampfdrucken der reinen Substanzen p_i^0. Die obere ausgezogene Kurve erhält man durch *Addition* der beiden *Partialdruckkurven;* sie stellt also den *Gesamtdruck der Mischung* in Abhängigkeit von der *Zusammensetzung der Flüssigkeit* dar.

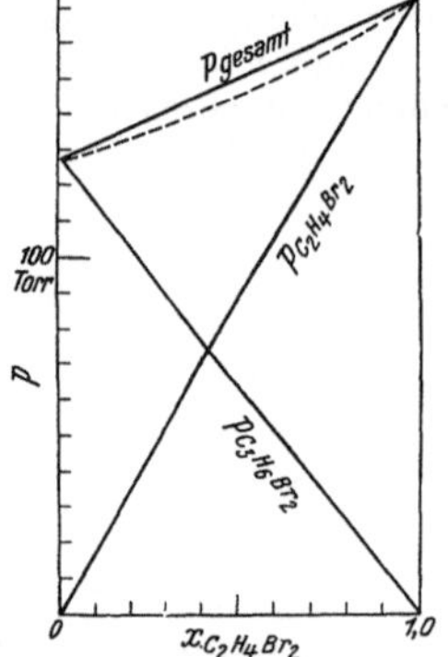

Abb. 32. Dampfdruckdiagramm für Lösungen aus Äthylen- und Propylenbromid bei 85° C.

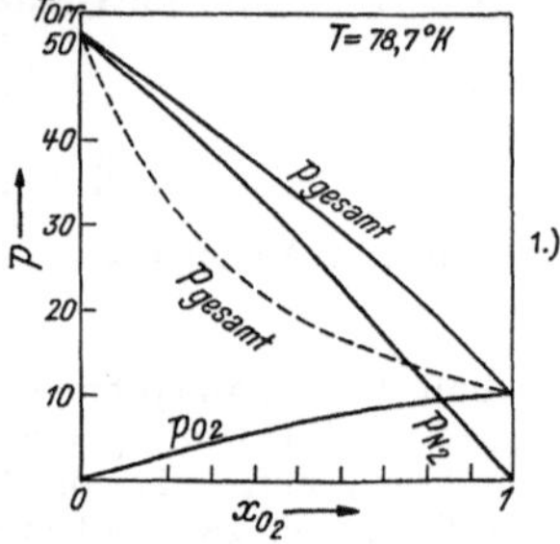

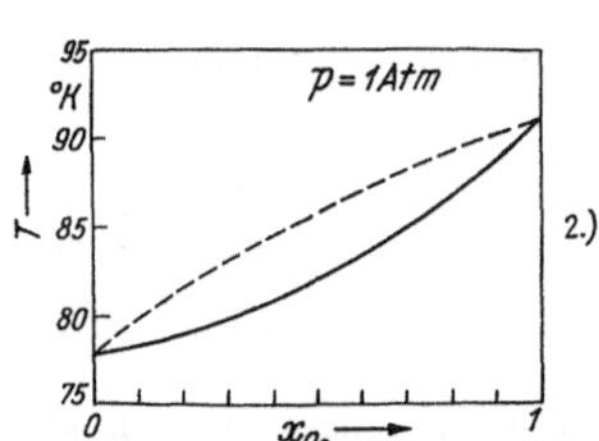

Abb. 33. 1. Dampfdruck, 2. Siedediagramm des Systems Stickstoff — Sauerstoff.

Allgemein erfüllen in einem System A—B die Partialdruckkurven das Raoultsche Gesetz dann über den ganzen Mischungsbereich, wenn die zwischen molekularen Kräfte zwischen den verschiedenartigen Molekülen ebenso groß sind wie zwischen den gleichartigen In diesem Falle ist auch die Mischungswärme gleich null, d. h. es handelt sich nach unserer Definition (S. 37) um *ideale* Mischungen. Wirkliche Mischungen kommen dem idealen Verhalten um so näher, je ähnlicher ihre Komponenten sich chemisch sind.

In Abb. 33 ist das Dampfdruckdiagramm des Systems Stickstoff-Sauerstoff bei 78,7° K wiedergegeben. Die Partialdruckkurven zeigen hier deutliche *Abweichungen vom* RAOULT*schen Gesetz.* Es sind keine Geraden, sondern *nach oben gekrümmte Kurven,* der *Partialdruck* der einzelnen Komponenten ist *größer* als im Idealfalle. Allgemein läßt ein solches Verhalten darauf schließen, daß die Anziehungskräfte zwischen den verschiedenartigen Molekülen *kleiner* sind als zwischen den gleichartigen. Man spricht in diesem Falle von *Unteranziehung* der Komponenten. Die Mischung solcher Stoffe ist ein *endothermer* Vorgang, denn die Trennung gleichartiger Moleküle erfordert mehr Energie, als bei der Annäherung der verschiedenartigen abgegeben wird.

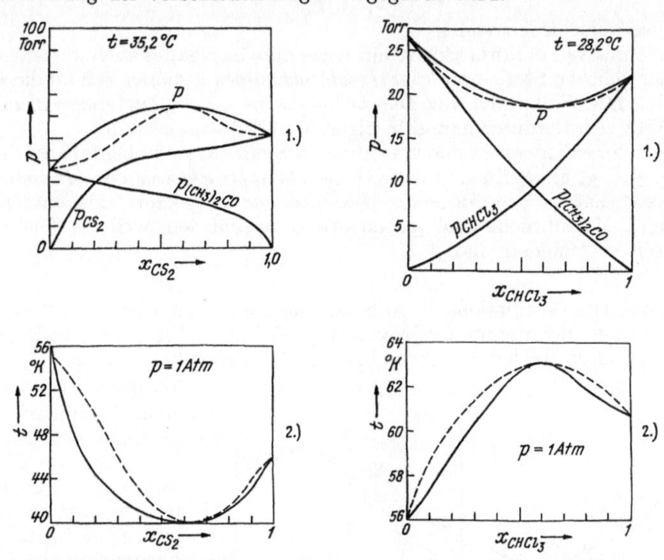

Abb. 34. 1. Dampfdruck, 2. Siedediagramm des Systems Schwefelkohlenstoff — Aceton.

Abb. 35. Dampfdruck, 2. Siedediagramm des Systems Aceton — Chloroform.

Dieser Fall ist auch bei dem System Schwefelkohlenstoff-Aceton (Abb. 34) verwirklicht. Hier ist der Verlauf der Partialdruckkurven noch komplizierter als in Abb. 33, und die Gesamtdruckkurve hat ein *Maximum.*

Das System Aceton —Chloroform (Abb. 35) ist dagegen ein Beispiel für *Überanziehung* der Komponenten. Die *Partialdruckkurven* sind *nach unten gekrümmt,* die Partialdrucke sind also *kleiner* als im Idealfall und die Gesamtdruckkurve zeigt ein *Minimum.* Die Mischung der Komponenten ist ein *exothermer* Vorgang.

Die punktierten Kurven in Abb. 32—36 zeigen den Gesamtdruck der Mischung in Abhängigkeit von der *Zusammensetzung der Gasphase*, d. h. für diese Kurven bezieht sich der auf der Abszisse aufgetragene Molenbruch auf die Gasphase. Beide *Phasen* haben im allgemeinen *verschiedene Zusammensetzung*. Bei Gültigkeit des RAOULTschen Gesetzes z. B. ist der Molenbruch des Lösungsmittels in der *Flüssigkeit* gegeben durch

$$x_1 = \frac{p_1}{p_1^0} \qquad (§ 45, 6)$$

und in der *Gasphase* durch

$$x_1' = \frac{p_1}{p}. \qquad (§ 31, 6)$$

Der Verteilungskoeffizient zwischen Gas- und flüssiger Phase beträgt demnach

$$\frac{x_1'}{x_1} = \frac{p_1^0}{p}, \qquad (3)$$

ist also verschieden von 1.

Wenn *eine* Totaldruckkurve ein *Extremum* hat, hat es auch die andere an der gleichen Stelle und *beide Totaldruckkurven berühren* sich an dieser Stelle, d. h. *Flüssigkeit und Dampf* haben die *gleiche Zusammensetzung*. (Es läßt sich thermodynamisch zeigen, daß das so sein muß.)

Die *Siedediagramme* der betreffenden Systeme sind ebenfalls in den Abb. 33—35 angegeben. Dort wo die *Dampfdruckkurve* ein *Maximum* aufweist, hat die *Siedekurve* ein *Minimum* und umgekehrt. Die entsprechenden Molenbrüche sind jedoch etwas verschieden, weil die Temperaturen verschieden sind.

§ 46. Die Destillation. In Abb. 36 sind die beiden Typen von Siedediagrammen noch einmal *schematisch* gezeichnet. Wir wollen an ihnen das Verhalten solcher Lösungen bei der *Destillation* betrachten.

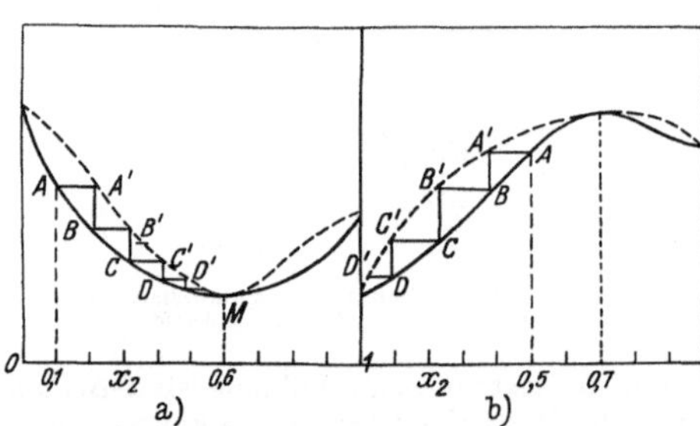

Abb. 36. Schematische Darstellung der Vorgänge bei der Kolonnendestillation eines Gemisches. a) mit Siedepunktsminimum, b) mit Siedepunktsmaximum. Auf der Ordinate ist die Siedetemperatur aufgetragen.

Destilliert man von einem Gemisch mit *Siedepunktsminimum* (Abb. 36a) z. B. bei der Konzentration $x_2 = 0{,}1$ eine kleine Menge ab, so hat die Flüssigkeit die durch A gekennzeichnete Zusammensetzung $x_2 = 0{,}1$, der bei dieser Temperatur mit ihr im Gleichgewicht stehende Dampf jedoch die durch A' gekennzeichnete Zusammensetzung. *Kondensiert* man den Dampf A' vollständig, geht also im Diagramm von A' nach B, und *destilliert* von dem Kondensat wiederum eine kleine Menge ab ($B \rightarrow B'$) und *wiederholt* dieses Verfahren *fortgesetzt*, so bewegt man sich entlang der *Zickzacklinie*, wobei jede *waagerechte* Strecke der *Verdampfung* und jede *senkrechte* Strecke der *Kondensation* entspricht. Der Dampf hat schließlich die Zusammensetzung $x_2 = 0{,}6$, und jetzt hat weitere Wiederholung der Destillation keine Änderung seiner Zusammensetzung und Siedetemperatur zur Folge, weil nun Flüssigkeit und Dampf die gleiche Zusammensetzung haben. Das Verfahren wird praktisch in der *Destillationskolonne* ausgewertet. In der Kolonne strömt dem aufsteigenden Dampf die kondensierte Flüssigkeit entgegen und die einzelnen Destillationen und Kondensationen erfolgen in den entsprechenden Zonen der Kolonne. Destilliert man so langsam, daß sich an jeder Stelle das Gleichgewicht zwischen beiden Phasen einstellen kann, so bildet sich in der Kolonne das thermodynamisch bedingte Temperaturgefälle von A bis M aus, in dem alle Zwischenzustände verwirklicht sind. Am unteren Ende der Kolonne ist die Temperatur am höchsten und nimmt nach oben zu bis zu dem niedrigsten Wert ab, der zu dem entsprechenden Teil der Siedekurve gehört. Der Enderfolg ist der, daß aus dem Kolonnenkopf ein *konstant siedendes* sog. *azeotropes Gemisch* destilliert, solange bis schließlich in der Blase nur noch die *reine Komponente* 1 *zurückbleibt*. Geht man von einem Gemisch mit der Zusammensetzung $x_2 > 0{,}6$ aus, so erhält man als Destillat ebenfalls das azeotrope Gemisch $x_2 = 0{,}6$, solange bis diesmal schließlich in der Blase nur noch die reine Komponente 2 vorhanden ist.

Dem Typ der Abb. 36a entspricht auch das System *Äthylalkohol-Wasser*. Das Siedepunktsminimum liegt bei der Zusammensetzung von 96% Alkohol.

Liegt, wie in Abb. 36b, ein Gemisch mit *Siedepunktsmaximum* vor, so erhält man durch Kolonnendestillation das *konstant siedende Gemisch als Rückstand* und als *Destillat die reine Komponente* 1 oder 2, je nachdem ob man von einer Zusammensetzung $x_2 < x_m$ oder $x_2 > x_m$ ausgeht.

3. Das Gleichgewicht Flüssigkeit — feste Phase.

§ 47. Die Gleichgewichtsbedingung unter Ausschluß von Mischkristallen. Bei der Untersuchung des Gleichgewichts zwischen einer flüssigen Lösung und einer festen Phase können wir ähnlich wie im Abschnitt 2 drei Fälle unterscheiden:

1. Die feste Phase besteht aus dem *Lösungsmittel*. Es handelt sich z. B. um das Gleichgewicht zwischen einer wäßrigen Lösung und Eis, m. a. W. um den *Schmelz-* oder *Gefrierpunkt* der Lösung.

2. Die feste Phase besteht aus dem *gelösten Stoff*. Es handelt sich z. B. um das Gleichgewicht einer KNO_3-Lösung mit festem KNO_3, also um das *Löslichkeitsgleichgewicht* des gelösten Stoffes.

3. Die feste Phase ist eine *Mischphase* aus den beiden Komponenten.

Sehen wir zunächst von Fall 3 ab, setzen also voraus, daß die feste Phase allein aus *einer* der Komponenten i besteht, so ist die Gleichgewichtsbedingung entsprechend den Überlegungen des § 28 für diejenige Komponente i anzuschreiben, die in *beiden* Phasen auftritt. Sie lautet, wenn wir die feste Phase mit doppelt gestrichenen Symbolen kennzeichnen:

$$dG_i = V_i dp - S_i dT + RTd \ln a_i$$
$$dG_i'' = V_i'' dp - S_i'' dT$$

$$dG_i - dG_i'' = (V_i - V_i'')\, dp - (S_i - S_i'')\, dT + RTd \ln a_i = 0\,. \quad (1)$$

Für den Fall 1 ist $i = 1$, und für den Fall 2 ist $i = 2$. Weiter ist nach (§ 25, 8)

$$S_i - S_i'' = \frac{L_i''}{T}, \quad (2)$$

wenn L_i'' die molare *Schmelz*wärme bzw. *Lösungs*wärme der Komponente i bedeutet.

§ 48. Die Schmelzdruckkurve eines Einstoffsystems. Für ein *Einstoffsystem* ($a_i = 1$ und $d \ln a_i = 0$) erhält man aus (§ 47, 1 u. 2)

$$\frac{dT}{dp} = \frac{(V - V'')}{L''} \cdot T \quad (1)$$

für die *Abhängigkeit des Schmelzpunktes vom Druck.*

Bei den *meisten Substanzen* ist $V > V''$, die Schmelztemperatur *steigt* also mit dem Druck. Bei *Wasser* hingegen ist $V < V''$, weil die Moleküle im Eis sperriger angeordnet sind als in der Flüssigkeit. *Die Schmelztemperatur des Eises fällt mit dem Druck.* Das ist geologisch wichtig, weil das Eis der *Gletscher* in tiefen Lagen unter dem Druck der Gletscher schmilzt.

Aufgabe 7. Berechne die Schmelztemperatur des Wassers bei 4,6 Torr, dem Dampfdruck des Wassers über dem Gemisch aus Eis und Wasser (Schnittpunkt der Dampfdruck- und Sublimationskurve, „Tripelpunkt"). Die Dichte des flüssigen Wassers beträgt bei dieser Temperatur $\varrho = 0{,}9999$, die des Eises $\varrho'' = 0{,}9168$. Die Schmelzwärme beträgt 1,435 kcal./Mol.

Aufgabe 8. Berechne die Schmelztemperatur des Cyklohexanols bei Atmosphärendruck aus dem Tripelpunkt ($t_{tr} = +25{,}50°$ C und $p_{tr} < 1$ Torr) Die Schmelzwärme beträgt 0,427 kcal/Mol, die Volumenkontraktion $V - V'' = 2{,}56$ cm³/Mol.

§ 49. Der Gefrierpunkt von Lösungen. Für den Gefrierpunkt von Lösungen bei konstantem Druck erhält man aus (§ 47, 1 u. 2)

$$\frac{dT}{d \ln a_1} = \frac{L_1''}{RT^2}\,. \quad (1)$$

Als *Grenzgesetz für verdünnte Lösungen* ($x_2 \rightarrow 0$) mit $a_1 = x_1 = 1 - x_2$ und $d \ln (1 - x_2) \sim - dx_2$ ergibt sich

$$\lim_{x_2 \to 0} \frac{dT}{dx_2} = - \frac{RT^2}{L_1'}\,. \quad (2)$$

Der Schmelzpunkt des Lösungsmittels *fällt* mit steigender Konzentration; *Lösungen zeigen gegenüber dem reinen Lösungsmittel eine Gefrierpunktserniedrigung.*

Daß das so sein muß, übersieht man auch ohne weiteres aus Abb. 37, in welcher 1. die Dampfdruckkurve des Eises (Sublimationskurve), 2. die des reinen Wassers, 3. die des Wassers über einer 4,3proz. NaCl-Lösung als Beispiel aufgezeichnet sind. Die Kurve 3 ist nach dem RAOULTschen Gesetz gegenüber 2 nach unten verschoben (Dampfdruckerniedrigung), infolgedessen schneidet sie die Sublimationskurve bei einer tieferen Temperatur (t) als die Dampfdruckkurve des reinen Lösungsmittels (t_0). Die Schnittpunkte mit der Sublimationskurve sind aber die Gefrierpunkte, denn dort haben Flüssigkeit und feste Phase den gleichen Dampfdruck, befinden sich also im Gleichgewicht. Haben beide Phasen verschiedenen Dampfdruck, so destilliert die mit dem höheren Dampfdruck weg und kondensiert sich in der Form, welche den geringsten Dampfdruck besitzt; beide Phasen sind dann also nicht nebeneinander beständig.

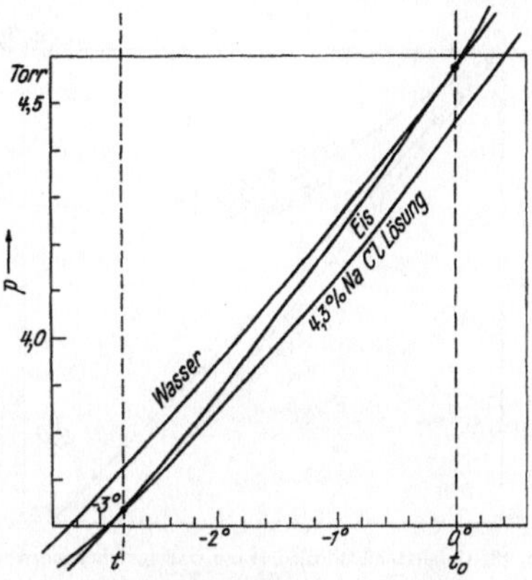

Abb. 37. Dampfdruck des Wassers, des Eises, einer 4,3proz. NaCl-Lösung in Abhängigkeit von der Temperatur (t_0 = Gefrierpunkt des Wassers; t = Gefrierpunkt der Lösung).

Für verdünnte Lösungen verwendet man auch hier meist die Gewichtskonzentration als Variable und erhält für den Grenzwert der *molaren Gefrierpunktserniedrigung* E_0'' in Analogie zu (§ 42, 9)

$$E_0'' \equiv \lim_{c_g \to 0} \frac{dT}{dc_g} = -\frac{RT^2}{1000\,L_1''/M_1}. \tag{3}$$

Es tritt also der Ausdruck

$$1000\,L_1''/M_1,$$

die *Schmelzwärme des Lösungsmittels pro kg* auf.

Tab. 13. E_0'', Molare Gefrierpunktserniedrigung in verschiedenen Lösungsmitteln.

Lösungsmittel	t_f	L'' (kcal)	E_0''	M
Ammoniak. . . .	—77,7	1,409	0,92	17,04
Wasser	0	1,435	1,859	18,02
Essigsäure	+17	2,63	3,9	60,03
Benzol	+ 5,45	2,34	5,07	78,05
Cyclohexanol. . .	+25,54	0,427	38,2	100,10
Campher	+178	1,28	40	152,15

In Tab. 13 ist die molare Gefrierpunktserniedrigung in *verschiedenen Lösungsmitteln* zusammen mit den übrigen Bestimmungsgrößen von Gl. (3) angegeben.

In Abb. 38 sind Gefrierpunktsmessungen *wäßriger Lösungen* von *Äthylalkohol* und *KCl* gegen die Gewichtskonzentration aufgetragen. Die

Grenzgesetze sind nach Gl. (3) berechnet. Bei Alkohol als *Nichtelektrolyt* sind die Abweichungen vom Grenzgesetz wieder wie bei dem osmotischen Druck und der Siedepunktserhöhung sehr klein, bei KCl als *Elektrolyten* sind sie größer, außerdem ist hier das Grenzgesetz wieder mit $2\,E_0''$ als Neigung zu berechnen, weil KCl in die beiden Ionen K^+ und Cl^- dissoziiert.

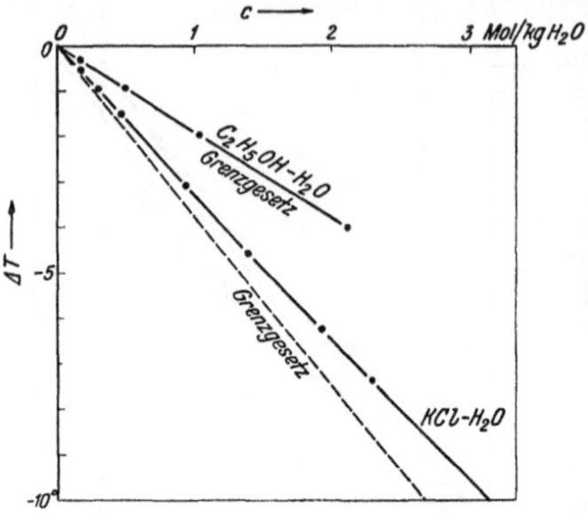

Abb. 38. Gefrierpunktserniedrigung wäßriger Lösungen von C_2H_5OH und KCl.

Auch Messungen der Gefrierpunktserniedrigung kann man zu *Molgewichtsbestimmungen* heranziehen, wie das schon für die Siedepunktserhöhung in § 42 ausgeführt wurde. Die Methode der Gefrierpunktserniedrigung ist an Genauigkeit wesentlich überlegen. Außer *Wasser, Benzol, Essigsäure* wird namentlich in der Praxis des Organikers oft *Campher* als Lösungsmittel benutzt. Es handelt sich dabei um eine *Mikromethode* zur Molgewichtsbestimmung, die von RAST eingeführt wurde. Der Campher eignet sich besonders gut wegen seiner hohen molaren Gefrierpunktserniedrigung. Allerdings ist zu beachten, daß nach Gl. (1) voraussetzungsgemäß das reine Lösungsmittel auskristallisieren muß, daß sich also keinesfalls Mischkristalle bilden dürfen, wenn die Berechnung des Molgewichts der gelösten Substanz auf Grund der Gl. (3) aus

$$c_g = \frac{1000\,n_2}{m} = \frac{1000\,m_2}{m} \cdot \frac{1}{M_1}$$

erfolgen soll.

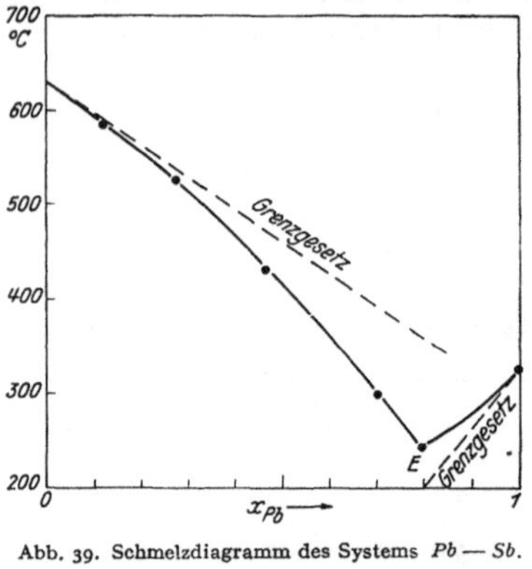

Abb. 39. Schmelzdiagramm des Systems *Pb* — *Sb*.

In Abb. 39 ist das *Schmelzdiagramm* des Systems Antimon—Blei wiedergegeben. Das Grenzgesetz (2) ist auf beide Seiten des Zustandsdiagramms anzuwenden, und zwar bezieht sich die eine Gerade auf Antimon als Lösungsmittel ($T = 630 + 273 = 903°$ K, $L'' = 4{,}77$ kcal) und die andere Gerade auf *Pb* als Lösungsmittel ($T = 327 + 273 = 600°$ K, $L'' = 1{,}22$ kcal). Die beiden *Meßkurven* haben die Geraden als *Grenztangenten*, so wie es nach Gl. (2) sein muß. Die Abweichungen bei endlichen Konzentrationen entsprechen dem Unterschied zwischen Aktivität und Konzentration infolge zwischenmolekularer Kräfte.

Wenn man eine Schmelze mit 50 Molprozent ($x_{Pb} = x_{Sb} = 0{,}5$) abkühlt, so beginnt sich bei 420° C *reines* Antimon abzuscheiden. Dadurch wird die Schmelze immer bleireicher, und der Schmelzpunkt sinkt entlang der *linken* Meßkurve bis zum Punkte *E*. Geht man von einer Schmelze mit 90 Molprozent Blei aus, so scheidet sich *reines Blei* ab, und der Schmelzpunkt sinkt entlang der *rechten* Kurve ebenfalls bis *E*. Aus einer Schmelze mit 79 Molprozent Blei (entsprechend dem Schnittpunkt *E* der beiden Kurven) scheiden sich gleichzeitig nebeneinander kleine Kristalle von reinem *Blei* und reinem Antimon ab, und der Schmelzpunkt bleibt während der Abscheidung *konstant*. Das bei einer solchen gleichzeitigen Abscheidung zweier verschiedener Kristallarten entstehende *heterogene* Gemenge nennt man eutektisches Gemenge oder kurz *Eutektikum*.

§ 50. Mischkristalle. Wie man von der Strukturanalyse mit Röntgenstrahlen weiß, besetzen die Atome bzw. Moleküle, in einem Kristall ganz bestimmte Punkte im Raum, und diese Punkte sind nach einem gewissen Bauprinzip angeordnet; im einfachsten Falle sind es die Ecken eines Würfels (sog. einfache kubische Gitter, Abb. 40). Die Atome besetzen die Ecken des kleinen Würfels an der linken unteren Ecke der Abbildung (allgemein: des *Elementarepipeds*), und der Kristall entsteht durch fortgesetztes Aneinanderreihen solcher Elementarepipede nach den drei Koordinaten des Raumes. Hierdurch entsteht ein *Raumgitter* und die Kristalle der verschiedenen Stoffe unterscheiden sich durch *Form und Größe des Elementarepipeds*. Der Abstand der Gitterpunkte voneinander liegt immer in der gleichen Größenordnung 10^{-8} cm (= 1 Ångström).

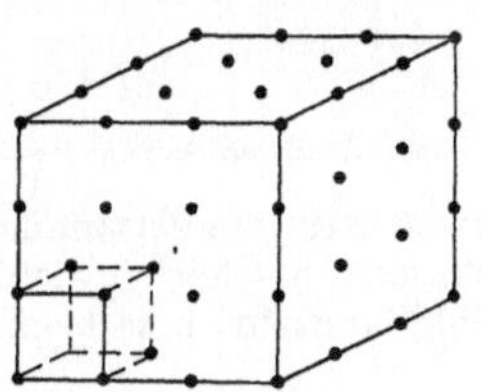
Abb. 40. Aufbau eines kubischen Kristallgitters.

Bilden nun zwei Stoffe wie Silber und Gold *Mischkristalle*, so heißt das, daß z. B. in einem Ag-Kristall einzelne Gitterpunkte durch Goldatome besetzt werden können, und umgekehrt können in einem Goldgitter einzelne Punkte durch Silberatome besetzt werden. Die Bildung von Mischkristallen ist vom thermodynamischen Standpunkt das Analogon zu den flüssigen Lösungen oder Gasgemischen; denn in allen drei Fällen findet eine statistische Durchmischung der einzelnen Atome bzw. Moleküle statt. Mischkristalle sind also einheitliche Phasen, man nennt sie deshalb auch *feste Lösungen* und hat sie thermodynamisch wie Lösungen zu behandeln.

Die *Fähigkeit* zur Bildung von Mischkristallen ist im allgemeinen um so größer, je ähnlicher die Gitterbausteine und ihre Anordnung in den betr. Substanzen sind, ist also von Fall zu Fall verschieden. Z. B. bilden Silber und Gold eine lückenlose Reihe von Mischkristallen, sind also unbeschränkt ineinander löslich, wie etwa Alkohol und Wasser; Kupfer und Silber dagegen sind nur zu einigen Prozenten ineinander löslich, etwa wie Wasser und Äther.

Zur *Berechnung des thermodynamischen Gleichgewichts* von Mischkristallen mit ihrer Schmelze ist demnach *auch die feste Phase als Mischphase* anzusehen, und analog zu § 43 ist anzusetzen:

$$dG_i = V_i dp - S_i dT + RTd \ln a_i$$
$$dG_i'' = V_i'' dp - S_i'' dT + RTd \ln a_i''$$

$$(V_i - V_i'') \, dp - (S_i - S_i'') \, dT + RTd \ln \frac{a_i}{a_i''} = 0 \,. \quad (1)$$

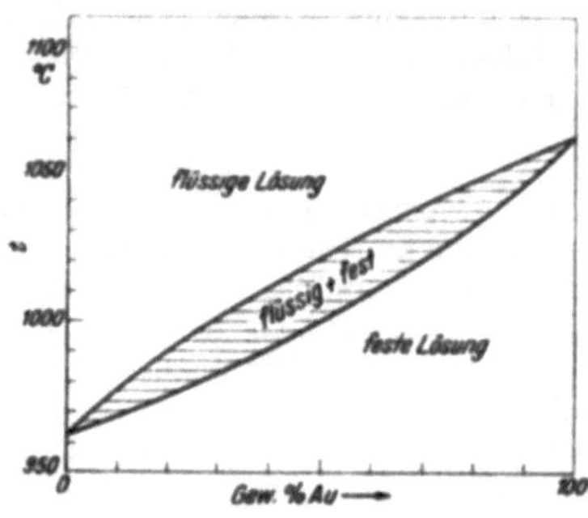

Abb. 41. Schmelzdiagramm des Systems Ag — Au.

Als Konzentrationsvariable tritt wieder der *Verteilungskoeffizient* auf. Auch hier beschränken wir uns auf die *graphische Auswertung* der experimentell ermittelten *Schmelzdiagramme* (vgl. § 45).

In Abb. 41 ist das Schmelzdiagramm *Silber—Gold* wiedergegeben. Die Abbildung erinnert an das Siedediagramm des Systems Stickstoff-Sauerstoff (Abb. 33). Die *obere Kurve* gibt die Zusammensetzung der *Schmelze*, die *untere Kurve* die Zusammensetzung der *festen Lösung* an, wenn beide Phasen im Gleichgewicht stehen. Kühlt man eine Schmelze von 50% Gold langsam ab, so beginnt bei 1020 °C die Ausscheidung von Kristallen. Diese ersten Kristalle enthalten etwa 70% Gold, sind also *goldreicher* als die Schmelze. Infolgedessen *verarmt* die Schmelze an Gold, d. h. die Abkühlung erfolgt längs der *oberen Kurve*, bis der letzte Rest aus reinem Silber besteht und bei 961 °C auskristallisiert.

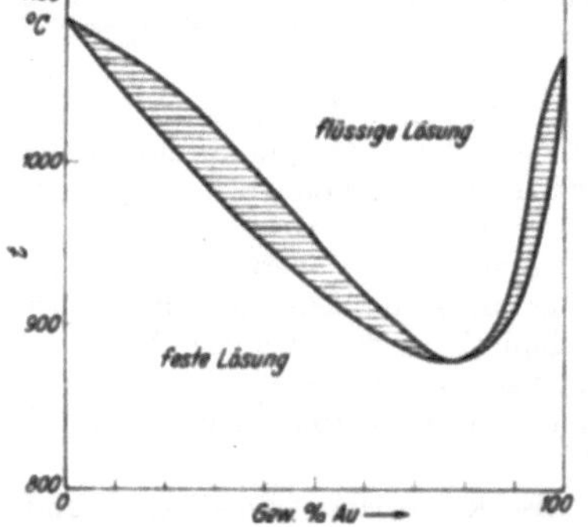

Abb. 42. Schmelzdiagramm des Systems Cu — Au.

In Abb. 42 ist das Schmelzdiagramm des Systems *Kupfer—Gold* dargestellt; es zeigt ein ausgesprochenes *Schmelzpunktminimum* bei etwa 82% Gold. Dieses Minimum ist dagegen *kein* Eutektikum, wie bei dem System Blei—Antimon der Abb. 39. Die feste Phase besteht *hier* aus *einer* einheitlichen homogenen Kristallart, dem 82proz. *Mischkristall* aus Cu und Au, *dort* aus einem heterogenem *Gemenge* von reinen Antimon- und reinen Bleikristallen. Im übrigen hat das Diagramm

Ähnlichkeit mit dem Siedediagramm des Systems Schwefelkohlenstoff—Aceton (Abb. 34). Hier wie dort sind die zwischenmolekularen Kräfte für den Verlauf der Zustandsdiagramme maßgebend.

Das Zwischenglied zwischen dem System Kupfer—Gold und Antimon—Blei bildet das System *Kupfer—Silber* (Abb. 43). Es zeigt ein *Eutektikum* bei 70% Ag, aber das eutektische Gemenge besteht nicht aus den zwei Kristallarten der reinen Komponenten, sondern aus *zwei Sorten von Mischkristallen*, 2% Ag in Cu einerseits und 6% Cu in Ag anderseits. Die bei Kupfer—Gold noch zusammenhängende untere Kurve ist hier in die beiden Äste links und rechts auseinander gerissen. Kupfer und Silber bilden keine lückenlose Reihe von Mischkristallen mehr wie Kupfer und Gold, sondern sind gegenseitig nur zu wenigen Prozent ineinander löslich. Das System Kupfer—Silber mit seinem ausgesprochenen Schmelzpunktminimum bildet den *Grenzfall zur eutektischen Mischung*. Die beiden Komponenten bilden *gerade noch* eine lückenlose Reihe von Mischkristallen.

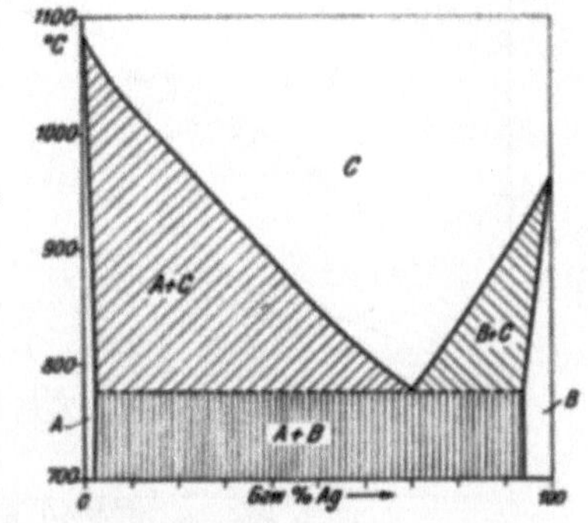

Abb. 43. Schmelzdiagramm des Systems Cu — Ag. In den *unschraffierten* Zustandsgebieten besteht das System aus *einer*, in den *schraffierten* aus *zwei* Phasen. Es bedeutet: A feste Lösung (Mischkristalle) von Ag in Cu
B feste Lösung (Mischkristalle) von Cu in Ag
C flüssige Lösung Ag, Cu.

§ 51. Das Löslichkeitsgleichgewicht. Wir wenden uns jetzt dem Fall zu, daß aus verdünnten Lösungen der *gelöste Stoff allein* auskristallisiert. Wir haben daher in der Gleichgewichtsbedingung (§ 47, 1) für i den Index 2 zu schreiben und erhalten

$$(V_2 - V_2'')\,dp - (S_2 - S_2'')\,dT + RTd\ln a_2 = 0\,. \tag{1}$$

Bei *konstantem Druck und Temperatur* ($dp = dT = 0$) ist demnach

$$d\ln a_2 = 0\,,$$

oder

$$a_2 = \text{konst.}\,, \tag{2}$$

d. h. die *Sättigungsaktivität des gelösten Stoffes ist konstant, also unabhängig vom Mengenverhältnis der Phasen.*

Untersucht man bei konstantem Druck und Temperatur die Sättigungs*konzentration* oder „Löslichkeit" in Abhängigkeit von verschiedenen chemisch indifferenten *Zusätzen*, so kann man den Unterschied zwischen Sättigungs*konzentration* und Sättigungs*aktivität*, also den Einfluß der zwischenmolekularen Kräfte ermitteln[1].

[1] Löslichkeitsbeeinflussungen durch chemische Umsetzungen, die später im Sinne des Massenwirkungsgesetzes (§ 63.) behandelt werden, sind einstweilen ausgeschlossen.

In Abb. 44 ist die Löslichkeit des TlCl in Abhängigkeit von der Konzentration von zugesetztem KNO_3 und K_2SO_4 dargestellt. Die Löslichkeit des TlCl in reinem Wasser bei 25°C beträgt $c_s = 0{,}017$ Mol/kg H_2O. Wäre die Löslichkeit immer gleich der Sättigungsaktivität, so dürfte sie sich nach Gl. (2) bei Zusatz von anderen Stoffen nicht ändern. Man würde an Stelle der experimentellen Kurven die punktierte Horizontale erhalten. In Wirklichkeit dagegen wird die Aktivität des Elektrolyten durch Zusatz von Fremdelektrolyten *kleiner* als die Konzentration. *Es müssen sich also steigende Mengen des Bodenkörpers lösen, um die nach* Gl. (2) *konstante Gleichgewichtsaktivität dieses Stoffes in der Lösung zu erhalten,* und deshalb *steigt* die Sättigungs*konzentration*, d. h. die analytisch bestimmte Löslichkeit. Der Effekt ist recht erheblich. Durch Zusatz von 0,1 Mol KNO_3 pro kg H_2O, steigt die Löslichkeit des TlCl von 0,017 auf 0,020, also um fast 18%. Daß diese Herabsetzung der Aktivität gegenüber der Konzentration von den elektrostatischen Wirkungen der *Ionenladungen* herrührt, sieht man deutlich daraus, daß die Wirkung des 1—2-wertigen Elektrolyten K_2SO_4 annähernd *doppelt* so groß ist, wie die des 1—1-wertigen KNO_3. Die chemische Natur des Zusatzelektrolyten spielt demgegenüber nur eine untergeordnete Rolle (solange keine chemischen Reaktionen stattfinden).

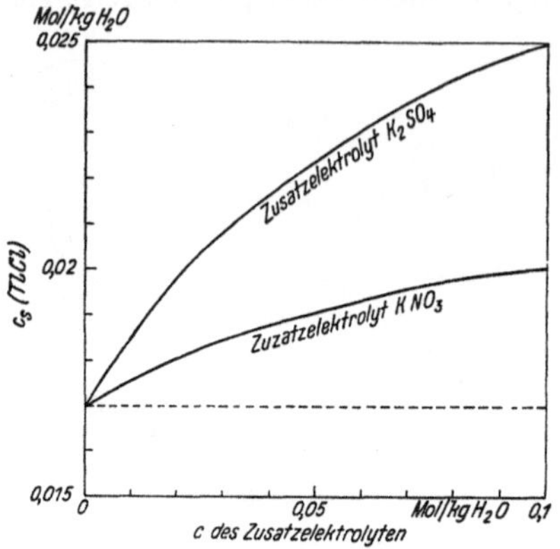

Abb. 44. Löslichkeit des TlCl in H_2O bei 25° in Abhängigkeit von Zusätzen.

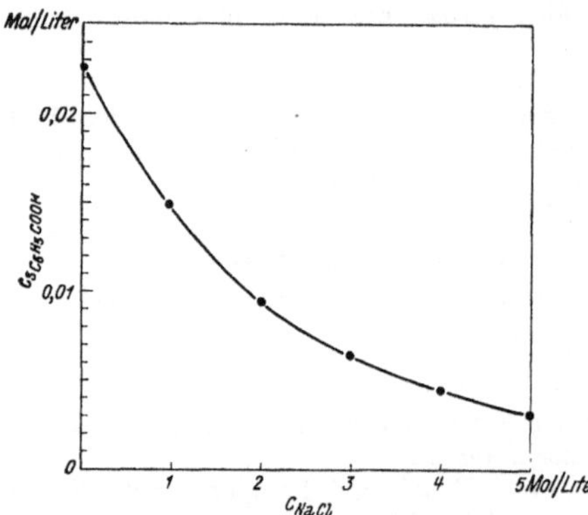

Abb. 45. Aussalzeffekt. c_s, Löslichkeit der Benzoesäure in Wasser bei 20° in Abhängigkeit von NaCl-Zusätzen. (Nach Messungen von GÜNTELBERG und SCHIÖDT: Z. phys. Chem. 135 (1928) 393; KILPATRICK: Amer. Soc. 53 (1931) 2589).

Die *Erhöhung der Löslichkeit* eines Stoffes durch Zusatz von Elektrolyten nennt man *Einsalzeffekt*.

Auch die Aktivität des *Lösungsmittels* wird durch den Zusatzelektrolyten herabgesetzt, denn die Ionen binden einen Teil des Lösungsmittels durch *Solvatation*. Ein Maß hierfür ist die Dampfdruckerniedrigung des

Lösungsmittels. Überwiegt dieser Effekt, so ist insgesamt eine Löslichkeits*erniedrigung*, die Folge, denn eine Verminderung der Aktivität des Lösungsmittels hat die gleiche Wirkung wie eine Erhöhung der Aktivität des gelösten Stoffes.

Der *Aussalzeffekt* tritt bei *Nichtelektrolyten* in Erscheinung, wie die Abb. 45 und 46 am Beispiel der (im wesentlich undissoziierten) Benzoesäure und des H_2 zeigen. Die Löslichkeit dieser Stoffe in Wasser wird durch Zusatz von Elektrolyten *wesentlich* herabgesetzt, sie werden *ausgesalzen*. Das Verfahren ist für die präparative organische Chemie von großer praktischer Bedeutung, denn es bietet die Möglichkeit, die zunächst in Lösung entstandenen Stoffe, z. B. Farbstoffe, durch Aussalzen in reinem Zustand zu gewinnen.

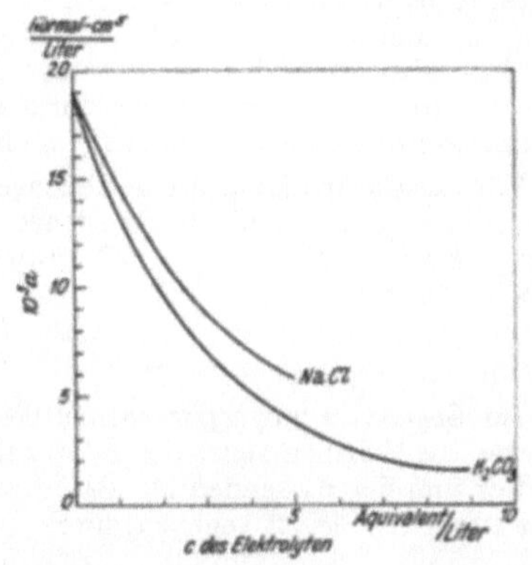

Abb. 46. Löslichkeit des H_2 in wäßrigen Elektrolytlösungen bei 15° C in Abhängigkeit von der Konzentration des Elektrolyten (α = BUNSENschen Absorptionskoeffizient).

§ 52. Die Temperaturabhängigkeit der Löslichkeit.

Nach (§ 51, 1) gilt für *konstanten Druck*

$$RTd \ln a_2 = (S_2 - S_2'') \, dT. \tag{1}$$

Die Differenz zwischen S_2, der partiellen molaren Entropie des gelösten Stoffes in der gesättigten Lösung, und S_2'', der molaren Entropie des zu lösenden Stoffes in festem Zustand, ist nach den Überlegungen des § 25 gleich der partiellen molaren *Lösungswärme* L_2'' dieses Stoffes dividiert durch die absolute Temperatur.

Allgemein versteht man unter einer partiellen Lösungswärme L_2'' die Wärmemenge, die man zuführen muß, um 1 Mol der Substanz bei praktisch konstant bleibender Konzentration (also in genügend viel Lösung dieser Konzentration) zu lösen; sie ist, wie Abb. 47 an zwei Beispielen zeigt, von der

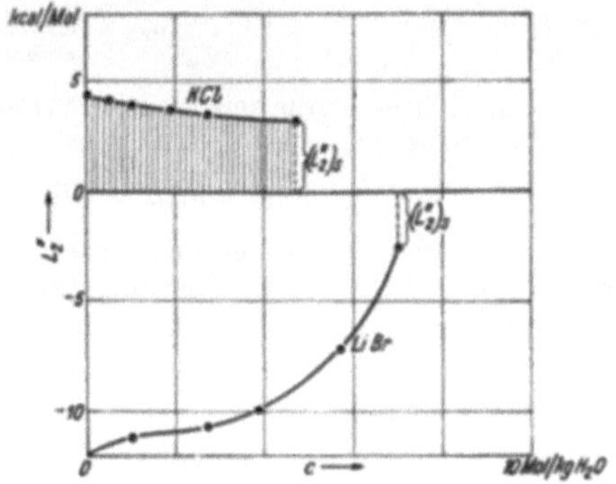

Abb. 47. Partielle (oder differentielle) Lösungswärmen des KCl und LiBr in H_2O bei 25°.

bereits vorliegenden *Konzentration abhängig.* Z. B. muß man nach Ausweis der Abbildung 4,3 kcal/Mol aufwenden, um KCl in *reinem Wasser* bei 25° zu lösen, aber nur 3,3 kcal/Mol, wenn das Lösungsmittel nicht reines Wasser, sondern eine (fast) gesättigte KCl-Lösung ist ($c_{gs} = 4{,}7$ Mol/kg H_2O). Löst man LiBr in reinem Wasser, so werden 11,7 kcal abgegeben; löst man es aber in einer (fast) gesättigten Lösung ($c_{gs} = 7$ Mol/kg H_2O), so werden nur 2,4 kcal abgegeben. Man nennt die so erhaltenen Lösungswärmen L_2'' auch *differentielle Lösungswärmen.*

Für das thermodynamische Gleichgewicht zwischen dem festen Stoff und seiner gesättigten Lösung ist der für die Sättigungskonzentration gültige *Endwert* $(L_2'')_s$, die „*letzte*“ *Lösungswärme* maßgebend. Wir setzen also in Gl. (1)

$$S_2 - S_2'' = \frac{(L_2'')_s}{T}. \tag{2}$$

Im Gegensatz zur *differentiellen* bezeichnet man als *ganze* Lösungswärme die Wärmemenge, die man zuführen muß, um aus 1 Mol des Stoffes und der passenden Menge Lösungsmittel eine gesättigte Lösung herzustellen. Sie ist gegeben durch

$$\int_0^{c_s} L_2'' dc$$

und in Abb. 47 für KCl gleich dem Inhalt des schraffierten Flächenstückes. Allgemein bezeichnet man die Wärmemenge, die man zuführen muß, um aus 1 Mol der Substanz und der entsprechenden Menge Lösungsmittel eine Lösung der Konzentration *c* herzustellen, als *integrale* Lösungswärme

$$\int_0^{c} L_2'' dc\,.$$

Für die *Abhängigkeit der Sättigungsaktivität* a_2 *von der Temperatur* erhält man aus Gl. (1) und (2)

$$\frac{d \ln a_2}{dT} = \frac{(L_2'')_s}{RT^2}. \tag{3}$$

Für schwerlösliche Stoffe mit kleiner Sättigungskonzentration ($x_2 \rightarrow 0$) kann man näherungsweise setzen

$$d \ln a_2 = d \ln c_s\,, \qquad (\S\ 32,\ 3)$$

wenn man die Sättigungskonzentration, d. h. die *Löslichkeit* des Stoffes mit c_s bezeichnet. Hiermit ergibt sich aus Gl. (3)

$$\frac{d \ln c_s}{dT} = \frac{(L_2'')_s}{RT^2}. \tag{4}$$

oder (vgl. § 38, 6—8)

$$\frac{d \ln c_s}{d\left(\frac{1}{T}\right)} = -\frac{(L_2'')_s}{R}. \tag{5}$$

Die *Löslichkeit ist eine Exponentialfunktion der Temperatur; der für die Steilheit der Kurve maßgebende Parameter ist die* letzte *Lösungswärme* $(L_2'')_s$.

In Abb. 48a und b ist die Löslichkeit des AgCl und in Abb. 49 die des NaCl in H_2O in Abhängigkeit von der Temperatur aufgetragen.

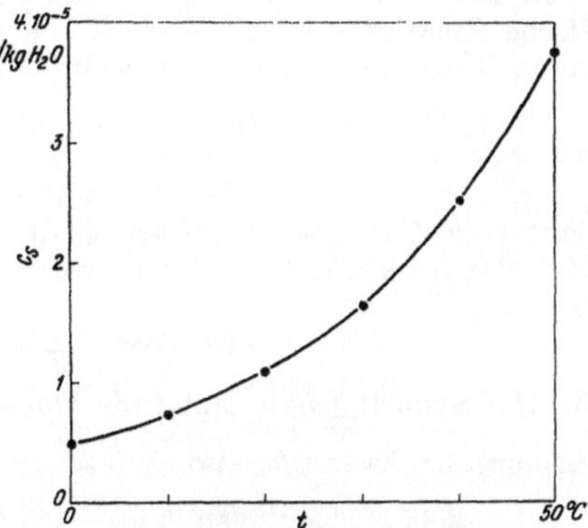

Abb. 48a. c_s, Löslichkeit des AgCl in H_2O in Abhängigkeit von der Temperatur.

Aufgabe 9. Berechne aus den Daten der Abb. 48b die letzte Lösungswärme des AgCl in H_2O.

Die Beziehung (7) ist formal ähnlich der CLAUSIUS-CLAPEYRONschen Dampfdruckgleichung (§ 38,6). Beides sind Exponentialfunktionen; für die Steilheit der Kurve ist dort die Verdampfungswärme maßgebend. Während diese nun immer positiv ist und nach der TROUTONschen Regel (§ 39) wenig individuelle Unterschiede auf-

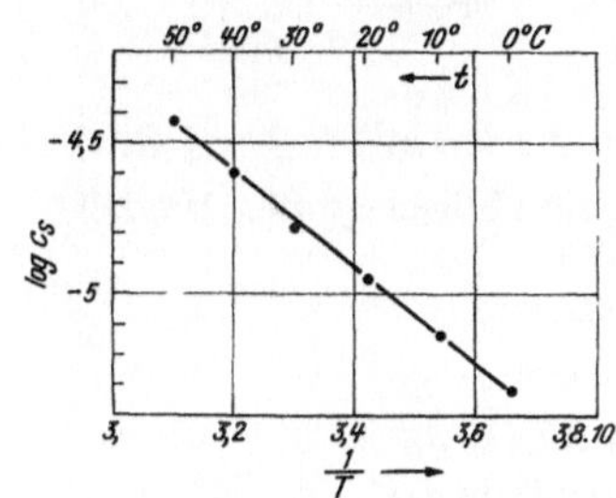

Abb. 48b. Löslichkeit des AgCl in H_2O in Abhängigkeit von der Temperatur. Die gleichen Messungen wie in Abb. 48a, jedoch ist hier $\log c_s$ gegen $\frac{1}{T}$ aufgetragen.

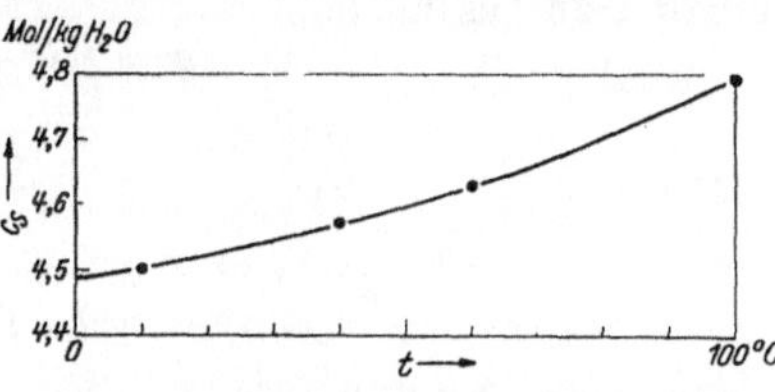

Abb. 49. c_s, Löslichkeit des NaCl in H_2O in Abhängigkeit von der Temperatur.

weist, sind die *Lösungswärmen nach Betrag und sogar Vorzeichen individuell ganz verschieden.* Das ist für die Technik des *Umkristallisierens* wichtig. Ist die letzte Lösungswärme *positiv,* so *steigt* die Löslichkeit nach Gl. (7) mit der Temperatur; man muß also in der Hitze lösen und durch Abkühlung ausfällen. Das ist bei Stoffen, die nicht allzu leicht löslich sind und daher für das Umkristallisieren in erster Linie in Frage kommen, die *Regel.* Ist dagegen die letzte Lösungswärme negativ, so müßte man den Stoff in der Kälte lösen und durch Erwärmen ausfällen.

4. Chemische Gleichgewichte.

§ 53. Das Massenwirkungsgesetz von Guldberg und Waage. Die van't Hoffsche Reaktionsisobare. Verläuft eine chemische Reaktion bei konstantem Druck und Temperatur nach dem Schema

$$n_1 A + n_2 B + \cdots \rightleftarrows n_1' C + n_2' D \cdots \tag{1}$$

z. B.

$$3\,H_2 + N_2 \rightleftarrows 2\,NH_3\,,$$

so lautet die *Gleichgewichtsbedingung*, daß sich das thermodynamische Potential G bei kleinen Umsätzen nicht ändern darf (vgl. § 28), es muß also

$$dg = \sum_E dg - \sum_A dg = 0 \tag{2}$$

sein. Das Symbol $\sum_E dg$ bedeutet die *Summe der Potentialänderungen bei Entstehung der Endstoffe*, also

$$\sum_E dg = dg_C + dg_D + \cdots = n_1' dG_C + n_2' dG_D + \cdots \tag{3}$$

und entsprechend für die *Ausgangsstoffe*

$$\sum_A dg = dg_A + dg_B + \cdots = n_1 dG_A + n_2 dG_B + \cdots \tag{4}$$

Nun gilt z. B. für den Stoff A:

$$n_1 dG_A = n_1 V_A\, dp - n_1 S_A dT + n_1 RTd \ln a_A\,, \qquad (\S\,32,\,2)$$

und entsprechende Gleichungen gelten für die übrigen Stoffe. Hiermit erhält man aus Gl. (2)

$$\begin{aligned} dg = \sum_E dg - \sum_A dg = \\ n_1' V_C\, dp - n_1' S_C dT + n_1' RTd \ln a_C \\ + n_2' V_D\, dp - n_2' S_D dT + n_2' RTd \ln a_D \\ - (n_1 V_A\, dp - n_1 S_A dT + n_1 RTd \ln a_A) \\ - (n_2 V_B\, dp - n_2 S_B dT + n_2 RTd \ln a_B) = 0 \end{aligned}$$

oder

$$\begin{aligned} [n_1' V_C + n_2' V_D - (n_1 V_A + n_2 V_B)]\, dp \\ - [n_1' S_C + n_2' S_D - (n_1 S_A + n_2 S_B)]\, dT \\ + RTd \ln \frac{a_C^{n_1'} \cdot a_D^{n_2'}}{a_A^{n_1} \cdot a_B^{n_2}} = 0\,. \end{aligned} \tag{5}$$

Der Ausdruck

$$n_1' V_C + n_2' V_D - (n_1 V_A + n_2 V_B) = \sum_E v - \sum_A v$$

ist die Änderung des Volumens des Systems „pro Formelumsatz". Wir bezeichnen sie mit ΔV und schreiben

$$n_1' V_C + n_2' V_D - (n_1 V_A + n_2 V_B) \equiv \Delta V\,. \tag{6}$$

Entsprechend ist

$$n_1' S_C + n_2' S_D - (n_1 S_A + n_2 S_B) \equiv \Delta S \tag{7}$$

die Entropieänderung des Systems pro Formelumsatz.

Führen wir schließlich noch die abgekürzte Schreibweise

$$\frac{a_C^{n_1'} \cdot a_D^{n_2'}}{a_A^{n_1} \cdot a_B^{n_2}} = \frac{a' \ldots}{a \ldots} \tag{8}$$

ein, so nimmt die Gleichgewichtsbedingung (5) die Form an

$$dg = \Delta\, V dp - \Delta\, S\, dT + RT d \ln \frac{a' \ldots}{a \ldots} = 0\,. \tag{9}$$

Bei konstantem Druck und Temperatur ($dp = dT = 0$) wird hieraus

$$d \ln \frac{a' \ldots}{a \ldots} = 0\,, \tag{10}$$

d. h. der Ausdruck $\frac{a' \ldots}{a \ldots}$ ist bei gegebenem Druck und Temperatur eine Konstante, die man als *Gleichgewichtskonstante* mit K_a bezeichnet. Es ist also

$$\frac{a_C^{n_1'} \cdot a_D^{n_2'}}{a_A^{n_1} \cdot a_B^{n_2}} = K_a\,. \tag{11}$$

Das ist das bekannte *Massenwirkungsgesetz* von GULDBERG und WAAGE, kurz als *MWG* bezeichnet, das wir noch ausführlich besprechen werden.

Setzt man Gl. (11) in Gl. (9) ein, so erhält man

$$dg = (\Delta V)_{p,T}\, dp - (\Delta S)_{p,T} \cdot dT + RT d \ln K_a = 0\,. \tag{12}$$

Nun ist

$$(\Delta S)_{p,T} = \frac{W_p}{T}\,, \tag{§ 25, 9}$$

wobei W_p den Wärmebedarf der Reaktion bedeutet.
Für konstanten Druck ($dp = 0$) erhält man hiermit aus Gl. (12)

$$\left(\frac{\partial \ln K_a}{\partial T}\right)_p = \frac{W_p}{RT^2}\,, \tag{13}$$

oder (vgl. § 38, 6—8)

$$\left(\frac{\partial \ln K_a}{\partial \left(\frac{1}{T}\right)}\right)_p = -\frac{W_p}{R}\,, \tag{13a}$$

die VAN'T HOFFsche *Reaktionsisobare.* Sie gibt die Abhängigkeit der Gleichgewichtskonstanten von der *Temperatur* an. Zu beachten ist hierbei, daß der Wärmebedarf W_p nach dem KIRCHHOFFschen Satz (§ 22) selbst temperaturabhängig ist. Wir kommen darauf in § 55 bei der Besprechung des Ammoniakgleichgewichtes zurück.

Für konstante Temperatur ($dT = 0$) erhält man

$$\left(\frac{\partial \ln K_a}{\partial p}\right)_T = -\frac{\Delta V}{R T} \tag{14}$$

für die Abhängigkeit der Gleichgewichtskonstanten vom *Druck.* Bei Reaktionen in flüssigen oder festen Phasen ist die Volumenänderung ΔV so klein, daß die Druckabhängigkeit der Gleichgewichtskonstante K_a vernachlässigt werden kann; auf die Verhältnisse bei Gasreaktionen kommen wir im § 55 zurück.

§ 54. Näherungsgleichungen für verdünnte Mischphasen. In der Form

$$\frac{a_C^{n_1'} \cdot a_D^{n_2'}}{a_A^{n_1} \cdot a_B^{n_2}} = K_a \qquad (\S\ 53,\ 11)$$

ist das *MWG* nicht ohne weiteres anzuwenden; hierzu müssen die Aktivitäten a erst auf experimentell direkt meßbare Größen zurückgeführt werden. Für *reine* feste oder flüssige Stoffe ist definitionsgemäß immer

$$a_i = x_i = 1\,. \qquad (\S\ 32,\ 4)$$

Die Aktivitäten reiner fester oder flüssiger Reaktionsteilnehmer sind daher in (§ 53, 11) überhaupt nicht einzusetzen.

Für Stoffe, die als verdünnte Gase oder in verdünnter Lösung vorliegen, ist für $x_i \rightarrow 0$

$$d \ln a_i = d \ln x_i\,. \qquad (\S\ 32,\ 3)$$

Für diese Stoffe können wir also an Stelle der Aktivitäten die Molenbrüche einführen und erhalten an Stelle von (§ 53, 10) das *Grenzgesetz*

$$d \ln \frac{x' \ldots}{x \ldots} = 0$$

oder an Stelle von (§ 53, 11)

$$\frac{x_C^{n_1'} \cdot x_D^{n_2'}}{x_A^{n_1} \cdot x_B^{n_2}} = K_x\,. \qquad (1)$$

Bei *Gasen* verwendet man praktisch als Konzentrationsmaß an Stelle des Molenbruchs ihren *Partialdruck* in Atm. Setzt man also für *Gasreaktionen* die Beziehung

$$x_i = \frac{p_i}{p} \qquad (\S\ 31,\ 6)$$

in Gl. (1) ein, so erhält man

$$K_x = \frac{p_C^{n_1'} \cdot p_D^{n_2'}}{p_A^{n_1} \cdot p_B^{n_2}} \cdot p^{\,n_1 + n_2 - (n_1' + n_2')}\,, \qquad (2)$$

und der Ausdruck

$$\frac{p_C^{n_1'} \cdot p_D^{n_2'}}{p_A^{n_1} \cdot p_B^{n_2}} \equiv K_p \qquad (3)$$

ist die Konstante des *MWG* ausgedrückt durch den Partialdruck der Gase als Konzentrationsmaß. Nun ist

$$n_1' + n_2' - (n_1 + n_2) = \Delta n \qquad (4)$$

die *Änderung der Molzahl* bei einem Formelumsatz, und zwischen den beiden Konstanten K_x und K_p besteht die Beziehung

$$K_x = K_p \cdot p^{-\Delta n}\,. \qquad (5)$$

Vom *Druck* ist K_p — im Gegensatz zu K_x — im Grenzfall verdünnter Gase, d. h. bei Gültigkeit des idealen Gasgesetzes, *unabhängig;* denn nach (§ 53, 14) und Gl. (5) ist

$$\lim_{x_i \to 0} \left(\frac{\partial \ln K_a}{\partial p}\right)_T = \left(\frac{\partial \ln K_x}{\partial p}\right)_T = \left(\frac{\partial \ln K_p}{\partial p}\right)_T - \Delta n \frac{\partial \ln p}{\partial p} = -\frac{\Delta V}{RT}\,. \qquad (6)$$

Nun ist

$$\frac{\partial \ln p}{\partial p} = \frac{1}{p} \tag{7}$$

und bei Gültigkeit des idealen Gasgesetzes

$$\Delta V = \Delta n \cdot V = \Delta n \frac{RT}{p}. \tag{8}$$

Daher ist

$$\lim_{p \to 0} \frac{\partial \ln K_p}{\partial p} = -\frac{\Delta n}{p} + \frac{\Delta n}{p} = 0, \tag{9}$$

was zu beweisen war.

Bei hohen Drucken dagegen, d. h. außerhalb des Bereichs des idealen Gasgesetzes, ist auch K_p vom Druck abhängig, wie wir alsbald am Beispiel des Ammoniakgleichgewichtes sehen werden.

Für die *Temperaturabhängigkeit* von K_p gilt, wie man sich leicht überzeugt, entsprechend (§ 53, 13)

$$\left(\frac{\partial \ln K_p}{\partial T}\right)_p = \frac{W_p}{RT^2}, \tag{10}$$

oder entsprechend (§ 53,13a)

$$\frac{\partial \ln K_p}{\partial \left(\frac{1}{T}\right)} = -\frac{W_p}{R}. \tag{10a}$$

Für $\Delta n = 0$, d. h. bei Gasreaktionen, die ohne Änderung der Molzahl verlaufen, ist

$$K_x = K_p. \tag{11}$$

Für *Lösungsreaktionen* benutzt man als Konzentrationsmaß meist die Gewichtskonzentration c_g, die mit dem Molenbruch durch die Beziehung

$$x_i = \frac{1}{\frac{1000}{c_g \cdot M_1} + 1} \qquad (\S 29, \text{Tab. } 9)$$

verknüpft ist. Für verdünnte Lösungen, d. h. wenn $c_g \ll \frac{1000}{M_1}$ ist, wird

$$x_i \simeq c_g \cdot \frac{M_1}{1000}. \tag{12}$$

Molenbruch und Gewichtskonzentration sind in verdünnten Lösungen einander proportional. Setzt man Gl. (12) in Gl. (1) ein, so erhält man

$$K_x = \frac{c_C^{n_1'} \cdot c_D^{n_2'}}{c_A^{n_1} \cdot c_B^{n_2}} \cdot \left(\frac{1000}{M_1}\right)^{\Delta n}, \tag{13}$$

und der Ausdruck

$$\frac{c_C^{n_1'} \cdot c_D^{n_2'}}{c_A^{n_1} \cdot c_B^{n_2}} = K_c, \tag{14}$$

die Konstante des *MWG*, bezogen auf die Gewichtskonzentrationen c_g, ist mit K_x durch die Beziehung

$$K_x = K_c \cdot \left(\frac{M_1}{1000}\right)^{\Delta n} \tag{15}$$

verbunden. K_x und K_c sind also in verdünnten Lösungen einander proportional und für $\Delta n = 0$ ist

$$K_x = K_c\,. \tag{16}$$

Anwendung der Näherungsgleichung auf Gasgleichgewichte.

Gleichgewichte, an denen nur Gase beteiligt sind, nennt man *homogene* Gasgleichgewichte, und solche, an denen auch feste oder flüssige Phasen beteiligt sind, nennt man *heterogene* Gasgleichgewichte. Wir wollen in § 55 und 56 für beide Arten einige Beispiele besprechen.

§ 55. Homogene Gasgleichgewichte. Ein sehr einfaches Beispiel ist die Dissoziation des Jodwasserstoffs

$$2\,HJ \rightleftarrows H_2 + J_2\,, \tag{1}$$

weil sie ohne *Änderung der Molzahl* verläuft. Das *MWG* (§ 54, 3) ergibt

$$\frac{p_{H_2} \cdot p_{J_2}}{p^2_{HJ}} = K_p\,. \tag{2}$$

Zur praktischen Auswertung chemischer Gleichgewichtsbedingungen kommt es immer darauf an, die aus der chemischen Reaktionsgleichung herrührende Vielzahl der Variablen möglichst zu verkleinern. Im vorliegenden Falle besteht die Gasmischung aus den drei Gasen H_2, J_2 und HJ, es ist also

$$p_{H_2} + p_{J_2} + p_{HJ} = p\,, \tag{3}$$

wenn p den Gesamtdruck bedeutet. Bezeichnen wir den Anteil, den die Dissoziationsprodukte H_2 und J_2 am Gesamtdruck haben, als *Dissoziationsgrad* mit α, setzen also

$$p_{H_2} + p_{J_2} = \alpha p\,, \tag{4}$$

so ist der undissoziierte Rest

$$p_{HJ} = (1 - \alpha)\,p\,. \tag{5}$$

Da nach Gl. (1) immer gleichzeitig ein H_2- und ein J_2-Molekül entsteht, ist, wenn man von reinem HJ ausgeht,

$$p_{H_2} = p_{J_2} = \frac{\alpha}{2}\,p\,. \tag{6}$$

Setzt man Gl. (5) und (6) in Gl. (2) ein, so erhält man

$$\frac{\alpha^2 p^2}{4\,(1 - \alpha)^2\,p^2} = K_p \tag{7}$$

oder

$$\left(\frac{\alpha}{1 - \alpha}\right)^2 = 4\,K_p\,, \tag{8}$$

und damit sind die drei Variablen der Gl. (1) auf eine einzige, den Dissoziationsgrad, zurückgeführt. Dieser ist ohne weiteres durch chemische

Analyse des Reaktionsgemisches experimentell zugänglich. Bei 414° C ergibt die Messung $K_p = 0{,}0198$. Zu beachten ist, daß der Dissoziationsgrad in diesem Falle, wie bei allen Reaktionen, die ohne Änderung der Molzahl verlaufen, nicht vom Gesamtdruck abhängig ist.

Ein verwickelteres Beispiel ist die technisch wichtige Bildung des Ammoniaks aus den Elementen nach

$$N_2 + 3\,H_2 \rightleftarrows 2\,NH_3\,, \tag{9}$$

bei der die Änderung der Molzahl

$$\Delta n = 2 - 4 = -2 \tag{10}$$

ist. Das *MWG* ergibt die Beziehung

$$\frac{p^2_{NH_3}}{p_{N_2} \cdot p^3_{H_2}} = K_p\,, \tag{11}$$

und wir haben zur Auswertung zunächst wieder die Zahl der Variablen einzuschränken.

Die Gasmischung besteht im Gleichgewicht aus NH_3, N_2 und H_2. Analytisch läßt sich der Gehalt an NH_3, z. B. durch Ausfrieren oder durch Absorption in H_2O, am leichtesten bestimmen. Er ist als *Ausbeute* des Verfahrens technisch von entscheidender Bedeutung. Wenn

$$p = p_{NH_3} + p_{N_2} + p_{H_2} \tag{12}$$

den Gesamtdruck der Gasphase bedeutet, so gilt für den Bildungsgrad β des NH_3

$$\beta = \frac{NH_3}{p}\,, \tag{13}$$

und der Rest der Gasmischung $1 - \beta$ besteht aus N_2 und H_2,

$$1 - \beta = \frac{p_{H_2} + p_{N_2}}{p}\,. \tag{14}$$

Geht man von einer Mischung aus, die N_2 und H_2 in dem stöchiometrischen Verhältnis 1 : 3 enthält, so ist

$$\frac{p_{N_2}}{p} = \frac{1 - \beta}{4} \tag{15}$$

und

$$\frac{p_{H_2}}{p} = \frac{3}{4}(1 - \beta)\,. \tag{16}$$

Setzt man Gl. (15) und (16) in Gl. (11) ein, so erhält man

$$K_p = 9{,}5\,\frac{1}{p^2} \cdot \frac{\beta^2}{(1-\beta)^4}\,. \tag{17}$$

Die drei Variablen der ursprünglichen Gl. (2) sind damit für einen bestimmten

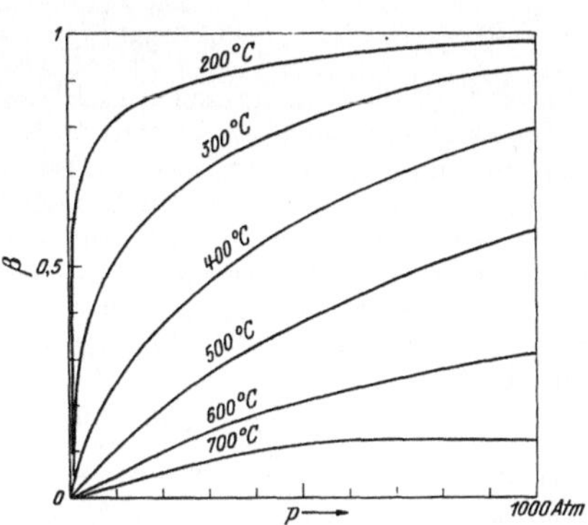

Abb. 50. Ammoniakausbeute β in Abhängigkeit von Druck und Temperatur. (Nach Messungen von A. T. LARSON, Am. Soc. 46 (1924) 367).

Gesamtdruck auf eine einzige, nämlich den leicht meßbaren Bildungsgrad β des NH_3 zurückgeführt.

In Abb. 50 sind experimentell bestimmte Werte von β in Abhängigkeit vom Druck für verschiedene Temperaturen aufgetragen; wie nach Gl. (17) zu erwarten, steigt der Bildungsgrad mit dem Druck an. Diesen Zusammenhang können wir qualitativ ohne weiteres aus dem LE CHATELIER-BRAUNschen Prinzip vom kleinsten Zwang einsehen: Die Ammoniakbildung verläuft unter Volumenverminderung. Auf einen äußeren Zwang antwortet das System durch Ausweichen, auf eine Drucksteigerung also durch Volumverminderung, d. h. durch Ablauf der Reaktion in Richtung der Ammoniakbildung.

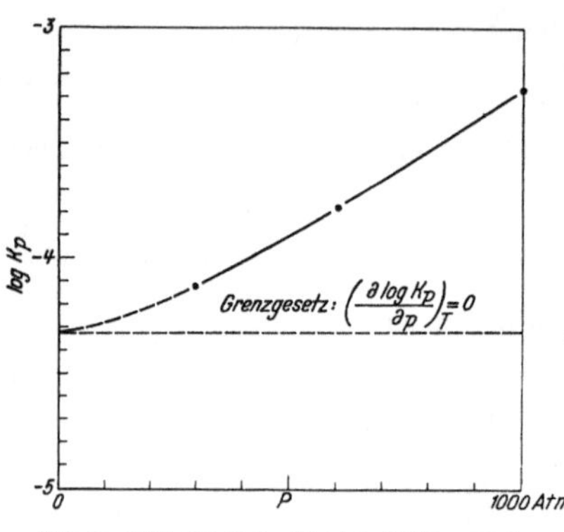

Abb. 51. Abhängigkeit der Gleichgewichtskonstante $K_p = \frac{p^2_{NH_3}}{p_{N_2} \cdot p^3_{H_2}}$ vom *Druck* (bei 450° C). Nach Messungen von A. T. LARSON.)

Aus zusammenhängenden Werten von β und p kann man K_p für die betreffenden Drucke und Temperaturen berechnen. In Abb. 51 ist $\log K_p$ nach Messungen bis zu Gesamtdrucken von 1000 Atm gegen p für eine Temperatur von 450° C aufgetragen. K_p steigt bei diesen extrem hohen Drucken erheblich mit dem Druck an. Mit abnehmendem Druck verläuft die Kurve immer flacher, d. h. die Druckabhängigkeit von K_p wird immer geringer. In die Ordinate muß die Kurve horizontal einmünden entsprechend dem Grenzgesetz

$$\lim_{p \to 0} \left(\frac{\partial \ln K_p}{\partial p}\right)_T = 0 \,. \qquad (\S\, 54,\, 9)$$

Von der Druckabhängigkeit des Bildungsgrades β ist also die Druckabhängigkeit der Gleichgewichtskonstante K_p streng zu unterscheiden. Auch im Grenzfall kleiner Drucke, also bei Gültigkeit des idealen Gasgesetzes, nimmt β mit dem Druck nach Gl. (17) zu, K_p dagegen ist in diesem Gebiet vom Druck unabhängig; bei hohen Drucken wird aber K_p selbst infolge der *Abweichungen* vom idealen Gasgesetz vom Druck abhängig, und zwar in der Richtung, daß die Druckzunahme von β über den nach Gl. (17) zu erwartenden Betrag noch erheblich gesteigert wird.

Die *Temperaturabhängigkeit* der Gleichgewichtskonstante ist in Abb. 52 dargestellt, und zwar ist entsprechend (§ 54, 10a) $\log K_p$ gegen $\frac{1}{T}$ aufgetragen. Da die Meßpunkte auf einer Geraden liegen, *kann man W_p im Rahmen der Meßgenauigkeit als temperaturunabhängig ansehen* (vgl. § 22, der KIRCHHOFFsche Satz). Mit den Koordinaten der Punkte P_1

und P_2 der Abb. 52 erhält man

$$\frac{W_p}{4{,}57} = \frac{\Delta \log K_p}{\Delta\left(\frac{1}{T}\right)} = \frac{-4+4{,}54}{(1{,}4-1{,}3)\cdot 10^{-3}}$$

oder

$$W_p = -24{,}7\,\text{kcal}. \quad (15)$$

Der Wärmebedarf der Reaktion

$$N_2 + 3\,H_2 + W_p = 2\,NH_3$$

ist bei 300 Atm und 450° C mit 24,7 kcal negativ, d. h. die Ammoniakbildung ist unter diesen Bedingungen mit 12,4 kcal pro Mol NH_3 exotherm. Wie Abb. 50 zeigt, ist daher die Ausbeute an NH_3 bei niedrigen Temperaturen cet. par. am größten, denn nach dem Prinzip vom kleinsten Zwang reagiert jedes System auf Temperaturerhöhung durch Wärmeverbrauch, und das ist in diesem Falle der Zerfall des NH_3 in die Elemente N_2 und H_2.

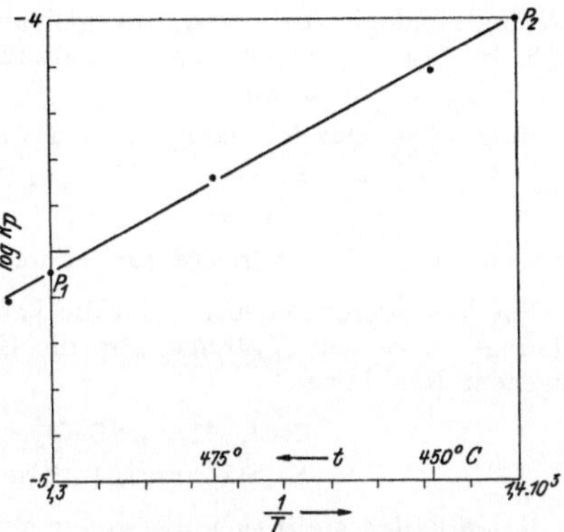

Abb. 52. Abhängigkeit der Gleichgewichtskonstanten $K_p = \frac{p^2_{NH_3}}{p_{N_2}\cdot p^3_{H_2}}$ von der Temperatur bei 300 Atm (nach Messungen von A. T. LARSON). Die Beschriftung der $\frac{1}{T}$ Skala muß heißen $1{,}4\cdot 10^{-3}$.

Über einen größeren Temperaturbereich kann W_p dann nicht mehr als temperaturunabhängig angesehen werden, sondern muß nach dem KIRCHHOFFschen Satz (§ 22) als Temperaturfunktion behandelt werden. Auf die Durchführung der Rechnung gehen wir nicht ein. Sie setzt die Kenntnis der Molwärme aller beteiligten Stoffe in Abhängigkeit von der Temperatur voraus.

§ 56. Heterogene Gasgleichgewichte. Besteht Gleichgewicht zwischen der Gasphase und *festen Stoffen*, so ist der einfachste Fall der, daß nur *ein* gasförmiger Stoff vorhanden ist. Ein bekanntes Beispiel ist das Gleichgewicht

$$CaCO_3 \rightleftarrows CaO + CO_2\,. \quad (1)$$

Das *MWG* ergibt

$$K_p = p_{CO_2}\,, \quad (2)$$

denn die reinen Phasen $CaCO_3$ und CaO bleiben außer Ansatz, weil ihre Aktivität unveränderlich =1 ist (vgl. § 54). Bei gegebener Temperatur ist der Gleichgewichtsdruck des CO_2 über $CaCO_3$ und CaO, oder — was dasselbe ist — der *Zersetzungsdruck* des $CaCO_3$ eine Konstante. Solange also die beiden festen Stoffe $CaCO_3$ und CaO miteinander im Gleichgewicht sind, besteht über ihnen ein bestimmter durch Gl. (2) festgelegter CO_2-Druck, ganz gleich in welchem Mengenverhältnis die beiden festen Phasen zueinander stehen.

Für die *Temperaturabhängigkeit* des CO_2-Drucks folgt aus (§ 54, 10a)

$$\frac{\partial \ln K_p}{\partial \left(\frac{1}{T}\right)} = \frac{\partial \ln p_{CO_2}}{\partial \left(\frac{1}{T}\right)} = -\frac{W_p}{R} \tag{3}$$

in voller Analogie zur Dampfdruckgleichung von CLAUSIUS-CLAPEYRON (§ 38, 8). An die Stelle der Verdampfungswärme tritt der Wärmebedarf W_p der Reaktion.

Aufgabe 10. Der Zersetzungsdruck des $CaCO_3$ beträgt

bei	500° C	0,11 Torr
„	1000° C	2710 „

Berechne daraus den Wärmebedarf der Reaktion (1).

Von besonderer Bedeutung für die *Laboratoriumspraxis* sind die Zersetzungsdrucke von *Hydraten*, also die Gleichgewichtskonstanten z. B. folgender Reaktionen

$$CaCl_2 \cdot H_2O \rightleftarrows CaCl_2 + (H_2O)_g \tag{4}$$

$$Na_2SO_4 \cdot 10\, H_2O \rightleftarrows Na_2SO_4 + 10(H_2O)_g\,. \tag{5}$$

In diesen Fällen stellt sich über einem heterogenen Gemenge der beiden festen bzw. flüssigen Phasen ein bestimmter *Wasserdampfdruck* ein, der nur von der Temperatur und nicht von dem Mengenverhältnis der Phasen abhängt. Z. B. beträgt bei 25° der Zersetzungsdruck des

$Na_2SO_4 \cdot 10\, H_2O$	$p_{H_2O} = 18,1$	Torr
$CaCl_2 \cdot H_2O$	$p_{H_2O} = 0,34$	„

Mit Hilfe derartiger Systeme kann man daher bestimmte kleine Wasserdampfdrucke sicher einstellen und gegenüber äußeren Störungen aufrecht erhalten oder, wie man sagt, *puffern*, weil ein solches zweiphasiges System bei konstantem H_2O-Partialdruck erhebliche Mengen an H_2O sowohl aufnehmen wie auch abgeben kann. Gibt man in einen *Exsikkator* z. B. wasserfreies $CaCl_2$ als Trockenmittel und darüber irgendeine feuchte Substanz, so bildet das $CaCl_2$ mit dem Wasserdampf das Hydrat, d. h. der zu trocknenden Substanz wird solange Wasser entzogen, bis der Wasserdampfdruck auf seinen Gleichgewichtswert von 0,34 Torr (bei 25°) gesunken ist, vorausgesetzt, daß das $CaCl_2$ nicht vorher verbraucht ist. Es genügt also, wenn am Ende des Trocknungsprozesses überhaupt noch wasserfreies $CaCl_2$ vorhanden ist. Eine weitere Zugabe von $CaCl_2$ führt aber *nicht* zu weiterer Trocknung. Will man schärfer trocknen, so muß man vielmehr ein anderes Trockenmittel nehmen, das einen niedrigeren Wasserdampfdruck hat.

Die Methode dient nicht nur zur mehr oder weniger scharfen Trocknung, sondern überhaupt zur Einstellung bestimmter Wasserdampfdrucke, u. U. also auch zur Aufrechterhaltung eines bestimmten *Feuchtigkeitsgrades*. Hierzu muß man gegebenenfalls Hydrate mit höheren Zersetzungsdrucken wählen, wie z. B. das $Na_2SO_4 \cdot 10\, H_2O$ mit 18,1 Torr, oder heterogene Mischungen aus einer Kristallart und ihrer gesättigten

Lösung, über denen sich ebenfalls ein konstanter Wasserdampfdruck einstellt, solange beide Phasen vorhanden sind. —

Etwas komplizierter sind die heterogenen Gasgleichgewichte, wenn daran *zwei Gase* beteiligt sind, wie z. B. an dem Gleichgewicht

$$Fe + H_2O \rightleftarrows FeO + H_2, \qquad (6)$$

das sich durch Überleiten von Wasserdampf über Eisen bei genügend hoher Temperatur einstellt. Man kann auch Wasserstoff über FeO leiten oder von vornherein von einem Gemisch beider Gase ausgehen. Das *MWG* ergibt

$$K_p = \frac{p_{H_2}}{p_{H_2O}}, \qquad (7)$$

d. h. es stellt sich ein bestimmtes *Mischungsverhältnis* beider Gase ein, das auch wieder von dem Mengenverhältnis der festen Phasen, außerdem aber auch vom Gesamtdruck der Gase unabhängig ist und nur von der Temperatur abhängt. Bei 678° C ist z. B. p_{H_2}/p_{O_2H} $=1{,}79$ und bei 1022° ist es gleich 1,04, d. h. der Wasserstoffgehalt des Gases beträgt 64% bzw. 51%. Dadurch, daß man Wasserdampf über metallisches Eisen leitet, kann man also ein Gas von bestimmtem Wasserstoffgehalt herstellen. Das Prinzip stellt ein wichtiges *präparatives Hilfsmittel* des Chemikers in Laboratorium und Technik dar, denn man kann auch den Gehalt einer Gasmischung an anderen Gasen z. B. an Sauerstoff mit Hilfe entsprechender Gleichgewichte einstellen und *puffern* und damit die *reduzierende oder oxydierende Wirkung* einer Gasmischung beliebig fein abstufen.

Hiermit wollen wir unsere Betrachtungen über Gasgleichgewichte abschließen. Wir sahen als wichtigste praktische Anwendungen des *MWG*:

1. Die Berechnung der maximalen *Ausbeute* einer Reaktion;
2. die Einstellung und *Pufferung* bestimmter Partialdrucke.

Anwendung der Näherungsgleichung (§ 54, 14) auf Lösungsgleichgewichte.

Chemische Gleichgewichte, an denen nur gelöste Stoffe beteiligt sind, nennt man *homogene Lösungsgleichgewichte*, und von besonderer Bedeutung — speziell in wäßriger Lösung — sind hierbei *Ionengleichgewichte*, d. h. solche, an denen gelöste Ionen beteiligt sind. Aus den zahlreichen Typen homogener Ionengleichgewichte greifen wir im folgenden einen besonders wichtigen Fall, die Dissoziation von Säuren, heraus, die wir in §§ 57—62 ausführlich behandeln werden. Im Anschluß daran werden wir in § 63 noch kurz die Anwendung des Massenwirkungsgesetzes auf das Löslichkeitsgleichgewicht von Elektrolyten besprechen.

§ 57. Das Dissoziationsgleichgewicht von Säuren. *Unter Säuren versteht man Stoffe, welche Protonen* (H^+) *abgeben.* Die Dissoziation einer einbasischen Säure HA verläuft nach dem Schema

$$HA \rightleftarrows H^+ + A^- \qquad (1)$$

Ist HA das undissoziierte Säuremolekül, z. B. CH_3COOH, so ist A^- das Anion, z. B. CH_3COO^-.

Die Dissoziation von Säuren nach Gl. (1) hat in wäßriger Lösung die Reaktion

$$H^+ + H_2O \rightleftarrows H_3O^+ \tag{2}$$

zur Folge. Insgesamt ist also die Dissoziation eine *Reaktion mit dem Wasser* entsprechend

$$HA + H_2O \rightleftarrows H_3O^+ + A^- \tag{3}$$

oder *allgemein mit dem Lösungsmittel*. In Ammoniak als Lösungsmittel verläuft sie z. B. nach

$$HA + NH_3 \rightleftarrows NH_4^+ + A^- \tag{4}$$

entsprechend der Teilreaktion (1) und

$$H^+ + NH_3 \rightleftarrows NH_4^+ \ . \tag{5}$$

Nun sind die Gleichgewichte (2) und (5) u. ä. nur von der Natur des Lösungsmittels abhängig und daher für Gleichgewichtsbetrachtungen unerheblich, solange man sich auf ein und dasselbe Lösungsmittel beschränkt (Wasser). Sie werden wichtig, wenn man das Dissoziationsgleichgewicht einer bestimmten Säure in verschiedenen Lösungsmitteln vergleichen will.

Da wir uns im folgenden auf die Untersuchung wäßriger Lösungen beschränken werden, können wir für das Dissoziationsgleichgewicht die *unvollständige* Gl. (1) anschreiben und erhalten für die Gleichgewichtskonstante oder, wie man in diesem Falle sagt, die *Dissoziationskonstante* der Säure, nach (§ 54, 14) den Ausdruck

$$\frac{c_{H^+} \cdot c_{A^-}}{c_{HA}} = K_c \ . \tag{6}$$

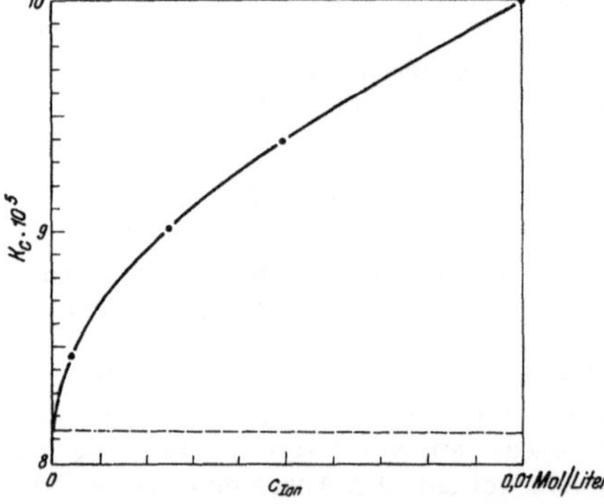

Abb. 53. K_c, Dissoziations„konstante" des α-Dinitrophenols in wäßrigen Lösungen bei 25° (nach Messungen von HALBAN und KORTÜM: Z. physik. Chem. Abt. A 170 (1934) 351).

So wie K_p im allgemeinen, d. h. außerhalb des Bereichs der verdünnten Gase, eine Funktion des Druckes ist (vgl. Abb. 51), ist K_c eine *Funktion der Konzentration*. Das zeigt Abb. 53 am Beispiel des α-Dinitrophenols, in der K_c in Abhängigkeit von der *Ionen*konzentration nach neueren optischen Präzisionsmessungen aufgetragen ist. Die Konzentration c_{A^-} des Anions kann, da es die einzige gelb gefärbte Teilchenart im Gleichgewicht ist, durch Messung der Lichtabsorption bestimmt werden; die Gesamt*ionen*konzentration c_{Ion} wurde durch Zusatz von Fremdelektrolyten variiert. Wie man aus der Abbildung abliest, ist der Grenzwert $K_0 = 8{,}1 \cdot 10^{-5}$ und $K_{0,01} = 10{,}0 \cdot 10^{-5}$. In einer 0,01 n-Lösung unterscheidet sich K_c in diesem Falle von K_0 schon um den recht erheblichen Betrag von 23%. Es muß also besonders beachtet werden, daß Gl. (6) und die im folgenden daraus abgeleiteten Gleichungen nur *Grenzgesetze für verdünnte Lösungen* sind. Für endliche Konzentrationen gelten sie nur näherungsweise, sie sind mit dem sog. „*Salzfehler*" behaftet.

Zur Abkürzung lassen wir den Index *c* im folgenden weg und schreiben an Stelle von Gl. (6)

$$K = \frac{c_{H^+} \cdot c_{A^-}}{c_{HA}}. \tag{7}$$

Den Bruchteil der Gesamtsäure, der in Ionen dissoziiert ist, bezeichnet man als Dissoziationsgrad α. Ist

$$c_0 = c_{HA} + c_{A^-} \tag{8}$$

die *Gesamtkonzentration* der Säure, so ist *allgemein*

$$c_{A^-} = \alpha c_0 \tag{9}$$

und

$$c_{HA} = (1 - \alpha)\, c_0 \,. \tag{10}$$

Liegt die *Säure als einziger Elektrolyt* in der Lösung vor, so ist ferner wegen Gl. (1)

$$c_{H^+} = c_{A^-} = \alpha c_0 ; \tag{11}$$

damit wird aus Gl. (7)

$$\frac{1 - \alpha}{\alpha^2} = \frac{c_0}{K} \tag{12}$$

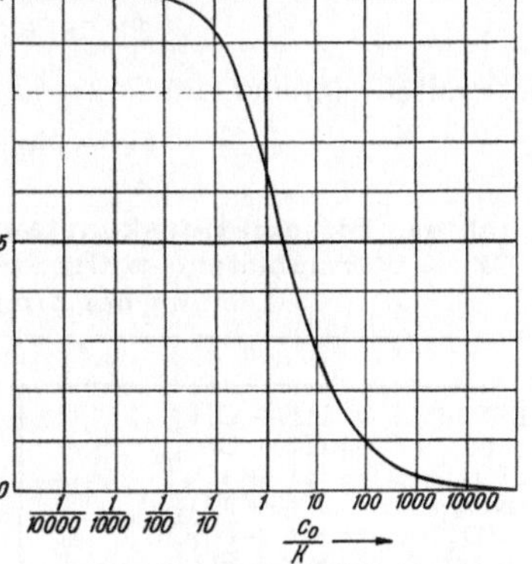

Abb. 54. Der Dissoziationsgrad α in Abhängigkeit von c_0, der Gesamtkonzentration des Elektrolyten. Berechnet nach Gl. (12) für Lösungen, welche nur *einen* Elektrolyten enthalten.

In Abb. 54 ist α in Abhängigkeit von c_0/K (letzteres in logarithmischem Maßstabe) aufgetragen. Der *Dissoziationsgrad fällt mit steigender Konzentration*, und zwar am steilsten, wenn die Konzentration gleich der Dissoziationskonstante ist. Aus Abb. 54 läßt sich der Dissoziationsgrad jeder Säure für eine gegebene Konzentration ohne weiteres ablesen, wenn die Dissoziationskonstante der Säure bekannt ist.

Bei *schwacher Dissoziation*, d. h. wenn $\alpha \ll 1$ ist (rechtes unteres Ende der Kurve, Abb. 54), erhält man für Gl. (12) die Näherungsgleichung

$$\alpha \simeq \sqrt{\frac{K}{c_0}} ; \tag{13}$$

der Dissoziationsgrad ist proportional der Wurzel aus dem Kehrwert der Gesamtkonzentration. Die Näherungsformel (13) genügt meist zur Abschätzung von α-Werten bis zu etwa $\alpha = 0{,}1$, ist also praktisch sehr wertvoll.

Bei nahezu *vollständiger Dissoziation* dagegen, d. h. wenn $(1 - \alpha) \ll 1$

ist (linkes oberes Ende der Kurve), erhält man

$$1 - \alpha \simeq \frac{c_0}{K}, \tag{14}$$

die Konzentration des undissoziierten Anteils ist proportional der Gesamtkonzentration.

Logarithmiert man Gl. (7), so erhält man

$$\log K = \log c_{\mathrm{H}^+} + \log \frac{c_{\mathrm{A}^-}}{c_{\mathrm{HA}}}. \tag{15}$$

Nach einem Vorschlag von SÖRENSEN hat sich die abgekürzte Schreibweise

$$-\log c_{\mathrm{H}^+} \equiv p_{\mathrm{H}} \tag{16}$$

und

$$-\log c_K \equiv p_K \tag{17}$$

eingebürgert. Hiermit erhält Gl. (15) die Form

$$p_K = p_{\mathrm{H}} - \log \frac{c_{\mathrm{A}^-}}{c_{\mathrm{HA}}} \tag{18}$$

oder mit Gl. (9) und (10)

$$p_K = p_{\mathrm{H}} - \log \frac{\alpha}{1-\alpha}. \tag{19}$$

Tab. 14. Dissoziationskonstanten und Dissoziationswärmen (W_p = Wärmebedarf) einiger Säuren und Basen in wäßriger Lösung bei Zimmertemperatur.

		t°	K	p_K	W_p (kcal)
H_2O	$= H^+ + OH^-$	25°	$1{,}008 \cdot 10^{-14}$*	13,99*	+13,47
HCl	$= H^+ + Cl^-$		$\sim 10^7$	—7	
HJO_3	$= H^+ + JO_3^-$	25°	0,169	0,77	
HNO_3	$= H^+ + NO_3^-$	20°	$\sim 1{,}2$	—0,08	
H_2SO_4	$= H^+ + HSO_4^-$		>1	<0	
HSO_4^-	$= H^+ + SO_4^{--}$	25°	$1{,}20 \cdot 10^{-2}$	1,92	—2,2
H_2SO_3	$= H^+ + HSO_3^-$	18°	$1{,}5 \cdot 10^{-2}$	1,82	—4,4
HSO_3^-	$= H^+ + SO_3^{--}$	18°	$1{,}0 \cdot 10^{-7}$	7,0	—2,3
H_2S	$= H^+ + HS^-$	18°	$9{,}1 \cdot 10^{-8}$	7,04	+5,5
HS^-	$= H^+ + S^{--}$	18°	$1{,}1 \cdot 10^{-12}$	11,96	
H_3PO_4	$= H^+ + H_2PO_4^-$	25°	$7{,}52 \cdot 10^{-3}$	2,12	+2,4
$H_2PO_4^-$	$= H^+ + HPO_4^{--}$	25°	$5{,}97 \cdot 10^{-8}$	7,22	+1,4
HPO_4^{--}	$= H^+ + PO_4^{---}$	~20°	$1{,}3 \cdot 10^{-12}$	11,89	+6,2
H_2CO_3	$= H^+ + HCO_3^-$	25°	$4{,}5 \cdot 10^{-7}$	6,35	
HCO_3^-	$= H^+ + CO_3^{--}$	25°	$5{,}6 \cdot 10^{-11}$	10,15	+2,70
HCN	$= H^+ + CN^-$	18°	$4{,}8 \cdot 10^{-10}$	9,32	
H_3BO_3	$= H^+ + H_2BO_3^-$	25°	$5{,}8 \cdot 10^{-10}$	9,24	
$HAlO_2$	$= H^+ + AlO_2^-$	25°	$6 \cdot 10^{-12}$	11,22	
$Al(H_2O)_6^{+++}$	$= H^+ + Al(H_2O)_5OH^{++}$		$1{,}3 \cdot 10^{-5}$	4,9	
$Fe(H_2O)_6^{+++}$	$= H^+ + Fe(H_2O)_5OH^{++}$		$6{,}3 \cdot 10^{-3}$	2,2	
CH_3COOH	$= H^+ + CH_3COO^-$	25°	$1{,}75 \cdot 10^{-5}$	4,75	
NH_4^+	$= H^+ + NH_3$	} 25°	$5{,}5 \cdot 10^{-10}$	9,26	
$NH_3 + H_2O$	$= NH_4^+ + OH^-$		$1{,}8 \cdot 10^{-5}$	4,74	
$Ca(OH)_2$	$= Ca(OH)^+ + OH^-$	25°	$3{,}7 \cdot 10^{-3}$	2,43	
$Ca(OH)^+$	$= Ca^{++} + OH^-$	18—30°	$4{,}0 \cdot 10^{-2}$	1,40	

* Tabelliert ist das Ionenprodukt des Wassers (vgl. § 58,3).

Die Gl. (18) und (19) gelten für *jede* Lösung, welche die Stoffe H^+, A^- und HA enthält, ganz gleich was sonst noch in der Lösung vorhanden ist (abgesehen von Salzfehlern). Sie bilden die Grundlage zur experimentellen Bestimmung entweder

der Dissoziationskonstante (p_K) oder

der Wasserstoffionenkonzentration (p_H) oder

des Mischungsverhältnisses $\frac{c_{A^-}}{c_{HA}}$,

wobei jeweils die beiden anderen Größen entweder gemessen oder von vornherein festgesetzt bzw. bekannt sind.

In Tab. 14 sind die Dissoziationskonstanten für einige Säuren in wäßriger Lösung zusammengestellt.

Aufgabe 11. Berechne aus den Daten der Tab. 14 den Dissoziationsgrad einer 0,01 und 0,5 n a) Blausäure, b) Essigsäure, c) Jodsäure.

Aufgabe 12. Berechne das p_H folgender Lösungen:

1 n Salzsäure
0,1 n ,,
0,025 n ,,
1 n Natronlauge
0,1 n ,,
0,05 n ,,

Natronlauge und Salzsäure sind als vollständig dissoziiert anzunehmen. Ferner gilt in jeder wäßrigen Lösung (bei Zimmertemperatur) $c_{H^+} \cdot c_{OH^-} = 10^{-14}$ (vgl. § 58, 4).

§ 58. Die Bestimmung der Dissoziationskonstante. *Die Dissoziationskonstante einer Säure kann man dadurch ermitteln, daß man das p_H einer Lösung bestimmt, welche die Säure* HA *und ihr Anion* A^- *in einem bekannten Mischungsverhältnis enthält.* Zur *p_H-Messung* stehen verschiedene Methoden zur Verfügung, in erster Linie optische und elektrometrische, die in § 60 bzw. §§ 65ff. besprochen werden.

Das Mischungsverhältnis $\frac{c_{A^-}}{c_{HA}}$ ist bei schwachen Säuren näherungsweise sehr leicht dadurch festzulegen, daß man die Säure mit einem ihrer Salze *mischt.* Die *Salze* sind im allgemeinen vollständig dissoziiert, sie sind *starke Elektrolyte,* die *Anionenkonzentration* c_{A^-} ist also *gleich der Bruttokonzentration* des Salzes. Eine *schwache* Säure, wie die Essigsäure ist bei den gebräuchlichen Konzentrationen ($c > 0{,}01$) in so geringem Maße in ihre Ionen dissoziiert, daß sie zu mehr als 95% als undissoziierte Säure vorliegt[1]. c_{HA} ist also sehr nahe *gleich der Bruttokonzentration* der Säure. Hiermit sind alle Bestimmungsstücke zur Berechnung der Dissoziationskonstante nach (§ 57, 18) gegeben. Mischt man z. B. Säure und Salz im Verhältnis 1:1, so ist $\log \frac{c_{A^-}}{c_{HA}} = 0$

[1] Das kann man aus der Näherungsformel § 57, 13 ohne weiteres abschätzen: Die Dissoziationskonstante der Essigsäure beträgt etwa $2 \cdot 10^{-5}$ (Tab. 14), also ist für $c = 0{,}01$:

$$\alpha \simeq \sqrt{\frac{2 \cdot 10^{-5}}{10^{-2}}} = 0{,}04 .$$

und $p_K = p_H$ oder auch $K = c_{H^+}$. *Die Dissoziationskonstante einer schwachen Säure ist gleich der Wasserstoffionenkonzentration in einer äquimolaren Mischung aus der Säure und ihrem Salz.* Für andere Mischungsverhältnisse läßt sich p_K ohne weiteres aus dem gemessenen p_H auf Grund von (§ 57, 18) berechnen.

Anstatt eine Mischung aus Säure und Salz anzuwenden, kann man die Säure auch mit einem bestimmten *molaren Bruchteil einer starken Lauge* (etwa NaOH) versetzen. Es verwandelt sich dann ein äquivalenter Bruchteil der Säure HA in das Anion A^- nach dem Schema

$$HA + OH^- \rightleftarrows A^- + H_2O\,. \qquad (1)$$

Da ebensoviel Äquivalente Anionen in der Lösung entstehen, wie Lauge zugesetzt wurde, ist das Mischungsverhältnis Lauge/Säure gleich $\frac{c_{A^-}}{c_0} = \alpha$.

Hat man *halb neutralisiert*, so ist $\alpha = 0{,}5$ und $\frac{\alpha}{1-\alpha} = 1$ und daher nach (§ 57, 19) $p_K = p_H$ wie oben, denn in diesem Falle ist die Hälfte der Säure in ihr Salz umgewandelt, und daher $c_{HA} = c_{A^-}$. In Abb. 55 ist α gegen $p_H - p_K$, berechnet nach (§ 57, 19), aufgetragen. Man kann *ohne weiteres* den Wert $p_H - p_K$ *ablesen*, der zu einem bestimmten Dissoziationsgrad, d. h. molaren Mischungsverhältnis von Lauge und Säure gehört.

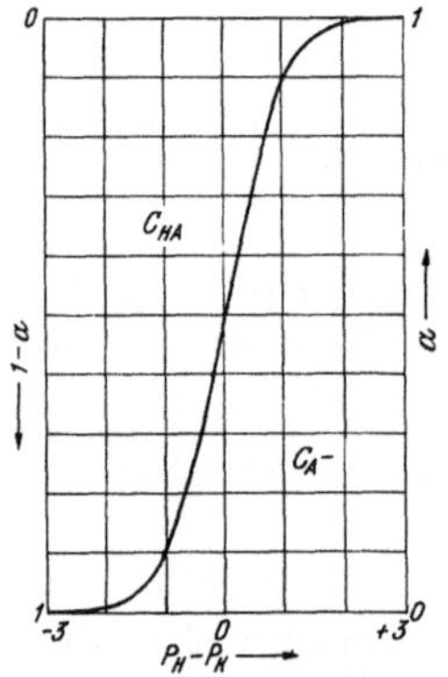

Abb. 55. Der Dissoziationsgrad α in Abhängigkeit von $pH - pK$ berechnet nach Gl. (31).

Für die Größe der Dissoziationskonstanten (vgl. Tab. 14) sind zunächst zwei Grenzfälle zu betrachten. *Entweder* sie sind sehr groß ($K \gg 1$), wie bei HCl, HNO_3 usw. In diesem Falle handelt es sich um *starke Elektrolyte.* Diese Säuren sind so weitgehend dissoziiert, daß die undissoziierte Form HA in der Lösung nicht mehr nachgewiesen werden kann, und das geschilderte Verfahren zur Bestimmung der Dissoziationskonstante ist nicht anwendbar. *Oder* die Dissoziationskonstanten sind sehr klein ($K < 10^{-3}$); die betreffenden Säuren sind *schwache Elektrolyte.* Die Dissoziationskonstanten können in der beschriebenen Weise ermittelt werden. *Mittelstarke* Säuren sind selten (HJO_3, CCl_3COOH), und ihre Dissoziationskonstanten sind ebensowenig wie die der starken Säuren mit Näherungsformeln wie (§ 57,7) zu ermitteln. Man muß vielmehr auf die exakte Gl. (§ 53, 11) zurückgreifen, zu deren *Auswertung eine genaue Kenntnis der Aktivitäten in Abhängigkeit von der Gesamtionenkonzentration notwendig ist.*

Das Wasser selbst dissoziiert sehr schwach nach dem Schema

$$H_2O \rightleftarrows H^+ + OH^-, \qquad (2)$$

und den Ausdruck

$$c_{H^+} \cdot c_{OH^-} \equiv P_{H_2O} \qquad (3)$$

bezeichnet man als *Ionenprodukt des Wassers.* Es kann z. B. durch p_H-Messung an Lösungen von $Ba(OH)_2$ ermittelt werden[1]. Das $Ba(OH)_2$ ist eine starke Base, also vollständig dissoziiert. Demnach ist die Hydroxylionenkonzentration $c_{OH^-} = c_0$, wenn c_0 die Äquivalentkonzentration des $Ba(OH)_2$ bedeutet.

Die Messung ergibt bei 25° C

$$P_{H_2O} = 10^{-13,99}$$

und für 18° C

$$P_{H_2O} = 10^{-14,23}\,.$$

Bei Zimmertemperatur kann man also mit dem Wert

$$P_{H_2O} = 10^{-14} \tag{4}$$

rechnen, der schon in Aufgabe 12 verwendet wurde. In *neutralen wäßrigen Lösungen* ist

$$c_{H^+} = c_{OH^-}$$

und daher bei 25°

$$p_H = 7\,. \tag{5}$$

Mehrbasische Säuren haben ebenso viele unabhängige Dissoziationskonstanten, wie Dissoziationsstufen. Die *Phosphorsäure* als 3basische Säure hat drei Dissoziationskonstanten entsprechend

$$H_3PO_4 \rightleftarrows H^+ + H_2PO_4^-; \quad p_{K_I} = p_H - \log \frac{c_{H_2PO_4^-}}{c_{H_3PO_4}}$$

$$H_2PO_4^- \rightleftarrows H^+ + HPO_4^{--}; \quad p_{K_{II}} = p_H - \log \frac{c_{HPO_4^{--}}}{c_{H_2PO_4^-}}$$

$$HPO_4^{--} \rightleftarrows H^+ + PO_4^{---}; \quad p_{K_{III}} = p_H - \log \frac{c_{PO_4^{---}}}{c_{HPO_4^{--}}}\,.$$

Zur Bestimmung von p_{K_I} hat man also das p_H einer Mischung von Phosphorsäure und einem primären Phosphat zu messen; für $p_{K_{II}}$ nimmt man eine Mischung aus primärem und sekundärem Phosphat und für $p_{K_{III}}$ aus sekundärem und tertiärem Phosphat. Entsprechend bestimmt man die 2. Dissoziationskonstante der *Kohlensäure* aus einer Mischung von Karbonat und Bikarbonat, diejenige der Schwefelsäure an Sulfat und Bisulfat usw.

§ 59. Die Bestimmung der Wasserstoffionenkonzentration. Pufferlösungen. Man kann das Verfahren auch *umkehren.* Ist die Dissoziationskonstante bekannt, so kann man an Hand von Abb. 55 aus dem Mischungsverhältnis bzw. Dissoziationsgrad das p_H ablesen. Das ist praktisch wichtig zur *Herstellung und Aufrechterhaltung eines bestimmten p_H-Wertes in einer Lösung,* besonders wenn dieser gegenüber Verunreinigungen oder Verdünnung widerstandsfähig sein soll.

p_H-Werte von < 2 und > 12 kann man durch Lösungen starker Säuren oder Laugen einstellen. In dem Mittelgebiet $p_H = 2$ bis 12

[1] Das $Ba(OH)_2$ wird deswegen genommen, weil die Lösung wegen der Schwerlöslichkeit des $BaCO_3$ praktisch frei von CO_3^{--} ist im Gegensatz zu Alkalihydroxyden, die durch Aufnahme von CO_2 aus der Luft erhebliche Mengen von Karbonat enthalten.

werden aber die entsprechenden Konzentrationen so klein, daß die Einstellung des gewünschten p_H durch Verunreinigungen aus dem Glase oder der Atmosphäre in Frage gestellt wird, außerdem ändern Verdünnungen derart eingestellte p_H-Werte sehr stark. In diesem Falle greift man zu den erwähnten Mischungen aus einer Säure von passendem p_K und ihrem Salz. Man nennt sie *Puffermischungen, weil sie das p_H gegen äußere Störungen abpuffern,* d. h. sowohl gegen Verunreinigungen durch andere Säuren und Basen als auch gegen Verdünnungen in erheblichem Maße widerstandsfähig machen. Man arbeitet immer nur im *Mittelgebiet* der Abb. 55 (bei $p_H = p_K \pm 1$), weil die Kurve dort am steilsten verläuft. Eine gegebene Veränderung von α hat hier die geringste Änderung des p_H zur Folge, d. h. die *Pufferkapazität ist am größten.* Im übrigen nimmt die Pufferkapazität mit den Absolutwerten der Pufferkonzentration zu, wie man leicht einsieht.

Zur genauen Einstellung bestimmter p_H-Werte geht man nicht von der Näherungsgleichung (§ 57, 19) aus, sondern verwendet *Tabellen,* in denen das p_H bestimmter Mischungen nach *Präzisionsmessungen* angegeben ist. Tabellen für den p_H-Bereich von 1—13 findet man in den logarithmischen Rechentafeln von KÜSTER-THIEL[1].

Aufgabe 9. Berechne die p_H-Änderung durch Zusatz von 1/1000 Mol HCl: a) zu 100 cm³ eines Acetatpuffers ($c_{\text{Natriumacetat}} = c_{\text{Essigsäure}} = 0{,}1$), b) zu 100 cm³ einer 0,01 n-Salzsäure.

§ 60. Kolorimetrische p_H-Messungen. Zur Bestimmung von Dissoziationskonstanten auf Grund von (§ 57, 18) kann man auch so verfahren, daß man in einer Lösung, welche die Säure HA und ihr Anion A^- enthält, das p_H durch Pufferung festlegt und *das sich einstellende Mischungsverhältnis* $\frac{c_{A^-}}{c_{HA}}$ *mißt.* Dieses Verfahren kommt dann in Frage, wenn die *analytische Bestimmung* eines der beiden Stoffe A^- oder HA neben dem anderen *leicht möglich* ist. Dieser Fall ist z. B. gegeben, wenn das Anion A^- anders *gefärbt* ist als die Säure HA, am einfachsten wenn das Anion gefärbt und die Säure ungefärbt ist, wie bei der

	A^-	HA
Pikrinsäure	gelb	farblos
Dinitrophenol	gelb	farblos
Phenolphthalein . . .	rot	farblos

und ähnlichen Substanzen. In diesen Fällen läßt sich c_{A^-} durch *Messung der Lichtabsorption,* d. h. *kolorimetrisch* leicht ermitteln und damit α berechnen, da c_0, die Gesamtkonzentration der Säure, ja ohne weiteres bekannt ist.

Hat man die Dissoziationskonstanten einer passenden Auswahl derartiger Substanzen ermittelt, so kann man das Verfahren *umkehren,* und die Substanzen als *Indikatoren* zur p_H-Bestimmung benutzen. Diese Methode hat größte praktische Bedeutung in der physikalischen wie

[1] 46.—50. Aufl. Berlin 1940.

analytischen Chemie. Man versetzt die Lösung, deren p_H zu bestimmen ist, mit einer kleinen Menge des Indikators, mißt *kolorimetrisch* seinen Dissoziationsgrad α und berechnet p_H nach (§ 57, 19) oder liest es aus Abb. 55 ab. Voraussetzung ist wieder, daß das p_K des Indikators möglichst nicht mehr als eine Einheit von dem zu messenden p_H entfernt liegt. Den Bereich $p_H = p_K \pm 1$ bezeichnet man als *Umschlagsgebiet* des Indikators. Zeigt der Indikator *genau die Mischfarbe*, d. h. ist $\alpha = 0{,}5$, so ist $p_H = p_K$, die *Wasserstoffionenkonzentration ist gleich der Dissoziationskonstante des Indikators.* In Tab. 15 sind die Dissoziationskonstanten einiger Substanzen aufgeführt, die in dem Gebiet $p_H = p_K \pm 1$ als Indikatoren verwendet werden. Benutzt man eine Substanz als Indikator, so nennt man ihre Dissoziationskonstante auch *Indikatorkonstante.*

Tab. 15. **Dissoziationskonstanten einiger Indikatoren (Indikatorkonstanten) bei 20° C.**

Indikatoren	K	p_K	Farbe HA — A
Thymolblau, 1. Stufe	$2{,}4 \cdot 10^{-2}$	1,5	rot — gelb
Methylorange	$3 \cdot 10^{-4}$	3,3	rot — gelb
Methylrot	$9 \cdot 10^{-6}$	4,9	rot — gelb
Neutralrot	$1{,}4 \cdot 10^{-7}$	7,4	rotviolett—gelb
Lackmus	$1 \cdot 10^{-7}$	7,0	rot — blau
p-Nitrophenol	$8 \cdot 10^{-8}$	7,1	farblos — gelb
Phenolphthalein . . .		9,5	farblos — rot
Thymolblau, 2. Stufe	$1{,}1 \cdot 10^{-9}$	8,9	gelb — blau
Aliraringelb GG . .		11,1	farblos — gelb

Die Verwendung von Indikatoren ist besonders in der *analytischen Chemie* wichtig für *azidimetrische Titrationen.* Abb. 56 zeigt die Veränderung des p_H bei der Titration von 100 cm³ einer 0,1 n-starken Lauge mit einer 0,1 n-starken Säure in der Nähe des Äquivalenzpunktes. Die Titration beruht auf der Reaktion

$$H^+ + OH^- \rightleftarrows H_2O\,. \quad (1)$$

Im *Äquivalenzpunkt* ist also nach (§ 58, 5) $p_H = 7$; hier ändert sich, wie man aus Abb. 56 abliest, das p_H der Mischung bei Zusatz eines *Tropfens* ($\simeq 0{,}03$ cm³) 0,1 n Säure oder Lauge *sprunghaft* um etwa fünf Einheiten. Es ist daher nur eine ganz grobe kolorimetrische p_H-Bestimmung zur Erkennung des Äquivalenzpunktes nötig. Sie

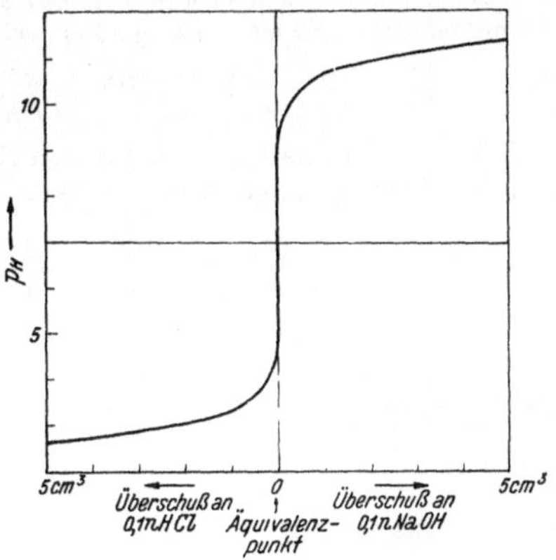

Abb. 56. Änderung des p_H bei der Titration starker Basen und Säuren in der Nähe des Äquivalenzpunktes.

besteht in der einfachen visuellen Beobachtung des „*Farbumschlages*" des Indikators.

§ 61. **Hydrolyse.** Handelt es sich um die *Titration einer schwachen Säure mit einer starken Base oder umgekehrt*, so liegen die Verhältnisse etwas anders. Der *Äquivalenzpunkt* fällt dann *nicht* mit dem *Neutralpunkt* $p_H = 7$ zusammen, sondern ist infolge von *Hydrolyse* zu andern p_H-Werten verschoben. *Unter Hydrolyse versteht man die Reaktion von Ionen mit Wasser.* Anionenhydrolyse

$$A^- + H_2O \rightleftarrows HA + OH^- \tag{1}$$

führt wegen der Entstehung von OH^- zu *basischer* Reaktion, dagegen Kationenhydrolyse:

$$M^+ + H_2O \rightleftarrows MOH + H^+ \tag{2}$$

wegen der Entstehung von H^+ zu *saurer* Reaktion der Lösung.

Bei der Titration kommt es darauf an, daß der Indikator im *Äquivalenzpunkt* umschlägt. Man muß einen Indikator auswählen, dessen p_K möglichst nahe dem p_H des Titrationsgemisches im Äquivalenzpunkt liegt. Hierzu ist zunächst das p_H der entsprechenden Salzlösungen auszurechnen, denn eine azidimetrische Titration ist nichts anderes als die präparative Darstellung eines Salzes aus Säure und Base.

Anionenhydrolyse. Für die Reaktion (1) gilt

$$\frac{c_{HA} \cdot c_{OH^-}}{c_{A^-}} = K_{Hy} \,. \tag{3}$$

K ist die *Hydrolysenkonstante.* Erweitert man Gl. (3) mit c_{H^+}:

$$c_{H^+} \cdot c_{OH^-} \cdot \frac{c_{HA}}{c_{H^+} \cdot c_{A^-}} = \frac{P_{H_2O}}{K_{HA}} = K_{Hy} \,, \tag{4}$$

so sieht man, daß die *Hydrolysenkonstante gleich* ist dem *Quotienten* aus dem *Ionenprodukt des Wassers* und der *Dissoziationskonstante der zu dem Anion gehörigen Säure.* Mit (§ 58, 4) erhält man aus (4)

$$\frac{c_{OH^-} \cdot c_{HA}}{c_{A^-}} = \frac{10^{-14}}{K_{HA}} \,. \tag{5}$$

Für den Fall, daß nur *ein* Ion merklich hydrolysiert und wenn man von der Eigendissoziation des Wassers absieht, ist nach Gl. (1)

$$c_{OH^-} = c_{HA} \,. \tag{6}$$

Bezeichnen wir in Analogie zum Dissoziationsgrad α den Bruchteil

$$\frac{c_{OH^-}}{c_0} = \frac{c_{HA}}{c_0} \equiv \gamma \tag{7}$$

als *Hydrolysengrad* und setzen dementsprechend

$$\frac{c_{A^-}}{c_0} = 1 - \gamma \,, \tag{8}$$

so wird aus Gl. (3)

$$\frac{1 - \gamma}{\gamma^2} = \frac{c_0}{K_{Hy}} \tag{9}$$

in Analogie zu

$$\frac{1-\alpha}{\alpha^2} = \frac{c_0}{K_{HA}}. \qquad (\S\ 57,\ 12)$$

Man kann demnach auch den Hydrolysengrad ohne weiteres aus Abb. 54 ablesen, wenn man die Hydrolysenkonstante nach Gl. (4) berechnet hat.

Aus dem Hydrolysengrad γ erhält man für c_{H^+} aus

$$c_{OH^-} = \gamma \cdot c_0 \qquad (7)$$

und

$$c_{H^+} = \frac{10^{-14}}{c_{OH^-}} \qquad (\S\ 58,\ 4)$$

den Ausdruck

$$c_{H^+} = \frac{10^{-14}}{\gamma c_0} \qquad (10)$$

oder

$$p_H = 14 + \log c_0 + \log \gamma. \qquad (11)$$

Für *schwache Hydrolyse* ($\gamma \ll 1$) gilt in Analogie zu (§ 57, 13)

$$\gamma = \sqrt{\frac{K_{Hy}}{c_0}} \qquad (12)$$

und mit Gl. (4)

$$\gamma = \sqrt{\frac{10^{-14}}{K c_0}}; \qquad (13)$$

hiermit erhält man aus Gl. (11)

$$p_H = 7 + \frac{1}{2} p_K + \frac{1}{2} \log c_0. \qquad (14)$$

Die Lösung reagiert um so stärker alkalisch, je schwächer die zu dem Anion gehörige Säure ist. Mit den Zahlen der Tab. 14 findet man z. B. für 0,1 n-Lösungen ($\log c_0 = -1$) von

Natriumacetat . . . . $p_H = 8{,}9$
NaCN . . . . $p_H = 11{,}1$
Na_2CO_3 . . . . $p_H = 11{,}7$.

Als passende Indikatoren wählt man nach Tab. 14 für die Titration von Natronlauge mit

Essigsäure	Phenolphthalein
Blausäure	Alizaringelb GG.

Kationenhydrolyse. Die Kationenhydrolyse kann man durch die Reaktion (2) formulieren. Den tatsächlichen Verhältnissen entspricht jedoch bei Metallkationen besser die Formulierung

$$M(H_2O)^+ \rightleftarrows MOH + H^+, \qquad (15)$$

da die hydrolysierenden Kationen mindestens 1 Molekül Wasser (bei $Al(H_2O)_6^{+++}$ und $Fe(H_2O)_6^{+++}$ sind es 6) *komplex gebunden* enthalten. Die Gleichgewichtsbedingung lautet dann

$$\frac{c_{H^+} \cdot c_{MOH}}{c_{M(H_2O)^+}} = K, \qquad (16)$$

wobei K die Dissoziationskonstante des als Säure fungierenden Kations $M(H_2O)^+$ ist. Zu den sauer hydrolysierenden Salzen gehören auch die *Ammoniumsalze*, deren Kation nach dem Schema

$$NH_4^+ \rightleftarrows NH_3 + H^+ \tag{17}$$

Wasserstoffionen abspaltet.

Ist

$$c_{H^+} = c_{MOH} \tag{18}$$

und setzt man für schwache Hydrolyse

$$c_{M(H_2O)^+} \simeq c_0 , \tag{19}$$

so erhält man aus Gl. (16) für das p_H der Salzlösungen

$$c^2_{H^+} = K \cdot c_0 \tag{20}$$

oder

$$p_H = \frac{1}{2} p_K - \frac{1}{2} \log c_0 . \tag{21}$$

Das Salz reagiert um so stärker sauer, je größer die Dissoziationskonstante des als Säure fungierenden Kations ist. Mit den Zahlen der Tab. 14 ergibt sich für das p_H einer 0,1 n-Lösung von

$$NH_4Cl \qquad p_H = 5{,}2$$

$$(AlCl_3)_{aq} \qquad p_H = 2{,}7 .$$

Nach Tab. 15 sind passende Indikatoren somit für die Titration von Salzsäure mit

NH_3	Methylrot
$Al(OH)_3$	Thymolblau I. Stufe .

Aufgabe 14. Wähle passende Indikatoren für die Titration von Na_2CO_3 mit HCl entsprechend

1. $Na_2CO_3 + 2\,HCl \rightleftarrows 2\,NaCl + H_2CO_3\ (CO_2 + H_2O)$.
2. $Na_2CO_3 + HCl \rightleftarrows NaCl + NaHCO_3$.

§ 62. Die Temperaturabhängigkeit des Dissoziationsgleichgewichts ist durch die VAN't HOFFsche *Reaktionsisobare* (§ 53, 13) gegeben. Der Wärmebedarf der Dissoziation W_p ist nach Ausweis von Tab. 14 bald positiv, bald negativ, so daß die Dissoziationskonstante mit steigender Temperatur zu- bzw. abnimmt.

Aufgabe 15. Berechne auf Grund von Tab. 14: a) das Ionenprodukt des Wassers, b) die beiden Dissoziationskonstanten der schwefligen Säure in Abhängigkeit von der Temperatur zwischen 0 und 100° C und trage log K und auch p_K gegen $\frac{1}{T}$ auf.

§ 63. Das Löslichkeitsprodukt. Bei der Auflösung eines Salzes, z. B. AgCl in Wasser, vollzieht sich die Reaktion

$$(AgCl)_{fest} = Ag^+ + Cl^- , \tag{1}$$

wobei die Symbole Ag^+ und Cl^- sich wie immer auf die solvatisierten Ionen beziehen. Das *MWG* ergibt

$$c_{Ag^+} \cdot c_{Cl^-} = P_{AgCl} , \tag{1}$$

d. h. im *Grenzfall verdünnter Lösungen* wird das Produkt aus den beiden Ionenkonzentrationen konstant, ganz gleich, was sonst noch in der Lösung vorhanden ist. Das Produkt bezeichnet man als *Löslichkeitsprodukt.*

Die Konstanz des Löslichkeitsproduktes ist für die analytische Chemie wichtig. Will man z. B. Ag^+ aus einer Lösung zur quantitativen Bestimmung als AgCl ausfällen, so hat man einen *Überschuß* an Cl^- zu verwenden, damit die restliche Konzentration des Ag^+ in der Lösung möglichst gering bleibt. Bei endlichen Konzentrationen hängt das Löslichkeitsprodukt von der Gesamtionenkonzentration ab, wie schon in Abb. 44 (§ 51) gezeigt wurde.

5. Elektromotorische Kräfte.

§ 64. Reaktionen mit Beteiligung freier Ladungen. Chemische Reaktionen, an denen Ionen beteiligt sind, sind mit dem Übergang von elektrischen Ladungen verbunden. Bei der Ausfällung des Kupfers aus einer Kupfersalzlösung durch metallisches Zn nach dem Schema

$$Cu^{++} + Zn \rightleftarrows Cu + Zn^{++}, \tag{1}$$

gehen z. B. zwei positive Ladungen vom Kupfer zum Zink über. Das unedlere Metall (Zn) fällt das edlere (Cu) aus. Entsprechend liegen die Verhältnisse bei der Reduktion von Ferri-Ionen zu Ferro-Ionen durch Wasserstoff

$$Fe^{+++} + \frac{1}{2} H_2 \rightleftarrows Fe^{++} + H^+. \tag{2}$$

Allgemein bezeichnet man jede Verringerung der positiven Ladungen eines Stoffes als Reduktion *und jede Vermehrung als* Oxydation. Das Gleichgewicht derartiger Reaktionen wird oft als *Redoxgleichgewicht* bezeichnet.

In Wirklichkeit sind es nun nicht *positive* Ladungen, welche von einem Stoff zum anderen übergehen, sondern die Elektrizitätsatome oder *Elektronen,* die *negativ* geladen sind. Bezeichnet man das Elektron mit dem Symbol $\ominus$, so kann man die Reaktion (1) in die beiden *Teilreaktionen*

$$Cu^{++} + 2\ominus \rightleftarrows Cu \tag{4}$$

und

$$Zn \rightleftarrows Zn^{++} + 2\ominus \tag{5}$$

zerlegen, deren Summe wieder Gl. (1) ergibt. Analog kann man die Reaktion (2) in die Teilreaktionen

$$Fe^{+++} + \ominus \rightleftarrows Fe^{++} \tag{6}$$

und

$$\frac{1}{2} H_2 \rightleftarrows H^+ + \ominus \tag{7}$$

zerlegen. Bei der Formulierung hat man darauf zu achten, daß außer der Summe der Atome auch die Summe der Ladungen erhalten bleibt.

Taucht man einen Zinkstab in eine Kupfersalzlösung, so vollzieht sich die Reaktion (1), und von den Teilreaktionen (4) und (5) ist ohne weiteres nichts zu bemerken. Das gleiche gilt für die Reduktion von Ferri- zu Ferro-Ionen durch Einleiten von Wasserstoffgas. Das Elektron geht unter diesen Umständen direkt von einem Zn-Atom zu einem benachbarten Kupfer-Ion bzw. von einem Wasserstoffmolekül (oder Atom) zu einem Ferri-Ion über. Die Teilreaktionen treten erst in Erscheinung, wenn man die Reaktion so leitet, daß *Abgabe und Verbrauch der Elektronen an räumlich getrennten Stellen erfolgen.* Die Reaktion kann in diesem Falle erst dann einsetzen, wenn man die beiden Stellen durch einen *Elektrizitätsleiter* (Metalldraht) verbindet. Derartige Anordnungen nennt man *galvanische Ketten.* Die räumliche Trennung gleichzeitig verlaufender Redoxreaktionen, die durch den Austausch von Elektronen gekennzeichnet sind, ist charakteristisch für alle *elektrochemischen Vorgänge.*

§ 65. Galvanische Ketten. In Abb. 57 ist eine galvanische Kette für die Reaktion (1) dargestellt. Es ist das seit langer Zeit als Elektrizitätsquelle benutzte DANIELL-Element. In dem linken Gefäß, oder wie man auch sagt, in der linken *Halbzelle,* taucht eine Kupferplatte in eine $CuSO_4$-Lösung, in der rechten Halbzelle eine Zn-Platte in eine $ZnSO_4$-Lösung. Die beiden Lösungen sind durch ein Rohr *S* verbunden, das mit irgendeinem Elektrolyten, z. B. KCl-Lösung, gefüllt ist (*elektrolytischer Stromschlüssel*), und die beiden Metallplatten (Elektroden) sind durch einen Draht über den Widerstand *R* und das Amperemeter *A* miteinander verbunden. Nach Schließung des Stromkreises beobachtet man am Amperemeter einen elektrischen Strom. Es besteht also eine elektrische Spannung, d. h. eine elektrische Potentialdifferenz zwischen den Polen der Kette. Der Strom fließt in der Richtung, daß Elektronen vom Zink zum Kupfer fließen. Gleichzeitig nimmt die Kupferplatte an Gewicht zu und die Zinkplatte ab. Es spielt sich an der Kupferelektrode die Reaktion (4) und an der Zinkelektrode die Reaktion (5) ab. Da in dem linken Gefäß Kationen aus der Lösung verschwinden und im rechten die äquivalente Zahl Kationen in die Lösung eintreten, muß zur Aufrechterhaltung der Elektroneutralität ein entsprechender Ionenstrom durch die Lösung wandern, woran sich im allgemeinen beide Ionenarten beteiligen.

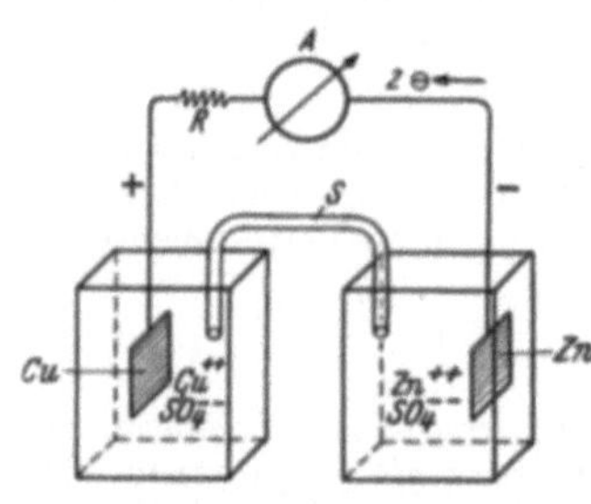

Abb. 57. Das Daniell-Element.

Vergleicht man die in einer bestimmten Zeit erfolgte Gewichtszunahme der Cu-Elektrode oder die Abnahme der Zinkelektrode mit der vom Zink zum Kupfer geflossenen Elektrizitätsmenge, so findet man, daß die Abscheidung von 1 Äquivalent Kupfer und die Auflösung von 1 Äquivalent Zink mit der Überführung von 96494 Coulomb verbunden ist. Ein *Coulomb*, die internationale *Einheit der Elektrizitätsmenge*, ist definiert durch die Einheit der Stromstärke

$$1 \text{ Ampere} = 1 \, \frac{\text{Coulomb}}{\text{sec}} \,. \tag{1}$$

Die Elektrizitätsmenge 96494 Coulomb ist die Ladung eines Ionenäquivalentes, d.h. das $N_L$fache der Ladung eines Elektrons ($N_L = 6{,}02 \cdot 10^{23}$, LOSCHMIDTsche Zahl). Man bezeichnet sie als ein *Faraday* (F);

$$1 \, F = 96494 \text{ Coulomb}. \tag{2}$$

In Abb. 58 ist eine galvanische Kette für die Reaktion (§ 64, 2) dargestellt. Da an dieser Umsetzung keine Metalle beteiligt sind, muß zur Vermittlung des Elektronenaustauschs ein chemisch indifferentes Fremdmetall (Platin) in die Lösung eingeführt werden.

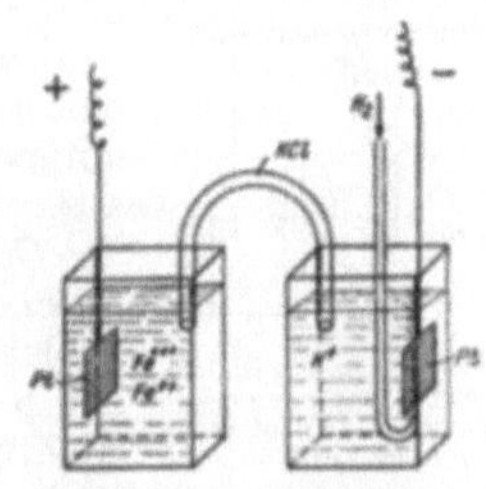

Abb. 58. Aufbau der Kette: Pt/Fe+++, Fe++/KCl/H+, H₂/Pt.

In der linken Halbzelle taucht ein Platinblech in eine *Mischlösung*, die ein Ferri- und ein Ferrosalz in bestimmtem Konzentrationsverhältnis enthält. Sie ist über einen KCl-Stromschlüssel mit der rechten Halbzelle verbunden. In dieser befindet sich eine Säure (H^+), die mit Wasserstoff (H_2) von 1 Atm Druck gesättigt ist. Die Sättigung wird dadurch aufrecht erhalten, daß Wasserstoff dauernd durch die Lösung perlt. Auch in diese Lösung taucht ein Platinblech. Der linke Pol ist positiv, der rechte negativ. An der linken Elektrode vollzieht sich die Reaktion (6), an der rechten die Reaktion (7).

An Stelle der umständlichen figürlichen Darstellung galvanischer Ketten benutzen wir im folgenden eine Schreibweise, die z. B. für das DANIELL-Element (Abb. 57) lautet:

$$\overset{1}{\mathrm{Cu}} \mid \overset{2}{\mathrm{Cu^{++}}} \mid \overset{3}{\mathrm{KCl}} \mid \overset{4}{\mathrm{Zn^{++}}} \mid \overset{5}{\mathrm{Zn}} \tag{3}$$

oder für die Kette der Abb. (58)

$$\overset{1}{\mathrm{Pt}} \mid \overset{2}{\mathrm{Fe^{+++}, Fe^{++}}} \mid \overset{3}{\mathrm{KCl}} \mid \underset{1\,\mathrm{Atm}}{\overset{4}{\mathrm{H^+, H_2}}} \mid \overset{5}{\mathrm{Pt}} \,. \tag{4}$$

Die einzelnen Phasen sind fortlaufend von links nach rechts numeriert. Die senkrechten Striche bedeuten die Phasengrenzen.

An jeder einzelnen Phasengrenze tritt eine elektrische Potentialdifferenz auf, und die Gesamtspannung $\Delta E \equiv E_1 - E_5$ ist gleich der Summe der einzelnen Potentialsprünge. Schreibt man zur Abkürzung $E_1 - E_5 \equiv E_{15}$ usw., so ist

$$E_{15} = E_{12} + E_{23} + E_{34} + E_{45} \tag{5}$$

oder auch

$$E_{15} = E_{12} + E_{23} + E_{34} - E_{54}$$

da z. B. $E_{45} = -E_{54}$ ist.

§ 66. Einstellung des thermodynamischen Gleichgewichtes durch Spannungskompensation. Die Einstellung des thermodynamischen

Gleichgewichts ist bei galvanischen Ketten besonders übersichtlich, denn man braucht die Spannung der Kette nur durch eine gleichgroße Gegenspannung zu kompensieren.

Hierzu benutzt man die POGGENDORFsche Schaltung (Abb. 59). Der Akkumulator Ak. (Spannung 2 V) ist über den Widerstand R kurz geschlossen. R ist ein Draht von möglichst gleichförmigem Querschnitt und etwa 10 Ohm Widerstand. Er ist auf eine Walze od. dgl. gewickelt, so daß man mit dem Schleifdraht S jede Spannung von 0—2 V meßbar abgreifen kann. Schaltet man eine galvanische Kette über das Amperemeter A an O und S, so kann man mit dem Schleifkontakt die Stelle aufsuchen, bei der das Amperemeter keinen Ausschlag zeigt. Die Spannung der Kette wird dann durch die Gegenspannung kompensiert und der stromliefernde Vorgang hört auf. Das System, d. h. die Kette *einschließlich der Gegenspannung*, befindet sich im thermodynamischen Gleichgewicht.

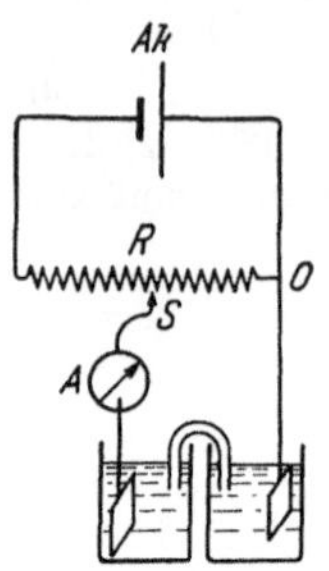

Abb. 59. Die Poggendorfsche Kompensationsschaltung. (Erläuterung im Text.)

Ist die Gegenspannung etwas zu klein, so läuft die Reaktion sehr langsam in der ursprünglichen Richtung weiter, die Kette entlädt sich langsam weiter; ist sie etwas zu groß, so verläuft die Reaktion in entgegengesetzter Richtung, im DANIELL-Element z. B. wird Kupfer aufgelöst und Zink abgeschieden, die Kette also aufgeladen. Durch Variation der Gegenspannung kann man den Prozeß sowohl in der einen wie in der anderen Richtung ablaufen lassen, ein *besonders übersichtliches Beispiel für einen reversiblen Prozeß.*

Praktisch ist die Einstellung des Gleichgewichtes an die sehr wesentliche Voraussetzung gebunden, daß die Halbzellen auch wirklich reversibel arbeiten, d. h. daß die Elektrodenreaktionen in beiden Richtungen ungehemmt ablaufen können. Bei homogenen Ionenreaktionen kann man das zwar gewöhnlich ohne weiteres voraussetzen, aber nicht bei heterogenen Reaktionen. Nun sind alle elektrochemischen Vorgänge *heterogen*, denn sie spielen sich nicht im Inneren der Lösung, sondern an der Oberfläche der Elektroden ab, ganz gleich, ob das Elektrodenmaterial nur den Elektronenaustausch vermittelt, oder ob es auch chemisch an der Reaktion beteiligt ist. Außerdem können weitere gasförmige oder feste Phasen an der Reaktion beteiligt sein. Es sind daher nur für eine beschränkte Zahl elektrochemischer Reaktionen umkehrbar arbeitende Halbzellen bekannt.

Reaktionen an Platinelektroden werden wesentlich erleichtert, wenn die Bleche oder Drähte platiniert, d. h. mit einem Überzug aus Platinschwarz versehen sind. Platinschwarz ist fein verteiltes metallisches Platin, das man bei geeigneten Versuchsbedingungen als elektrolytischen Niederschlag erhalten kann.

§ 67. Bezugselektroden. Eine galvanische Kette besteht aus wenigstens zwei Halbzellen, und meßbar ist nur die Summe sämtlicher Potentialsprünge, die in der Kette auftreten. Die Verhältnisse vereinfacht sich, wenn man als Mittelelektrolyten d. h. zur Füllung des Stromschlüssels KCl oder KNO_3 (in etwa 2—3 n-Lösung) anwendet, denn in diesem Falle verschwindet, wie in § 92 gezeigt wird, die Summe der Flüssigkeitspotentiale. In den Ketten (§ 65, 3 u. 4) wird dann z. B.

$$E_{23} + E_{34} = 0, \qquad (1)$$

und die gemessene Kettenspannung ist nach (§ 65, 5) gleich der Differenz der beiden Elektrodenpotentiale:

$$E_{15} = E_{12} - E_{54}. \qquad (2)$$

Die Einzelwerte der Elektrodenpotentiale sind nicht meßbar, man kann sie nur durch Übereinkunft festlegen, dadurch daß man die zu untersuchenden Halbzellen mit einer bestimmten Bezugshalbzelle oder wie man auch sagt, *Bezugselektrode* kombiniert und deren Elektrodenpotential willkürlich festsetzt.

Als Bezugselektrode wählen wir zunächst die *gesättigte Kalomelelektrode*

$$\overset{1}{Hg} \mid \underset{(s)}{Hg_2}\overset{2}{Cl_2}, \underset{(s)}{KCl}, \qquad (3)$$

in der metallisches Quecksilber mit einer wäßrigen Lösung überschichtet ist, die an Hg_2Cl_2 und an KCl gesättigt ist, also beide Kristallarten als Bodenkörper enthält. Die elektrochemischen Vorgänge brauchen wir noch nicht zu kennen, sie werden in § 70d besprochen. Für das Elektrodenpotential erhält man auf Grund einer später (§ 70b) zu treffenden allgemeineren Festsetzung den Wert

$$E_{12} = +0{,}254 \text{ Volt}. \qquad (4)$$

Durch diese Festsetzung sind alle übrigen Elektrodenpotentiale definiert, und man kann auch andere Halbzellen als Bezugselektroden benutzen, nachdem man sie mit der gesättigten Kalomelelektrode zu einer Kette kombiniert und ihr Elektrodenpotential aus der Kettenspannung ermittelt hat. Gebräuchlich sind noch die 0,1 n-Kalomelelektrode

$$\overset{1}{Hg} \mid \underset{(s)}{Hg_2}\overset{2}{Cl_2}, \underset{(0,1\,n)}{KCl} \qquad \text{mit } E_{12} = 0{,}343 \text{ Volt}, \qquad (5)$$

die 1 n-Kalomelelektrode

$$Hg \mid \underset{(s)}{Hg_2Cl_2}, \underset{(1\,n)}{KCl} \qquad \text{mit } E_{12} = 0{,}291 \text{ Volt} \qquad (6)$$

und die Silberchloridelektrode

$$\overset{1}{Ag} \mid \underset{(s)}{Ag}\overset{2}{Cl}, \underset{(1\,n)}{KCl} \qquad \text{mit } E_{12} \begin{array}{l} = 0{,}225 \text{ Volt } (20^\circ \text{ C}) \\ = 0{,}222 \text{ Volt } (25^\circ \text{ C}) \end{array} \qquad (7)$$

Die Silberchloridelektrode ist besonders bequem zu handhaben, denn man braucht nur ein mit festem AgCl überzogenes Silberblech in eine 1 n-KCl-Lösung zu tauchen.

§ 68. Die thermodynamische Gleichgewichtsbedingung. Das allgemeine Schema eines Ionengleichgewichtes mit Beteiligung freier Ladungen, wie es sich in einer Halbzelle einstellt, lautet:

$$n_1 A^{z_1} + n_2 B^{z_2} + \cdots \rightleftarrows n_1' C_1^{z'} + n_2' D_2^{z'} + \cdots + \Delta z \ominus, \qquad (1)$$

wobei z_i die Zahl der positiven Ladungen bedeutet und

$$n_1' z_1' + n_2' z_2' + \cdots - (n_1 z_1 + n_2 z_2 + \cdots) = \Delta z$$

oder

$$\sum_E z_i - \sum_A z_i = \Delta z \qquad (2)$$

ist. Das Glied $\Delta z \ominus$ in Gl. (1) bringt die Erhaltung der elektrischen Ladungen zum Ausdruck.

Beispiele für das allgemeine Reaktionsschema (1) sind die Gleichgewichte:

$Cu \rightleftarrows Cu^{++} + 2\ominus$
$Fe^{++} \rightleftarrows Fe^{+++} + \ominus$
$1/2\, H_2 \rightleftarrows H^+ + \ominus$
$Cl^- \rightleftarrows 1/2\, Cl_2 + \ominus$ (3)
$Cr^{+++} + 4\, H_2O \rightleftarrows HCrO_4^- + 7\, H^+ + 3\ominus$ (4)
$Mn^{++} + 4\, H_2O \rightleftarrows MnO_4^- + 8\, H^+ + 5\ominus$ (5)
usw.

Wir wollen die Gleichgewichte nach Gl. (1) einheitlich so formulieren, daß die entstehenden Elektronen *rechts* stehen.

Die thermodynamische Gleichgewichtsbedingung lautet auch hier

$$\sum_E dg - \sum_A dg = 0\,. \qquad (\S\ 53,\ 2)$$

Zur Auswertung sind wieder die Änderungen der thermodynamischen Potentiale $dg_i = n_i dG_i$ für alle Stoffe hinzuschreiben. Neuartig ist dabei das Auftreten des Elektrons. Sein molares thermodynamisches Potential $G_\ominus$ ist nach der allgemeinen Definition partieller molarer Größen gleich der Zunahme des thermodynamischen Potentials der Lösung bei Eintritt eines Mols Elektronen, also gleich der Energie, die notwendig ist, um die Elektrizitätsmenge 1 F vom Metall in die Lösung zu befördern. Hierzu muß sie über die Potentialschwelle $E_{\text{Lösung}} - E_{\text{Metall}}$ gehoben werden. Nun ist die Energie, die notwendig ist, um eine Ladung über eine Potentialschwelle zu heben, gleich dem Produkt *Ladung mal Potentialschwelle* und daher

$$G_\ominus = F\,(E_{\text{Lösung}} - E_{\text{Metall}})\,. \qquad (6)$$

Bezeichnen wir als *Elektrodenpotential* E die Differenz

$$E_{\text{Metall}} - E_{\text{Lösung}} \equiv E\,, \qquad (7)$$

so ergibt sich

$$G_\ominus = -FE \qquad (8)$$

und

$$dG_\ominus = -F\,dE\,. \qquad (9)$$

Wir summieren jetzt die Änderungen des thermodynamischen Potentials über alle Stoffe und erhalten in Analogie zu (§ 53, 5)

$$\begin{aligned}
dg_A &= n_1 dG_A = n_1 V_A dp - n_1 S_A dT + n_1 RT d \ln a_A \\
dg_B &= n_2 dG_B = n_2 V_B dp - n_2 S_B dT + n_2 RT d \ln a_B \\
dg_C &= n_1' dG_C = n_1' V_C dp - n_1' S_C dT + n_1' RT d \ln a_C \\
dg_D &= n_2' dG_D = n_2' V_D dp - n_2' S_D dT + n_2' RT d \ln a_D \\
dg_\ominus &= \Delta Z dG_\ominus = - \Delta z F dE
\end{aligned}$$

$$\Delta V dp - \Delta S dT + RT d \ln \frac{a_C^{n_1'} \cdot a_D^{n_2'} \ldots}{a_A^{n_1} \cdot a_B^{n_2}} - \Delta z F dE = 0 \,. \tag{10}$$

Die Aktivität von Reaktionsteilnehmern, die als reine Phasen vorliegen (metallisches Kupfer usw.), ist konstant. *Die Aktivitäten reiner Stoffe gehen daher nicht in Gl. (10) und die folgenden Gleichungen ein.* Ist das Elektrodenmaterial dagegen eine Legierung (z. B. Amalgame), so handelt es sich *um Mischphasen*, und die Aktivitäten ihrer Komponenten gehen sehr wohl in Gl. (10) ein.

Aus der allgemeinen Gleichgewichtsbedingung (10) erhält man für die Abhängigkeit des Elektrodenpotentials E von der *Zusammensetzung* (bei konstantem p und T)

$$\frac{\partial E}{\partial \ln \frac{a' \ldots}{a \ldots}} = \frac{RT}{\Delta z F} \,, \tag{11}$$

woraus unmittelbar die NERNSTsche Gleichung (§ 69, 2) folgt. Für die Abhängigkeit des Potentials von der *Temperatur* (bei konstantem Druck und konstanter Zusammensetzung) erhält man die GIBBS-HELMHOLTZsche Gleichung:

$$\frac{\partial E}{\partial T} = - \frac{\Delta S}{\Delta z F} \,. \tag{12}$$

Im folgenden (§ 69—70) werden wir zunächst die NERNSTsche Gleichung ausführlich besprechen und sodann in § 71 die GIBBS-HELMHOLTZsche Gleichung behandeln.

§ 69. Die Nernstsche Gleichung. Das elektrochemische Normalpotential. Für den *Grenzfall verdünnter Lösungen* setzen wir in (§ 68, 11) für die Aktivitäten der gelösten Stoffe wieder wie in § 54 die Gewichtskonzentrationen und bei Gasen den Partialdruck in Atm ein und erhalten

$$(\partial E)_{p,T} = \frac{RT}{\Delta z F} \partial \ln \frac{c' \ldots}{c \ldots} \,. \tag{1}$$

Um zu dem Elektrodenpotential E selbst zu kommen, integrieren wir Gl. (1) unbestimmt und erhalten die *NERNSTsche Gleichung*

$$\boxed{E = \frac{RT}{\Delta z F} \ln \frac{c' \ldots}{c \ldots} + E_0} \,. \tag{2}$$

Die Integrationskonstante E_0 ist das Elektrodenpotential für den Fall, daß *in einer sehr verdünnten Lösung* der Ausdruck

$$\frac{c' \ldots}{c \ldots} = 1 \tag{3}$$

ist, und wird als das *elektrochemische Normalpotential* der betreffenden Reaktion bezeichnet. Auf die experimentelle Ermittlung dieser wichtigen Größe kommen wir alsbald zurück (vgl. z. B. Abb. 60).

In Tab. 16 sind die Normalpotentiale einiger Ionenreaktionen angeführt. Wie bereits in § 64 betont wurde, sind alle elektrochemischen Gleichgewichte als Redox-Gleichgewichte aufzufassen, denn jede Vermehrung der positiven Ladungen entspricht einer Oxydation und umgekehrt. Ein Stoff, der positive Ladungen abgibt, bzw. Elektronen aufnimmt, wirkt daher als Oxydationsmittel, und das Maß für die Stärke eines Oxydations- bzw. Reduktionsmittels ist sein elektrochemisches Normalpotential. Auf Einzelheiten der Tab. 16 kommen wir noch zurück.

Tab. 16. Normalpotentiale E_0 einiger Ionenreaktionen in wäßriger Lösung bei 20° C.

Reduktionsmittel		Oxydationsmittel		E_0 (Volt)
Li	=	Li^+	$+ \ominus$	—3,02
K	=	K^+	$+ \ominus$	—2,92
Na	=	Na^+	$+ \ominus$	—2,71
Zn	=	Zn^{++}	$+2 \ominus$	—0,76
Fe	=	Fe^{++}	$+2 \ominus$	—0,44
Ni	=	Ni^{++}	$+2 \ominus$	—0,25
Pb	=	Pb^{++}	$+2 \ominus$	—0,13
Fe	=	Fe^{+++}	$+3 \ominus$	—0,04
½ H_2 (1 Atm)	=	H^+	$+ \ominus$	0
Cu^+	=	Cu^{++}	$+ \ominus$	+0,17
Ag + Cl^-	=	$AgCl_{fest}$	$+ \ominus$	+0,22
2 Hg + 2 Cl^-	=	Hg_2Cl_{2fest}	$+2 \ominus$	+0,29
Cu	=	Cu^{++}	$+2 \ominus$	+0,34
p- $C_6H_4(OH)_2$	=	p- $C_6H_4O_2$ + 2 H^+	$+2 \ominus$	+0,70
Tl	=	Tl^{+++}	$+3 \ominus$	+0,72
Fe^{++}	=	Fe^{+++}	$+ \ominus$	+0,77
2 Hg	=	Hg_2^{++}	$+2 \ominus$	+0,91
Ag	=	Ag^+	$+ \ominus$	+0,81
Hg	=	Hg^{++}	$+2 \ominus$	+0,86
Tl^+	=	Tl^{+++}	$+2 \ominus$	+1,21
Cr^{+++} + 4 H_2O	=	$HCrO_4^-$ + 7 H^+	$+3 \ominus$	+1,3
Cl^-	=	½ Cl_2	$+ \ominus$	+1,37
Pb^{++} + 2 H_2O	=	PbO_2 + 4 H^+	$+2 \ominus$	+1,44
Cl^- + 3 H_2O	=	ClO_3^- + 6 H^+	$+6 \ominus$	+1,44
Au	=	Au^+	$+ \ominus$	+1,5

Zur *Ausrechnung des Faktors* $\frac{RT}{F}$ in Gl. (2) muß die Gaskonstante R in

$$\frac{\text{Volt} \cdot \text{Coulomb}}{\text{Grad}} = \frac{\text{Wattsec}}{\text{Grad}} = \frac{\text{Joule}}{\text{Grad}}$$

angegeben werden, wenn man $F = 96494$ Coulomb setzt und E in *Volt* erhalten will. Nach Tab. 2 ist

$$R = 8{,}309 \, \frac{\text{Joule}}{\text{Grad}} .$$

Für *20° C* ist $T = 293$ und man erhält

$$\frac{2{,}303 \cdot RT}{F} = \frac{2{,}303 \cdot 8{,}309 \cdot 293}{96\,494} = 0{,}058 \text{ Volt}, \tag{4}$$

wenn man zum Übergang auf dekadische Logarithmen noch mit 2,303 multipliziert.

Hiermit wird aus Gl. (2) für 20° C:

$$E = E_0 + \frac{0{,}058}{\Delta z} \cdot \log \frac{c_C^{n'_1} \cdot c_D^{n'_2}}{c_A^{n_1} \cdot c_B^{n_2}} . \tag{5}$$

§ 70. Anwendung der Nernstschen Gleichung auf verschiedene elektrochemische Reaktionen.

Die NERNSTsche Gleichung

$$E = E_0 + \frac{RT}{\Delta z F} \ln \frac{c' \ldots}{c \ldots} \qquad (\S\ 69,\ 2)$$

stellt als *Grenzgesetz* für verdünnte Lösungen eine Beziehung zwischen dem Elektrodenpotential E, dem Normalpotential E_0 der Reaktion und der Zusammensetzung der Lösung her. Hieraus ergeben sich drei Anwendungsmöglichkeiten:

1. Durch Messungen von E an möglichst verdünnten Lösungen bekannter Zusammensetzung kann man zur chemischen Charakterisierung der beteiligten Stoffe das elektrochemische *Normalpotential* E_0 der Umwandlung ermitteln.

2. Durch Messungen an konzentrierten Lösungen bekannter Zusammensetzung kann man nach Ermittlung von E_0 die *Abweichungen vom Grenzgesetz*, d. h. die Aktivität in Abhängigkeit von der Konzentration bestimmen, und erfährt hierdurch Näheres über die interionischen bzw. intermolekularen Kräfte in der Lösung.

3. Bei Kenntnis des Normalpotentials bzw. nach empirischer Eichung des E als Funktion von c kann man aus dem Elektrodenpotential die Zusammensetzung der Lösung bestimmen, die Methode also zu *analytischen Zwecken* heranziehen. Da das Elektrodenpotential proportional dem Logarithmus der Konzentration (genauer der Aktivität) ist, sind die relativen Meßfehler zwar verhältnismäßig groß, dafür ist die Methode aber über einen ungewöhnlichen großen Konzentrationsbereich von vielen Zehnerpotenzen anwendbar. Sie erlaubt insbesondere die Bestimmung so kleiner Konzentrationen, wie sie auf chemischem Wege nicht einmal mehr nachweisbar sind. Besonders wichtig ist sie zur Bestimmung der Wasserstoffionenkonzentration (elektrometrische p_H-Messung) und zu Titrationen einer Reihe von weiteren Stoffen.

An allen elektrochemischen Reaktionen sind Elektronen und gelöste Ionen beteiligt. Außerdem können noch Gase und feste Stoffe mitwirken, und wir besprechen im folgenden einige Elektrodenvorgänge

a) zwischen gelösten Ionen allein
b) mit Gasen
c) mit einer festen Phase
d) mit zwei festen Phasen.

a) Elektrodenvorgänge zwischen gelösten Ionen allein. 1. Das schon besprochene Gleichgewicht

$$Fe^{++} \rightleftarrows Fe^{+++} + \ominus \qquad (\S\ 64,\ 6)$$

stellt man in der Halbzelle

$$\overset{1}{\mathrm{Pt}} \mid \overset{2}{\mathrm{Fe^{++}}}, \mathrm{Fe^{+++}} \qquad (1)$$

ein. Das Platin dient nur dem Elektronenaustausch und ist an der Reaktion nicht beteiligt. Das Elektrodenpotential beträgt nach der NERNSTschen Gleichung (§ 69, 2)

$$E_{12} = E_0 + 0{,}058 \log \frac{c_{\mathrm{Fe^{+++}}}}{c_{\mathrm{Fe^{++}}}}, \qquad (2)$$

und nach Tab. 16 ist

$$E_0 = 0{,}75 \text{ Volt.}$$

Wie bei allen elektrochemischen Reaktionen ist das Elektrodenpotential um so stärker positiv, je größer die Konzentration des Oxydationsmittels und je kleiner die des Reduktionsmittels ist. In unserem Beispiel (für $\Delta z = 1$ und bei 20° C) ändert es sich um 58 Millivolt, wenn das Konzentrationsverhältnis um eine Zehnerpotenz geändert wird.

2. Das Gleichgewicht

$$\mathrm{Cr^{+++}} + 4\,\mathrm{H_2O} \rightleftarrows \mathrm{HCrO_4^-} + 7\,\mathrm{H^+} + 3\ominus \qquad (3)$$

stellt man in der Halbzelle

$$\overset{1}{\mathrm{Pt}} \mid \mathrm{Cr^{+++}}, \overset{2}{\mathrm{HCrO_4^-}}, \mathrm{H^+} \qquad (4)$$

mit dem Potential

$$E_{12} = E_0 + \frac{0{,}058}{3} \log \frac{c_{\mathrm{CrO_4^-}} \cdot c_{\mathrm{H^+}}^7}{c_{\mathrm{Cr^{+++}}}} \qquad (5)$$

und

$$E_0 = 1{,}3 \text{ Volt}$$

ein. Auch hier steigt das Elektrodenpotential mit der Konzentration des Oxydationsmittels, hängt aber außerdem sehr empfindlich von der Säurekonzentration ab.

Das Normalpotential des Redoxsystems $\mathrm{Cr^{+++}}$, $\mathrm{HCrO_4^-}$ ist mit 1,3 Volt wesentlich stärker positiv als das von $\mathrm{Fe^{++}}$, $\mathrm{Fe^{+++}}$. Das Bichromation ist also ein stärkeres Oxydationsmittel als das $\mathrm{Fe^{+++}}$, und das $\mathrm{Fe^{++}}$ ist ein stärkeres Reduktionsmittel als das $\mathrm{Cr^{+++}}$. Das sieht man besonders deutlich, wenn man die beiden Halbzellen (4) und (1) zu der Kette

$$\overset{1}{\mathrm{Pt}} \mid \mathrm{Cr^{+++}}, \overset{2}{\mathrm{HCrO_4^-}}, \mathrm{H^+} \mid \overset{3}{\mathrm{KCl}} \mid \mathrm{Fe^{++}}, \overset{4}{\mathrm{Fe^{+++}}} \mid \overset{5}{\mathrm{Pt}} \qquad (6)$$

zusammenschaltet, in der bei der Entladung insgesamt der Vorgang

$$\mathrm{HCrO_4^-} + 3\,\mathrm{Fe^{++}} + 7\,\mathrm{H^+} = \mathrm{Cr^{+++}} + 3\,\mathrm{Fe^{+++}} + 4\,\mathrm{H_2O} \qquad (7)$$

abläuft. Das Bichromat oxydiert also das Ferroion, und das elektrochemische Normalpotential dieses Vorganges beträgt

$$(E_0)_{15} = 1{,}3 - 0{,}75 = 0{,}55 \text{ Volt.}$$

b) Elektrodenvorgänge mit Beteiligung von Gasen (Gaselektroden).

1. *Die Wasserstoffelektrode.* Das schon besprochene Gleichgewicht

$$\tfrac{1}{2}\,\mathrm{H_2} \rightleftarrows \mathrm{H^+} + \ominus \qquad (1)$$

stellt man in der Halbzelle

$$\overset{1}{\text{Pt}} \mid \overset{2}{\text{H}_2, \text{H}^+} \qquad (2)$$

ein, d. h. man läßt gasförmigen Wasserstoff durch eine Lösung mit bestimmtem p_H perlen und taucht zur Vermittlung des Elektronenaustausches ein Platinblech ein.

Es dauert bei Gaselektroden immer eine gewisse Zeit, bis das Potential einen konstanten Wert annimmt, d. h. bis sich das Gleichgewicht eingestellt hat. Außerdem sind sie ziemlich empfindlich gegen Überlastung, d. h. zu hohe Stromstärke. Man versteht das, wenn man sich den Mechanismus des Elektrodenvorganges überlegt, der viel komplizierter ist, als es Gl. (1) erkennen läßt: Für die thermodynamische Behandlung eines Gleichgewichts sind zwar nur die Ausgangs- und Endstoffe von Bedeutung, für die Einstellgeschwindigkeit hingegen sind, wie wir im Kap. II sehen werden, gerade die Zwischenstufen besonders wichtig. Bei Gaselektroden muß sich das Gas zunächst bis zur Sättigung lösen. Aus der gesättigten Lösung werden Moleküle und Ionen an der Elektrode adsorbiert, und an der Elektrodenoberfläche vollzieht sich dann unter Elektronenaustausch der chemische Vorgang. Es darf also in der Zeiteinheit nicht mehr Wasserstoff an der Elektrodenoberfläche umgesetzt werden, als mit den Gasblasen *ohne Störung des Adsorptions- und Löslichkeitsgleichgewichts* ausgetauscht werden kann.

Das Elektrodenpotential der Halbzelle (2) ist nach der NERNSTschen Gleichung (§ 69, 2) durch

$$E_{12} = E_0 + 0{,}058 \log \frac{c_{H^+}}{\sqrt{p_{H_2}}} \qquad (3)$$

gegeben.

p_{H_2}, der Partialdruck des Wasserstoffs, ist in Atm. zu messen.

Läßt man Wasserstoff gegen den Außendruck von 1 Atm. durch Salzsäure perlen, stellt also die Halbzelle

$$\overset{1}{\text{Pt}} \mid \overset{2}{\underset{1\,\text{Atm}}{\text{H}_2}, \text{HCl}} \qquad (4)$$

her, so ist

$$E_{12} = (E_0)_{H_2,H^+} + 0{,}058 \log c_{HCl} \,. \qquad (5)$$

$(E_0)_{H_2,H^+}$ ist das Normalpotential der Wasserstoffelektrode, und man setzt definitionsgemäß in allen Lösungsmitteln und bei allen Temperaturen

$$(E_0)_{H_2,H^+} \equiv 0 \,. \qquad (6)$$

Auf Grund dieser Definition kommt man zu dem in § 67 eingeführten Bezugspotential der gesättigten Kalomelelektrode als dem Potential E_{12} der Kette

$$\overset{1}{\text{Hg}} \mid \overset{2}{\underset{(s)}{\text{Hg}_2\text{Cl}_2}, \underset{(s)}{\text{KCl}}} \mid \overset{3}{\text{KCl}} \mid \overset{4}{\text{HCl}, \underset{1\,\text{Atm}}{\text{H}_2}} \mid \overset{5}{\text{Pt}} \,, \qquad (7)$$

deren Spannung man mit Gl. (5) und (6) zu

$$E_{15} = E_{12} - 0{,}058 \log c_{HCl} \qquad (8)$$

berechnet. Die Messungen ergeben als Grenzwert für kleine HCl-Konzentrationen

$$E_{12} = 0{,}254 \text{ Volt}, \qquad (\S\ 67,\ 4)$$

und entsprechend erhält man die übrigen in § 67 angegebenen Bezugspotentiale.

2. In Abb. 60 ist die Spannung E_{14} der *Chlorknallgas-Kette*

$$\overset{1}{\text{Pt}} \;\Big|\; \underset{(c)\ 6{,}08\,n}{Cl_2, \overset{2}{HCl}} \;\Big|\; \underset{6{,}08\,n\quad 1\,\text{Atm}}{\overset{3}{HCl}, H_2} \;\Big|\; \overset{4}{\text{Pt}} \qquad (9)$$

gegen den Logarithmus der Chlor-Konzentration c_{Cl_2} im Bereich von etwa 0,01—0,1 Mol/Liter aufgetragen. Die Kette ist eine Kombination von zwei Gaselektroden. In der linken Halbzelle besteht das Gleichgewicht

$$Cl^- \rightleftarrows {}^1\!/\!_2\, Cl_2 + \ominus \qquad (10)$$

mit dem Elektrodenpotential

$$E_{12} = (E_0)_{12} + 0{,}058 \log \frac{\sqrt{c_{Cl_2}}}{6{,}08}, \qquad (11)$$

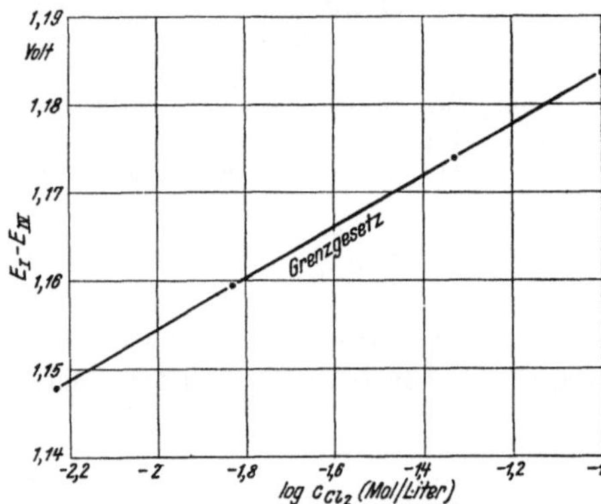

Abb. 60. Spannung der Kette:

$$\overset{1}{\text{Pt}} \;\Big|\; \underset{(c)\ 6{,}08\,n}{Cl_2, \overset{2}{HCl}} \;\Big|\; \underset{6{,}08\,n\quad 1\,\text{Atm}}{\overset{3}{HCl},\ H_2} \;\Big|\; \overset{4}{\text{Pt}}$$

und in der rechten Halbzelle besteht das Gleichgewicht

$$^1\!/\!_2\, H_2 \rightleftarrows H^+ + \ominus \qquad (1)$$

mit dem Elektrodenpotential

$$E_{43} = 0{,}058 \log 6{,}08. \qquad (12)$$

Das Flüssigkeitspotential E_{23} ist gleich Null und zwar (wie in § 92 gezeigt wird) deshalb, weil die beiden Halbzellen den gleichen Elektrolyten in gleicher Konzentration enthalten.

Insgesamt stellt man also in der Kette das Chlor-Knallgas-Gleichgewicht

$$^1\!/\!_2\, H_2 + {}^1\!/\!_2\, Cl_2 \rightleftarrows H^+ + Cl^- \qquad (13)$$

ein, und die Spannung beträgt

$$E_{14} = E_{12} - E_{43} = (E_0)_{14} + 0{,}029 \log c_{Cl_2}, \qquad (14)$$

wenn man alle Konstanten zu $(E_0)_{14}$ zusammenfaßt. Die ausgezogene Gerade der Abb. 60 ist das Grenzgesetz (14). Der Wert $(E_0)_{14}$ ist durch den rechts außerhalb der Abbildung liegenden Schnittpunkt der Grenzgeraden mit der Ordinate $\lg c_{Cl_2} = 0$ gegeben. Die Meßpunkte liegen ohne systematische Abweichungen auf der Geraden. Die Lösung ist also in Bezug auf Cl_2 in diesem Konzentrationsbereich noch als ideal verdünnt anzusehen.

c) Elektrodenvorgänge mit einer festen Phase. 1. Die schon besprochenen Gleichgewichte

$$Cu \rightleftarrows Cu^{++} + 2\ominus \qquad (§\ 64,\ 4)$$

und

$$Zn \rightleftarrows Zn^{++} + 2\ominus \qquad (§\ 64,\ 5)$$

stellt man in den Halbzellen des DANIELL-Elements

$$\overset{1}{Cu} \mid \overset{2}{CuSO_4} \mid \overset{3}{KCl} \mid \overset{4}{ZnSO_4} \mid \overset{5}{Zn} \qquad (§\ 65,\ 3)$$

ein. Die an den Reaktionen beteiligten Metalle besorgen gleichzeitig den Elektronenaustausch. Die Elektrodenpotentiale sind durch

$$E_{12} = (E_0)_{12} + 0{,}029 \log c_{Cu^{++}} \qquad (1)$$

und

$$E_{54} = (E_0)_{54} + 0{,}029 \log c_{Zn^{++}} \qquad (2)$$

gegeben, und mit den Zahlen der Tab. 16 erhält man für die Spannung des DANIELL-Elements

$$E_{15} = 1{,}10 + 0{,}029 \log \frac{c_{Cu^{++}}}{c_{Zn^{++}}}\,, \qquad (3)$$

2. In Abb. 61 ist die Spannung E_{13} der Kette

$$\overset{1}{\underset{x_I}{Ba,\ Hg}} \mid \overset{2}{\underset{\text{in Hydrazin}}{BaCl_2}} \mid \overset{3}{\underset{x_{II}}{Ba,\ Hg}} \qquad (4)$$

gegen $\log x_{II}/x_I$ aufgetragen. Die Phasen 1 und 3 sind Barium-Amalgame, deren Zusammensetzung durch die Molenbrüche des Bariums x_I und x_{II} gekennzeichnet ist. Im linken Amalgam hat x_I den konstanten Wert 0,00385, d. h. das Amalgam enthält nur 0,385 Atom-% Ba. Das Verhältnis wird von 1 bis etwa 1/10 verändert, so daß x_{II} noch bis zu einer Zehnerpotenz kleiner als x_I ist. Es handelt sich also auf beiden Seiten um verdünnte Lösungen von Ba in Hg. Die Phase 2 ist eine Lösung von $BaCl_2$ in Hydrazin.

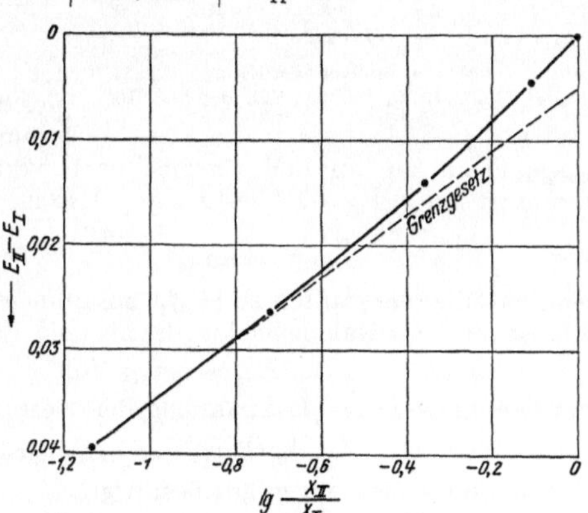

Abb. 61. Spannung der Kette: Ba, Hg (x_I) | $BaCl_2$ in Hydrazin | Ba, Hg (x_{II}). x_I Molenbruch des Ba im Amalgam links (= 0,00385) x_{II} rechts.

Der Elektrodenvorgang ist in beiden Halbzellen der gleiche:

$$Ba \rightleftarrows Ba^{++} + 2\ominus\,. \qquad (5)$$

Die Elektrodenpotentiale sind also durch

$$E_{12} = E_0 + 0{,}029 \log (x_{Ba^{++}})_2 - 0{,}029 \log x_I \qquad (6)$$

$$E_{32} = E_0 + 0{,}029 \log (x_{Ba^{++}})_2 - 0{,}029 \log x_{II}\,, \qquad (7)$$

und die Spannung der Kette durch das Grenzgesetz

$$E_{13} = 0{,}029 \log \frac{x_{II}}{x_I} \tag{8}$$

gegeben. Sie hängt nur von der Zusammensetzung der metallischen Phase ab, und für $\frac{x_{II}}{x_I} = 1$ wird sie gleich Null (rechter oberer Punkt der Abbildung). Das Grenzgesetz (8) ist die Grenztangente der Meßkurve *bei den kleinsten Ba-Konzentrationen* des rechten Amalgams. Die Abweichungen bei höheren Konzentrationen ermöglichen einen Einblick in die inneratomaren Kräfte der Legierung, doch können wir diesen Zusammenhang nicht weiter verfolgen.

3. In Abb. 62 ist die Spannung E_{15} der Kette

$$\overset{1}{MnO_2} \mid \overset{2}{KMnO_4,\ H_2SO_4}_{\ 0{,}05\,n} \mid \overset{3}{KCl}_{(s)} \mid \overset{4}{KCl,\ Hg_2Cl_2}_{0{,}1\,n\ \ (s)} \mid \overset{5}{Hg} \tag{9}$$

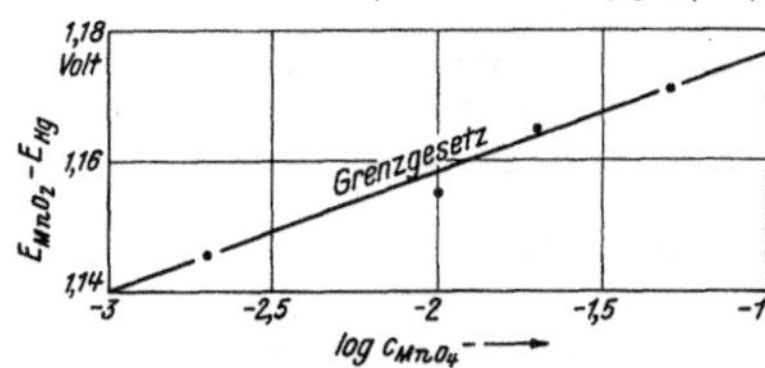

Abb. 62. Spannung der Kette: $MnO_2 \mid KMnO_4,\ H_2SO_4\ (0{,}05) \mid KCl(s) \mid KCl,\ Hg_2Cl_2(s)\ (0{,}1) \mid Hg$.

gegen $\log c_{MnO_4^-}$ im Bereich von 0,001—0,1 Mol/kg H_2O aufgetragen. In der linken Halbzelle besteht das Gleichgewicht

$$MnO_2 + 2\,H_2O \rightleftarrows MnO_4^- + 4\,H^+ + 3\ominus, \tag{10}$$

der Braunstein übernimmt gleichzeitig die Elektrizitätsleitung. Veränderlich ist allein $c_{MnO_4^-}$, denn die an und für sich noch veränderliche Säurekonzentration ist auf $c_{H^+} = 0{,}05$ festgelegt. Also ist

$$E_{12} = (E_0)_{12} + \frac{0{,}058}{3} \log c_{MnO_4^-}, \tag{11}$$

wenn wir alle Konstanten zu $(E_0)_{12}$ zusammenfassen. Die rechte Halbzelle ist die 0,1 n-Kalomelelektrode mit dem Bezugspotential

$$E_{54} = 0{,}343 \text{ Volt}. \tag{§ 67, 8}$$

Das Grenzgesetz für die Spannung der Kette

$$E_{15} = (E_0)_{15} + 0{,}019 \log c_{MnO_4^-} \tag{12}$$

wird durch die Messungen gut bestätigt.

4. Für die Praxis elektrometrischer p_H-Messungen ist die *Chinhydron-Elektrode*, das ist die Halbzelle

$$\overset{1}{Pt} \mid \overset{2}{ChH}_{(s)},\ H^+, \tag{13}$$

wichtig. ChH bedeutet Chinhydron, eine in Wasser ziemlich schwer lösliche Additionsverbindung aus 1 Mol Chinon $C_6H_4O_2$ und 1 Mol Hydrochinon $C_6H_4(OH)_2$, die als Bodenkörper anwesend ist. Die Herstellung der Halbzelle ist besonders einfach: In die Lösung mit dem zu messenden p_H gibt man ein wenig festes Chinhydron und taucht einen Platindraht ein. Der Elektrodenvorgang ist folgender:

$$C_6H_4(OH)_2 \rightleftarrows C_6H_4O_2 + 2\,H^+ + 2\ominus. \tag{14}$$

Die Konzentration des Chinons und des Hydrochinons ist durch die Anwesenheit des festen Chinhydrons festgelegt, also ist

$$E_{12} = (E_0)_{12} + 0{,}058 \log c_{H^+} . \tag{15}$$

Die Messung ergibt (vgl. Tab. 16)

$$(E_0)_{12} = 0{,}703 \text{ V} , \tag{16}$$

und man kann für Gl. (15) schreiben

$$E_{12} = 0{,}703 - 0{,}058\, p_H . \tag{17}$$

Das Elektrodenpotential ist dem p_H proportional.

Grundsätzlich kann man jeden Elektrodenvorgang, an dem H^+ beteiligt ist, zur p_H-Messung ausnutzen, wenn nur die Halbzellen in dem gewünschten p_H-Bereich reversibel arbeiten. Die Chinhydron-Elektrode ist wegen ihrer bequemen Herstellung besonders beliebt und ist im p_H-Bereich von 0—8 anwendbar. In alkalischen Lösungen dissoziiert das Hydrochinon merklich nach

$$C_6H_4(OH)_2 \rightleftarrows C_6H_4(OH)O^- + H^+,$$

so daß das Gleichgewicht (14) gestört wird.

d) Elektrodenvorgänge mit zwei festen Phasen (Elektroden 2. Art). 1. Halbelemente mit zwei festen Phasen haben wir schon in § 67 als Bezugselektroden kennen gelernt; z. B. die *Kalomelelektrode*

$$\overset{1}{Hg} \mid \underset{(s)}{\overset{2}{Hg_2Cl_2}},\ Cl^-, \tag{1}$$

in der man das Gleichgewicht

$$2\,Hg + 2\,Cl^- \rightleftarrows Hg_2Cl_{2\,fest} + 2\ominus \tag{2}$$

einstellt. Der Mechanismus dieses Vorganges ist durch die Beteiligung von zwei festen Phasen kompliziert, denn die an der Hg-Oberfläche nach

$$2\,Hg \rightleftarrows Hg_2^{++} + 2\ominus \tag{3}$$

umgesetzten Merkuroionen müssen ohne Störung des Löslichkeitsgleichgewichtes mit den Chlorionen der Lösung nach

$$Hg_2^{++} + 2\,Cl^- \rightleftarrows Hg_2Cl_{2\,fest} \tag{4}$$

zu festem Kalomel umgesetzt werden. Die Belastbarkeit der Elektrode ist also vor allem durch die Kristallisations- und Auflösungsgeschwindigkeit der beiden festen Phasen begrenzt und wird durch möglichst innige Durchmischung verbessert.

Das Potential der Kalomelelektrode ist nach Gl. (2) durch

$$E_{12} = (E_0)_{12} - 0{,}058 \log c_{Cl^-} \tag{5}$$

gegeben, denn allein die Konzentration des Cl^- ist veränderlich. Das Normalpotential läßt sich nach

$$(E_0)_{12} = (E_0)_{Hg|Hg_2^{++}} + 0{,}029\, P_{Hg_2Cl_2} \tag{6}$$

in das Normalpotential des Vorgangs Gl. (3) und in das Löslichkeitsprodukt des Kalomels zerlegen.

2. In Abb. 63 ist die Spannung der Kette

$$\overset{1}{\mathrm{Ir}} \mid \underset{1\,\mathrm{Atm}}{H_2}, \overset{2}{\mathrm{HCl}}, \underset{(s)}{\mathrm{AgCl}} \mid \overset{3}{\mathrm{Ag}} \tag{7}$$

in *Äthylalkohol* bei 25° C gegen log c_{HCl} aufgetragen. Es handelt sich um eine Kombination der Wasserstoff-Elektrode mit der Ag/AgCl-Elektrode. Die Elektrodenpotentiale sind für den Grenzfall verdünnter Lösungen durch

$$E_{12} = (E_0)_{12} + 0{,}059 \log c_{H^+} \tag{8}$$

$$E_{32} = (E_0)_{32} - 0{,}059 \log c_{Cl^-}\,, \tag{9}$$

und die Spannung der Kette durch

$$E_{13} = (E_0)_{13} + 0{,}118 \log c_{HCl} \tag{10}$$

gegeben, da $c_{H^+} = c_{Cl^-} = c_{HCl}$ gesetzt werden kann (HCl ist auch in C_2H_5OH eine starke Säure). Die Differenz der Normalpotentiale

$$\Delta E_0 \equiv (E_0)_{12} - (E_0)_{32} = 0{,}075 \text{ Volt}$$

erhält man als Schnittpunkt der Grenztangente mit der Ordinate log c_{HCl} = 0 bzw. c_{HCl} = 1. Die Abweichungen vom Grenzgesetz, d. h. die interionischen Kräfte sind recht beträchtlich und werden schon bei c = 0,001 merklich.

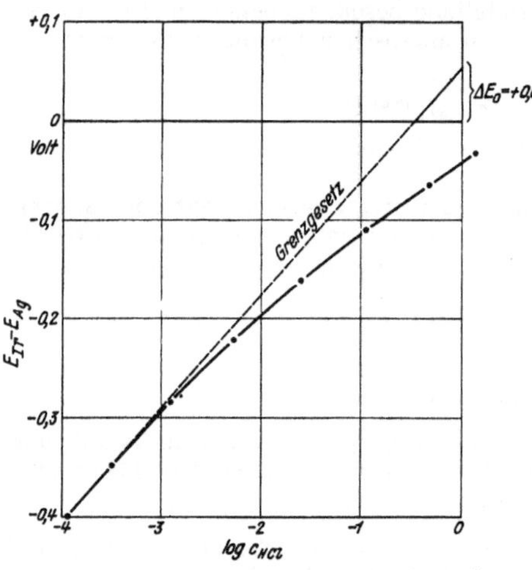

Abb. 63. Spannung der Kette: Ir/H_2, HCl, AgCl(s)/Ag in Äthylalkohol bei 25°.

3. Eine Kombination von zwei Elektroden 2. Art ist die Kette

$$\overset{1}{\mathrm{Hg}} \mid \underset{(s)}{Hg_2SO_4}, \overset{2}{\underset{(s)}{CdSO_4}} \mid \overset{3}{\mathrm{Cd}}\,, \tag{11}$$

das *internationale Weston-Element*, mit den Elektrodenvorgängen

$$2\,\mathrm{Hg} + SO_4^{--} \rightleftarrows Hg_2SO_{4\,\mathrm{fest}} + 2\,\ominus \tag{12}$$

und

$$\mathrm{Cd} + SO_4^{--} \rightleftarrows CdSO_{4\,\mathrm{fest}} + 2\,\ominus\,. \tag{13}$$

Da auch die Konzentration des SO_4'' durch die Gegenwart der festen Phasen festgelegt ist, hat die Kette bei gegebener Temperatur eine unveränderliche Spannung. Sie beträgt bei 20° C 1,0183 Volt und ist bei Beachtung der Herstellungsvorschriften sehr genau reproduzierbar und auch nur wenig abhängig von der Temperatur. Das WESTON-Element wird daher als *Spannungsnormale* benutzt, d. h. die Einheit 1 Volt ist durch

$$E_{13} \equiv 1{,}0183 \text{ Volt} \tag{14}$$

definiert.

4. Eine weitere Kombination aus zwei Elektroden 2. Art ist die Kette

$$\overset{1}{PbO_2} \mid \underset{(s)}{\overset{2}{PbSO_4}}, H_2SO_4 \mid \overset{3}{Pb} \tag{15}$$

(Abb. 64) mit den Elektrodenvorgängen

$$PbSO_{4\,fest} + 2\,H_2O \rightleftarrows PbO_2 + 4\,H^+ + SO_4^{--} + 2\,\ominus \tag{16}$$

$$Pb + SO_4^{--} \rightleftarrows PbSO_{4\,fest} + 2\,\ominus \tag{17}$$

und dem Gesamtvorgang

$$PbO_2 + Pb + 2\,SO_4^{--} + 4\,H^+ \rightleftarrows 2\,PbSO_{4\,fest} + 2\,H_2O\,. \tag{18}$$

Für die Elektrodenpotentiale gilt (für 0° C)

$$E_{12} = (E_0)_{12} + \frac{0{,}054}{2}\,(4 \log c_{H^+} + \log c_{SO_4^{--}}) \tag{19}$$

$$E_{32} = (E_0)_{32} - \frac{0{,}054}{2} \log c_{SO_4^{--}}\,, \tag{20}$$

und für die Kettenspannung erhält man daraus das Grenzgesetz

$$E_{13} = (E_0)_{13} + 0{,}162 \log c_{H_2SO_4} \tag{21}$$

mit

$$(E_0)_{13} = (E_0)_{12} - (E_0)_{32} + 0{,}301 \tag{22}$$

wenn man berücksichtigt, daß in sehr verdünnter Lösung $c_{H^+} = 2\,c_{H_2SO_4}$ und $c_{SO_4^{--}} = c_{H_2SO_4}$ ist.

Die Kette wurde ursprünglich als Modell des technischen Blei-Akkumulators angesehen. Dieser arbeitet aber mit wesentlich konzentrierterer Schwefelsäure, und die Elektrodenvorgänge sind etwas andere als in Gl. (16) und (17) angegeben. Insbesondere entsteht bei normalem Betrieb kein festes $PbSO_4$, sondern basische Sulfate verschiedener Zusammensetzung, und die Bildung von $PbSO_4$, die sog. *Sulfatisierung* bedeutet eine Betriebsstörung.

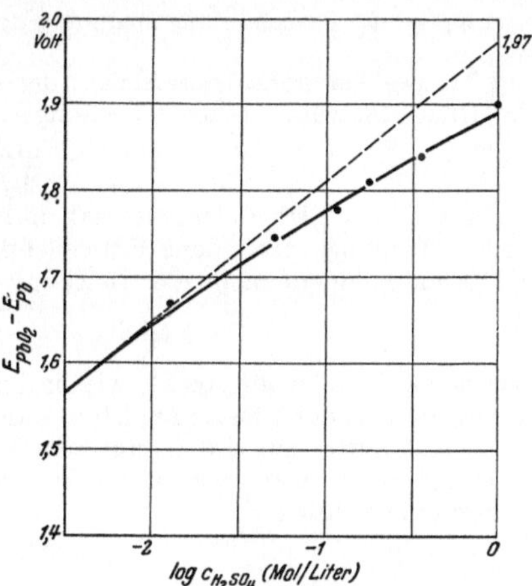

Abb. 64. Spannung des Bleiakkumulators: $PbO_2|PbSO_4$ (s), $H_2SO_4|Pb$ bei 0° in H_2O.

5. Eine Kombination aus zwei Ketten mit je zwei Elektroden 2. Art ist die fünfgliedrige Kette der Abb. 65

$$\overset{1}{Ag} \mid \underset{(s)}{\overset{2}{AgBr}}, \underset{0.1\,n}{KBr} \mid \overset{3}{K}, Hg \mid KBr, \underset{(s)}{\overset{4}{AgBr}} \mid \overset{5}{Ag}\,. \tag{23}$$

Es ist eine *Konzentrationskette*, d. h. sie ist vollständig symmetrisch gebaut, und die Halbzellen rechts und links unterscheiden sich nur durch die Konzentration des KBr. In der Mitte wird an Stelle des sonst üblichen elektrolytischen Stromschlüssels eine metallische Phase verwendet, so daß Flüssigkeitspotentiale vermieden werden. Die Spannung der Kette beträgt

$$E_{15} = 0{,}116 + 0{,}116 \log (c_{\mathrm{KBr}})_4, \quad (24)$$

ist also gleich Null für $(c_{\mathrm{KBr}})_4 = 0{,}1$ (in diesem Falle sind die beiden Halbzellen identisch) und ist gleich $+0{,}116$ Volt für $(c_{\mathrm{KBr}})_4 = 1$. Die NERNSTsche Gleichung gibt also bei Konzentrationsketten nicht nur die Neigung der Grenztangente, sondern auch den Absolutwert der Spannung bei kleinen Konzentrationen an. Wie Abb. 65 zeigt, werden die Abweichungen vom Grenzgesetz bei Konzentrationen oberhalb 0,1 n merklich.

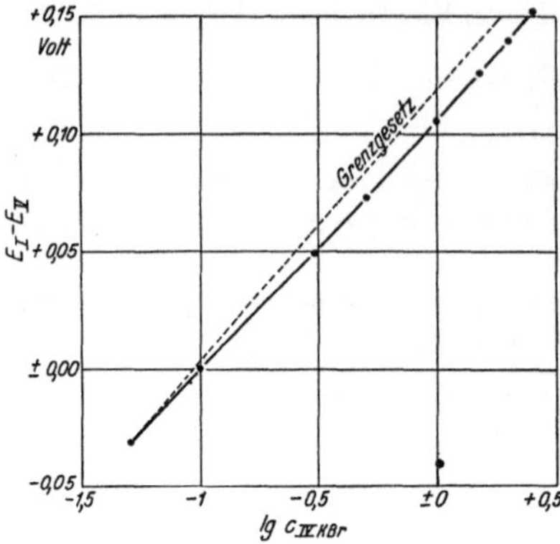

Abb. 65. Spannung der Kette: Ag|AgBr (s), KBr|K,Hg|KBr, AgBr (s)|Ag. 0,100

Aufgabe 16. Berechne die Spannung der Kette (23).

§ 71. Der Temperaturkoeffizient der elektromotorischen Kraft.

In der GIBBS-HELMHOLTZschen Gleichung

$$\frac{\partial E}{\partial T} = -\frac{\Delta S}{\Delta z F} \qquad (\S\,68{,}12)$$

bedeutet E das Elektrodenpotential und ΔS die mit dem elektrochemischen Vorgang verbundene Entropieänderung. Zur Berechnung von ΔS dürfen wir nicht mehr die Gleichung

$$(\Delta S)_{p,T} = \frac{W_p}{T} \qquad (\S\,25{,}9)$$

verwenden, denn in ihr steckt, wie in § 25 gezeigt wurde, die Voraussetzung, daß bei der Umsetzung keine anderen Energieformen als Wärme und Arbeit auftreten. Da in unserem Falle auch elektrische Energie umgesetzt wird, müssen wir auf die für *alle* reversiblen Vorgänge gültige Differentialgleichung

$$ds = \frac{q_{\mathrm{rev}}}{T} \qquad (\S\,24,\,3)$$

zurückgreifen. Hieraus erhalten wir in Verbindung mit

$$q = du - a \qquad (\S\,12{,}1)$$

für reversible Vorgänge

$$ds = \frac{du - a_{\mathrm{rev}}}{T}. \qquad (1)$$

Nun verläuft eine elektrochemische Reaktion dann umkehrbar, wenn die Spannung von außen kompensiert wird, und bei einem unendlich kleinen Umsatz wird dem System die Arbeit

$$a_{\text{rev}} = -p dv + EF dn \tag{2}$$

zugeführt. Hierbei bedeutet das erste Glied auf der rechten Seite die schon bekannte Volumenarbeit und das zweite Glied gibt die Arbeit an, die dem System zugeführt wird, wenn dn Mole Elektronen, d. h. wenn die Elektrizitätsmenge dnF in die Lösung eintritt. Aus (1) und (2) erhält man

$$ds = \frac{du + p dv - EF dn}{T} \tag{3}$$

oder mit

$$du + p dv = dh - v dp \qquad (\S 17, 2)$$

$$ds = \frac{dh - v dp - EF dn}{T} \tag{4}$$

und für isobare Vorgänge ($dp = 0$)

$$(ds)_p = \frac{dh - EF dn}{T}. \tag{5}$$

Da auch Temperatur und Spannung bei dem Vorgang konstant bleiben, können wir Gl. (5) ohne weiteres integrieren und erhalten für die Entropieänderung bei Zuführung von $n = \Delta z$ Faraday

$$\Delta S = \frac{W_p - \Delta z F E}{T}. \tag{6}$$

Hiermit ergibt sich für den Temperaturkoeffizienten des Elektrodenpotentials aus (§ 68, 12)

$$\frac{\partial E}{\partial T} = \frac{1}{T}\left(E - \frac{W_p}{\Delta z F}\right), \tag{7}$$

wobei W_p den Wärmebedarf des Elektrodenvorgangs bedeutet. Zur praktischen Anwendung von (7) müssen wir den Temperaturkoeffizienten der *Spannung einer Kette* berechnen, denn nur diese Größe ist experimentell meßbar.

Als Beispiel wollen wir das Daniell-Element

$$\overset{1}{\text{Cu}} \mid \overset{2}{\text{Cu}^{++}} \mid \overset{3}{\text{KCl}} \mid \overset{4}{\text{Zn}^{++}} \mid \overset{5}{\text{Zn}} \qquad (\S 65, 3)$$

verwenden und erhalten aus (7) für die beiden Elektrodenpotentiale

$$\frac{\partial E_{12}}{\partial T} = \frac{1}{T}\left(E_{12} - \frac{W_{p\,(\text{Cu} = \text{Cu}^{++} + 2\,\ominus)}}{2F}\right) \tag{8}$$

$$\frac{\partial E_{54}}{\partial T} = \frac{1}{T}\left(E_{54} - \frac{W_{p\,(\text{Zn} = \text{Zn}^{++} + 2\,\ominus)}}{2F}\right). \tag{9}$$

Zieht man (9) von (8) ab, so erhält man

$$\frac{\partial E_{15}}{\partial T} = \frac{1}{T}\left(E_{15} + \frac{W_{p\,(\text{Zn} + \text{Cu}^{++} = \text{Cu} + \text{Zn}^{++})}}{2F}\right). \tag{10}$$

Hierbei ist die Spannung des DANIELL-Elements bei 15°C, $E_{15} = 1{,}0934$ V, und für den Wärmebedarf W_p findet man

$$W_{p(\mathrm{Zn} + \mathrm{Cu}^{++} = \mathrm{Cu} + \mathrm{Zn}^{++})} = -55200 \text{ cal} = -55200 \cdot 4{,}184 \text{ Voltcoulomb},$$

wenn man Zinkstaub mit einer Lösung von Kupfersulfat in einem Kalorimeter reagieren läßt. Mit diesen Zahlen erhält man aus (10)

$$\frac{\partial E_{15}}{\partial T} = \frac{1}{288}\left(1{,}0934 - \frac{55200 \cdot 4{,}184}{2 \cdot 96494}\right) = -0{,}36 \cdot 10^{-3} \frac{\text{Volt}}{\text{Grad}},$$

und in Übereinstimmung hiermit ergeben Spannungsmessungen bei verschiedenen Temperaturen direkt den Wert

$$\frac{\partial E_{15}}{\partial T} = -0{,}4 \cdot 10^{-3} \frac{\text{Volt}}{\text{Grad}}.$$

Um den physikalischen Sinn der Gleichung

$$\Delta S = \frac{W_p - \Delta z F E}{T} \tag{6}$$

deutlich zu erkennen, wollen wir eine *zweite* kalorimetrische Messung machen. Wir geben in das Kalorimeter nicht wie vorher einfach Zinkstaub und eine $CuSO_4$-Lösung, sondern das DANIELL-Element selbst. Die Spannung soll außerhalb des Kalorimeters nahezu kompensiert werden, so daß der stromliefernde Vorgang

$$\mathrm{Zn} + \mathrm{Cu}^{++} = \mathrm{Cu} + \mathrm{Zn}^{++}$$

nunmehr *umkehrbar* verläuft. Bei einem Formelumsatz erhalten wir in diesem Falle innerhalb des Kalorimeters den Wärmebedarf

$$(W_p)_{\mathrm{rev}} = -4800 \text{ cal}.$$

Die Reaktion verläuft also nur noch sehr schwach exotherm, und außerhalb des Kalorimeters wird die elektrische Energie

$$\Delta z F E = 2 \cdot 96494 \cdot 1{,}0934 \text{ Voltcoulomb} = 50400 \text{ cal}$$

umgesetzt. Hieraus erhält man für den gesamten Energieumsatz

$$(W_p)_{\mathrm{rev}} - \Delta z F E = -4800 - 50400 = -55200 \text{ cal},$$

den gleichen Wert wie im ersten Versuch.

Wir finden also

$$W_p - \Delta z F E = (W_p)_{\mathrm{rev}}$$

und sehen, daß der Zähler auf der rechten Seite von (6) weiter nichts darstellt als den Wärmebedarf des stromliefernden Vorganges bei reversibler Führung so wie es nach der ursprünglichen Differentialgleichung

$$ds = \frac{q_{\mathrm{rev}}}{T} \tag{§ 24, 3}$$

sein muß.

Daß die Spannung des DANIELL-Elements mit abnehmender Temperatur steigt, kann man auch ohne weiteres dem schon mehrfach erwähnten LE CHATELIER-BRAUNschen *Prinzip vom kleinsten Zwang* entnehmen, denn der stromliefernde Vorgang ist exotherm, wird also durch

Temperaturerniedrigung begünstigt. Es kommt auch bei Anwendung des Prinzips vom kleinsten Zwang immer auf den Wärmebedarf bei *reversibler* Führung, also auf die Entropieänderung an, denn die Anwendung dieses Prinzips auf den vorliegenden Fall ist ja weiter nichts als eine qualitative Fassung der Ausgangsgleichung dieses Paragraphen

$$\frac{\partial E}{\partial T} = -\frac{\Delta S}{\Delta z F}. \qquad (\S\ 65,10)$$

Es gibt eine Reihe von Umsetzungen, deren Wärmebedarf bei reversibler Führung sich von dem bei irreversibler Führung auch dem Vorzeichen nach unterscheidet. Ebenso gibt es Ketten, deren Spannung gerade im Bereich bequem zugänglicher Temperaturen durch Null geht, also das Vorzeichen wechselt.

6. Grenzflächengleichgewichte.

Vorbemerkung. Bisher wurde stillschweigend vorausgesetzt, daß der Zustand einer homogenen Phase an allen Stellen der Phase der gleiche ist. Das trifft nur zu, solange man nicht die Verhältnisse in der unmittelbaren Nähe der Phasengrenzfläche in Betracht zieht. Unter normalen Umständen kann man hiervon absehen, denn der von Grenzflächenerscheinungen unbeeinflußte Innenraum der Phase ist im Verhältnis zu den Grenzbezirken so groß, daß etwaige Unterschiede zwischen beiden nicht ins Gewicht fallen. Das trifft auch für die im vorigen Abschnitt besprochenen Elektrodenpotentiale zu. Wenn es sich hierbei auch um Grenzflächengleichgewichte handelt, so sind für die Spannung der Kette doch nur die Potentialunterschiede zwischen dem *Inneren* der einzelnen Phasen maßgebend. Liegt eine Phase hingegen in feinzerteilter Form vor (Schaum, Nebel, Emulsionen u. dgl.) oder grenzt sie an einen festen Körper mit zerklüfteter Oberfläche (z. B. Holzkohle oder Blutkohle), kurzum hat sie eine *entwickelte Grenzfläche,* so gewinnt der Zustand in *unmittelbarer Nähe der Grenzfläche* entscheidende Bedeutung.

§ 72. Die Oberflächenspannung. *Die flüssige Phase verdankt ihre Existenz den zwischenmolekularen Anziehungskräften;* diese führen dazu, daß die Flüssigkeit eine möglichst kleine Oberfläche einzunehmen bestrebt ist. Wie die schematische Abb. 66 andeutet, heben sich im Inneren die intermolekularen Kräfte gegenseitig auf, an der Oberfläche dagegen führen sie zu einem tangentialen Zug, weil die Grenzflächenmoleküle nur einseitig Nachbarn haben, wenn man von den wenigen Molekülen der benachbarten Dampfphase absieht. Der tangentiale Zug muß bei *Vergrößerung der Oberfläche* überwunden werden; er ist die Ursache der *Oberflächenspannung.*

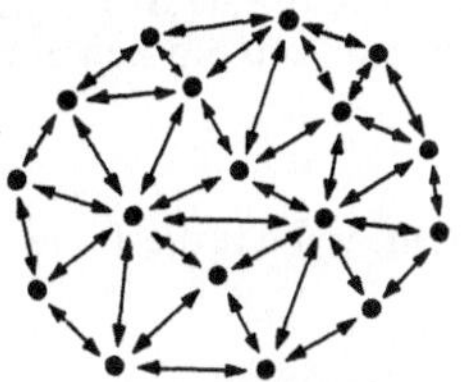

Abb. 66. Intermolekulare Anziehungskräfte in einer Flüssigkeit führen zur Oberflächenspannung (schematische Darstellung).

In der schematischen Versuchsanordnung der Abb. 67 ist zwischen dem Rahmen R und dem beweglichen Bügel B eine Flüssigkeitslamelle (Seifenblase) ausgespannt. Das Gewicht G ist so austariert, daß der Rahmen in der Schwebe gehalten wird. Die nach oben ziehende Oberflächenspannung der Lamelle und das nach unten ziehende Gewicht kompensieren sich, das System befindet sich im *Gleichgewicht*. Vergrößert man das Gewicht um einen beliebig kleinen Betrag, so *sinkt* der Bügel *dauernd* nach unten; verkleinert man es, so *steigt* er solange, bis er an den oberen Rand des Rahmens stößt. Es ist also *nicht* wie bei der *Federwaage*, daß jedem Gewicht eine bestimmte Gleichgewichtslage des Bügels entspricht. Die Spannung einer Feder ist eine Funktion ihrer Dehnung, die Oberflächenspannung dagegen ist, wie der Versuch zeigt, von der Größe der Oberfläche *unabhängig*, ebenso wie z. B. der Dampfdruck vom Volumen unabhängig ist. Wenn man die Oberfläche f bei konstantem Druck und Temperatur um ∂f vergrößert, so ist die Zunahme des thermodynamischen Potentials der Flüssigkeit (∂g) gleich der Arbeit, die gegen die Oberflächenspannung σ geleistet werden muß:

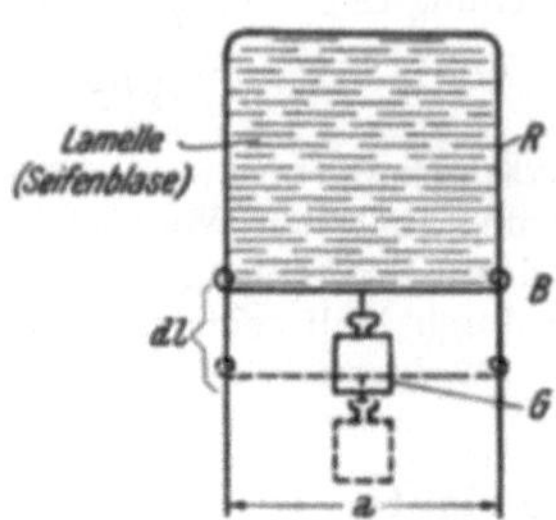

Abb. 67. Zur Messung der Oberflächenspannung.

$$(dg)_{p,T} = \sigma df. \tag{1}$$

Zu der allgemeinen Potentialgleichung eines Einstoffsystems

$$dg = vdp - sdT \qquad (\S\, 27,\, 3)$$

kommt also bei Einbeziehung von Oberflächeneffekten das Glied σdf hinzu, sodaß man erhält

$$\boxed{dg = vdp - sdT + \sigma df.} \tag{2}$$

Im Versuch der Abb. 67 ist

$$(dg)_{p,T} = Kdl, \tag{3}$$

wenn K die Kraft ist, mit der das Gewicht nach unten zieht und dl die Strecke, um die sich der Bügel verschiebt. Nach Gl. (1) und (3) ist

$$\sigma = K \cdot \frac{dl}{df} = \frac{K}{a}, \tag{4}$$

denn, wenn a die Länge des Bügels ist, so ist

$$df = adl. \tag{5}$$

Die Oberflächenspannung hat nach Gl. (4) die Dimension einer Kraft durch Länge, man mißt sie in dyn/cm; zahlenmäßig ist sie gleich der Arbeit (in erg), die bei Vergrößerung der Oberfläche um 1 cm^2 geleistet werden muß.

In Tab. 17 ist die Oberflächenspannung einiger Flüssigkeiten angegeben. Für die meisten organischen Flüssigkeiten beträgt sie bei Zimmertemperatur 20—30 dyn/cm, bei den anorganischen Flüssigkeiten BCl_3 und $SiCl_4$ nur 17—20 dyn/cm. Die Oberflächenspannung des Wassers hat mit 72,75 dyn/cm bei 20° C fast den dreifachen Wert wie die organischen Flüssigkeiten. Extrem hoch ist die Oberflächenspannung des Quecksilbers mit 436 dyn/cm bei 15°.

Tab. 17. Oberflächenspannung einiger Flüssigkeiten in dyn/cm

	°C	σ
Hg	15	436,3
BCl_3	20	16,70
$SiCl_4$	20	19,71
u-Buttersäure	18,4	27,1
	26,5	26,2
Capronsäure	25,7	27,0
Laurinsäure ($C_{12}H_{24}O_2$) .	45	28,5
Propionsäure	20,9	26,4
H_2O	20	72,75
D_2O	20	67,8
Azetonitril	20°	29,10
Ameisensäure	20°	37,58
Cyclohexan	20°	26,54
Essigsäure.	20°	27,79

Mit der *Temperatur* nimmt die Oberflächenspannung ab, wie Abb. 68 an einigen Beispielen zeigt, um beim kritischen Punkt (wie die Verdampfungswärme) gleich Null zu werden, denn im kritischen Zustand sind die beiden Nachbarphasen Flüssigkeit und Dampf identisch. Die Kurven verlaufen in erster Näherung geradlinig.

Der Temperaturkoeffizient $\frac{\partial\sigma}{\partial T}$ ist erfahrungsgemäß in erster Näherung nur vom Molvolumen V der Flüssigkeit abhängig, und zwar findet man für die meisten Flüssigkeiten

$$\frac{\partial\sigma}{\partial T} \simeq -\frac{2,12}{V^{2/3}} \qquad (6)$$

(*Eötvössche Regel*).

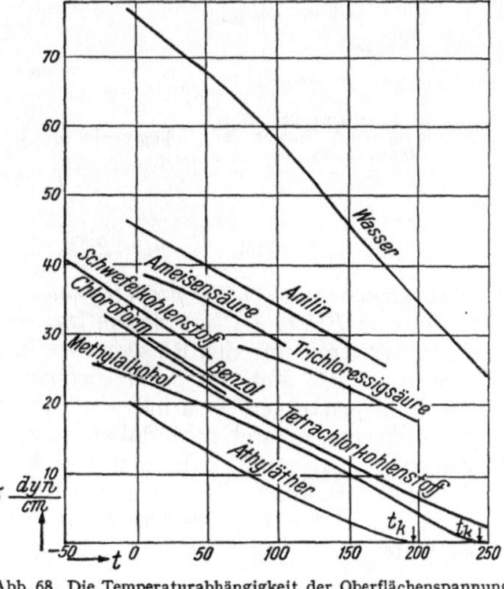

Abb. 68. Die Temperaturabhängigkeit der Oberflächenspannung einiger Flüssigkeiten, entnommen aus EUCKEN, Grundriß der phys. Chem.

§ 73. Meßmethoden.

Zur praktischen Messung der Oberflächenspannung kommen hauptsächlich drei Methoden in Frage.

1. Die Bügelabreißmethode. Sie schließt unmittelbar an die vorstehenden Überlegungen an. Man bestimmt die Kraft, die erforderlich ist, um die Lamelle (Abb. 67) zu zerreißen. Praktisch taucht man einen Drahtbügel bestimmter Länge in die Flüssigkeit und bestimmt mit

einer empfindlichen Waage (meist Torsionswaage) die Kraft, die notwendig ist, um den Bügel von der Oberfläche abzuheben.

2. Die Messung des maximalen Blasendrucks (Abb. 69). Man taucht ein fein ausgezogenes Rohr in die Flüssigkeit und erzeugt durch Einblasen eines indifferenten Gases eine Blase. Im Gleichgewichtszustand wird bei Erhöhung des Druckes um dp die Blase und damit die Grenzfläche zwischen Flüssigkeit und Gas um df vergrößert und umgekehrt. Die Gleichgewichtsbedingung lautet für konstante Temperatur nach (§ 74, 2)

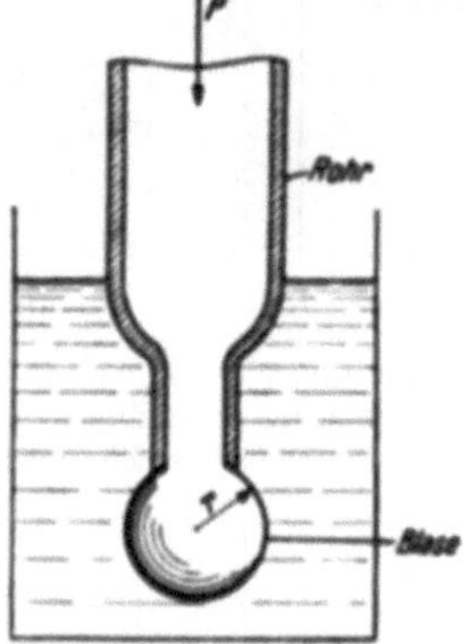

Abb. 69. Zur Ermittlung der Oberflächenspannung durch Messung des Blasendrucks.

$$(dg)_T = v dp + \sigma df = 0\,, \tag{1}$$

und bei Erfüllung des Boyle-Mariotteschen Gesetzes

$$v dp = -p dv \qquad (§ 2, 4)$$

wird

$$p dv = \sigma df\,. \tag{2}$$

Nun hat die Blase nahezu die Form einer Kugel mit dem Radius r.

Es ist also

$$v = \frac{4\pi}{3} r^3 \tag{3}$$

$$dv = 4 r^2 \pi dr = f dr \tag{4}$$

$$df = 8 r\pi dr\,. \tag{5}$$

Hiermit wird aus Gl. (2)

$$p \cdot 4 r^2 \pi dr = \sigma \cdot 8 r\pi dr$$

oder

$$\sigma = p \cdot \frac{r}{2}\,. \tag{6}$$

Die Oberflächenspannung ist proportional dem Druck, den man anwenden muß, um eine Blase von bestimmtem Radius zu erzeugen. Man hat den Druck in dyn · cm^{-2} und den Blasenradius in cm zu messen. Für *Absolutmessungen* ist die Methode *nicht geeignet,* weil es schwierig ist, den Blasenradius genau genug zu messen. Man benutzt sie deshalb nur für *Vergleichsmessungen* und geht dabei so vor, daß man den *maximalen* Blasendruck $p_{\max}$ mißt, d. h. den Druck, bei dem die Blase gerade *abreißt;* das tritt immer bei der gleichen Blasengröße ein, die ihrerseits nur von der Weite der Rohrspitze abhängt. Für zwei verschiedene Flüssigkeiten ist daher

$$\sigma_1/\sigma_2 = \frac{(p_{\max})_1}{(p_{\max})_2}\,. \tag{7}$$

Die Oberflächenspannungen verhalten sich wie die maximalen Blasendrucke, und man kann die Apparatur empirisch eichen.

3. Die Messung der Steighöhe in Kapillaren (Abb. 70). Taucht man eine Kapillare in die Flüssigkeit, so steigt der Meniskus in der Ka-

pillare um die Höhe h über das Außenniveau, wenn die Flüssigkeit das Glas benetzt. Bei *vollständiger* Benetzung hat der Meniskus die in der Abbildung gezeichnete Form, d. h. die Rohrwand ist die Tangente an die gekrümmte Oberfläche. Bei unvollständiger Benetzung schneiden sich beide Flächen unter einem endlichen Winkel, dem *Randwinkel.* Dieser Fall wird im folgenden ausgeschlossen, der *Randwinkel soll gleich Null sein.* Bei vollständiger Benetzung kann man den Versuch so auffassen, als ob die Flüssigkeitssäule längs des punktiert gezeichneten Ringes fest an der Rohrwand haftet. Der Ring übernimmt gewissermaßen die Aufgabe des Bügels in Abb. 67. Nun ist

$$\sigma = \frac{K}{a}\,. \qquad (\S\,72,4)$$

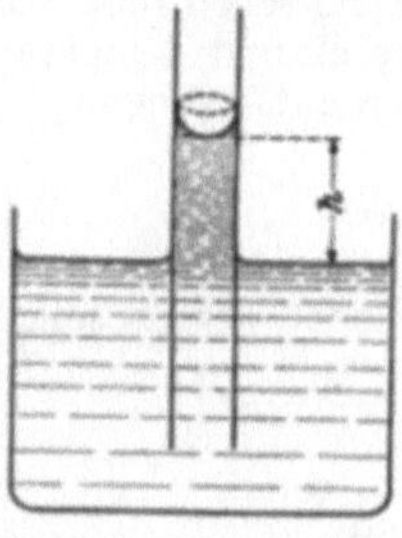

Hierbei ist K, die Kraft, mit der die Flüssigkeit durch ihr Gewicht nach unten zieht, gegeben durch

$$K = g \cdot m = 981 \cdot r^2\pi \cdot h \cdot \varrho\,(\mathrm{dyn})\,. \qquad (8)$$

g ist die Gravitationskonstante

$$g = 981\,\frac{\mathrm{dyn}}{\mathrm{gramm}} \qquad (9)$$

Abb. 70. Zur Messung der Oberflächenspannung durch Messung der Steighöhe in Kapillaren.

und m, die Masse der Flüssigkeit,

$$m = v \cdot \varrho \qquad (10)$$

ist gleich Volumen v mal Dichte ϱ; das Volumen ist gleich Querschnitt $r^2\pi$ mal Steighöhe h, wenn r der Radius der Kapillare ist. Die Länge a des punktierten Ringes ist

$$a = 2\,r\pi\,, \qquad (11)$$

und damit erhält man

$$\sigma = \frac{981\,r^2\,\pi h \varrho}{2r\pi}$$

oder

$$\sigma = \frac{981}{2} \cdot r \cdot \varrho \cdot h \left(\frac{\mathrm{dyn}}{\mathrm{cm}}\right). \qquad (12)$$

Die Methode ermöglicht eine *Absolutbestimmung* der Oberflächenspannung, zumal zylindrische Kapillaren mit genügend genau bekanntem Radius im Handel erhältlich sind.

§ 74. Die Oberflächenspannung von Lösungen. Der Gibbssche Satz.

Die allgemeine Gleichgewichtsbedingung für Mischphasen

$$dG_i = V_i dp - S_i dT + RTd\ln a_i = 0 \qquad (\S\,32,2)$$

ist bei Berücksichtigung von Grenzflächenveränderungen df entsprechend (§ 72, 2) zu

$$dG_i = V_i dp - S_i dT + RTd\ln a_i + \Sigma_i df = 0 \qquad (1)$$

zu ergänzen. Hierbei bedeutet

$$\Sigma_i \equiv \left(\frac{\partial \sigma}{\partial n_i}\right) \tag{2}$$

die Zunahme der Oberflächenspannung der Lösung bei Zufügung eines Moles der Komponente i. Man bezeichnet sie in Analogie zum partiellen Molvolumen V_i usw. als *partielle molare Oberflächenspannung* der Komponente i. Den negativen Wert $-\Sigma_i$ nennt man auch die *Kapillaraktivität* des Stoffes i. Bei konstanter Grenzfläche ($df = 0$) geht Gl. (1) in die schon immer benutzte Beziehung (§ 32, 2) über; bei konstantem Druck und Temperatur ($dp = dT = 0$) dagegen ergibt sich die Gleichgewichtsbedingung

$$\frac{\partial \ln a_i}{\partial f} = -\frac{\Sigma_i}{RT}, \tag{3}$$

die im folgenden auf den gelösten Stoff in verdünnter Lösung angewendet werden soll.

Mit

$$\partial \ln a_i = \partial \ln a_2 \simeq \partial \ln c = \frac{\partial c}{c} \tag{4}$$

und

$$\Sigma_i = \Sigma_2 = \frac{\partial \sigma}{\partial n_2} \tag{5}$$

erhält man aus Gl. (3) den Gibbsschen Satz

$$\frac{\partial n_2}{\partial f} = -\frac{c}{RT} \cdot \frac{\partial \sigma}{\partial c} \tag{6}$$

über den *Zusammenhang* zwischen $\frac{\partial \sigma}{\partial c}$, der *Zunahme der Grenzflächenspannung* mit der Volumenkonzentration, und $\frac{\partial n_2}{\partial f}$, der *Grenzflächenkonzentration* des gelösten Stoffes. Unter Grenzflächenkonzentration versteht man die Zahl der Mole des gelösten Stoffes, die durch die Wirkung der Grenzflächenkräfte auf einen Quadratzentimeter der Grenzfläche befördert werden. Wir bezeichnen sie mit $\mathfrak{c}$, setzen also

$$\frac{\partial n_2}{\partial f} \equiv \mathfrak{c} \tag{7}$$

und schreiben den *Gibbsschen Satz* in der Form

$$\mathfrak{c} = -\frac{c}{RT} \cdot \frac{\partial \sigma}{\partial c}. \tag{8}$$

Wenn die *Grenzflächenspannung* mit der Konzentration *abnimmt*, so ist die Grenzflächen*konzentration positiv;* der gelöste Stoff wird an der Grenzfläche *angereichert.* Nimmt die Grenzflächenspannung dagegen mit der Konzentration *zu*, so ist die Grenzflächenkonzentration *negativ;* die Grenzfläche verarmt in bezug auf den gelösten Stoff, er reichert sich im *Inneren* der Lösung an. Qualitativ ist der durch den Gibbsschen Satz gegebene Zusammenhang ohne weiteres einzusehen. Wenn die Oberflächenspannung einer Lösung mit der Konzentration abnimmt, so heißt das im Sinne der Abb. 66, daß die Anziehungskräfte zwischen den gelösten Molekülen und denen des Lösungsmittels *kleiner* sind als zwischen den Molekülen des Lösungsmittels unter sich. Ein solcher Stoff wird daher aus der Lösung *herausgedrängt* und *reichert sich an der Oberfläche an.* Stoffe, welche die Oberflächenspannung stark erniedrigen, nennt man *kapillaraktiv.* Umgekehrt werden die gelösten Moleküle in das Innere der Lösung gezogen, wenn die Anziehungskräfte zwischen ihnen und dem Lösungsmittel größer sind als zwischen den Molekülen des Lösungsmittels unter sich.

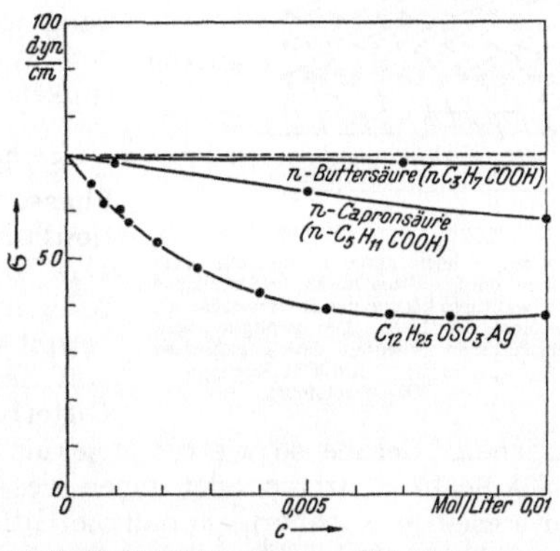

Abb. 71. Oberflächenspannung wäßriger Lösungen kapillaraktiver Stoffe bei 40° C in Abhängigkeit von der Konzentration. (Die Beschriftung der unteren Kurve muß lauten: $C_{12}H_{25}SO_3Ag$.)

In Abb. 71 ist die Oberflächenspannung für wäßrige Lösungen einiger kapillaraktiver Stoffe gegen deren Konzentration aufgetragen. Es sind alles Substanzen mit mehr oder weniger langen *Paraffinketten* im Molekül. Reine Kohlenwasserstoffe sind in Wasser praktisch unlöslich: die zwischen ihnen und den Wassermolekülen wirksamen Anziehungskräfte sind äußerst gering, die Stoffe sind *hydrophob.* Stoffe, die verhältnismäßig große Anziehungskräfte auf Wassermoleküle ausüben, nennt man dagegen *hydrophil.* Um längere Paraffinketten überhaupt in wäßrige Lösung zu bringen, muß man Moleküle wählen, die wenigstens an einem Ende eine *hydrophile Gruppe,* wie z. B. die Sulfogruppe des $C_{12}H_{25}SO_3^-$-Ions besitzen. Bei kürzeren Paraffinen tut es auch schon die Carboxylgruppe wie beim Capronat $C_5H_{11}COO^-$ oder Butyrat $C_3H_7COO^-$.

Derartige Ionen *erniedrigen die Oberflächenspannung* ihrer wäßrigen Lösungen *um so stärker,* d. h. sie sind um so *kapillaraktiver,* je *länger die Paraffinkette* ist, und zwar verhalten sich die partiellen molaren Oberflächenspannungen zweier aufeinander folgender Glieder einer homologen Reihe annähernd wie 1 : 3,4 (*Traubesche Regel*).

Das Silberdodecylsulfonat $C_{12}H_{25}SO_3Ag$ erniedrigt die Oberflächenspannung schon einer 0,006 normalen wäßrigen Lösung bei 40° von 72 auf 38 dyn/cm, das ist auf 47%. Höhere Konzentrationen bewirken dann fast keine weitere Erniedrigung mehr und der Endwert von 37 dyn/cm entspricht annähernd der Oberflächenspannung der gelösten Substanz in *reinem Zustand.*

Die Grenzflächenkonzentration und mit ihr die Erniedrigung der Oberflächenspannung streben einem *Grenzwert* zu, der offenbar dadurch charakterisiert ist, daß *alle verfügbaren Plätze* der Grenzfläche mit Molekülen des gelösten Stoffes besetzt sind. Abb. 72 zeigt das schematisch am Beispiel des Dodecysulfonats. Die hydrophoben Paraffinketten sind alle der Lösung abgekehrt und Ionen haften nur mit den hydrophilen Gruppen in der Lösung. Die Grenzfläche ist vollbesetzt, und eine weitere Steigerung der Volumkonzentration kann keine Zustandsänderungen in der Grenzschicht mehr zur Folge haben. Der Absolutwert der Oberflächenspannung ist in diesem Zustand etwa auf den Wert des reinen Paraffins gesunken.

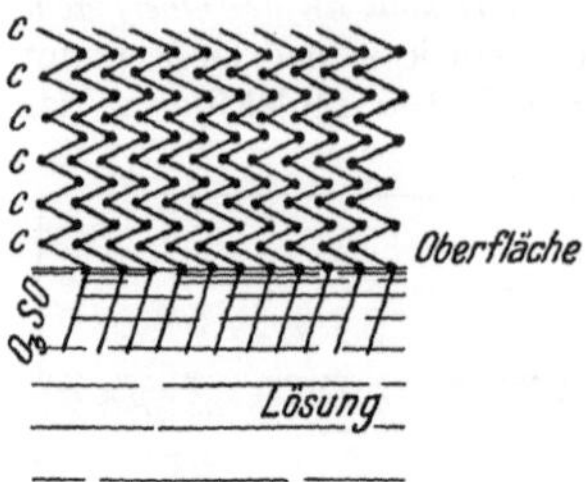

Abb. 72. Schematische Darstellung eines senkrechten Schnittes durch die Oberfläche einer wäßrigen Lösung von Dodecylsulfonat, $c > 0{,}006$ Mol/Liter. Die zwölfgliedrigen Zickzacklinien bedeuten den Paraffinrest $C_{12}H_{25}-$, an den sich die Sulfogruppe $-SO_3-$ anschließt.

§ 75. Die Grenzfläche Gas — feste Phase. Die Langmuirsche Adsorptionsisotherme. An der Grenzfläche Gas — feste Phase tritt eine Anreicherung der Gasmoleküle ein. Sie beruht auf den Anziehungskräften, die von den ungesättigten Valenzen der Gitterbausteine an der Phasengrenze ausgehen. Gerade so wie die Moleküle in einer Flüssigkeit haben die Moleküle bzw. Atome oder Ionen des Kristalls an der Phasengrenze nur einseitige Nachbarn, so daß die Gitterkräfte hier nur *unvollkommen abgesättigt sind.* Sie üben daher Anziehungskräfte auf die Moleküle der Gasphase aus, die dazu führen, daß das Gas an der Grenzfläche *adsorbiert* wird. Die Adsorptionsschicht ist mit dem Gas im flüssigen Zustand zu vergleichen und kann eine oder auch mehrere Molekülschichten dick sein. Der Vorgang ist oft mit erheblichen Änderungen der inneren Struktur des adsorbierten Moleküls verbunden. Bei der Adsorption von Wasserstoff an Platin oder Palladium wird das H_2-Molekül in die Atome aufgespalten. In Abb. 73 ist als besonders übersichtliches Beispiel die Adsorption von CO_2 an einer glatten und daher ausmeßbaren Glimmerfläche bei sehr kleinen Drucken bis zu 0,1 Torr bei —118° C wiedergegeben. Man sieht, daß hier die adsorbierte Menge einem *Sättigungswert* zustrebt, der offenbar dann erreicht ist, wenn alle verfügbaren Plätze auf der Glimmeroberfläche besetzt sind. Der Verlauf der Kurve wird durch die LANGMUIRsche *Adsorptionsisotherme* wiedergegeben, eine Gleichung, zu der man auf folgendem Wege kommt:

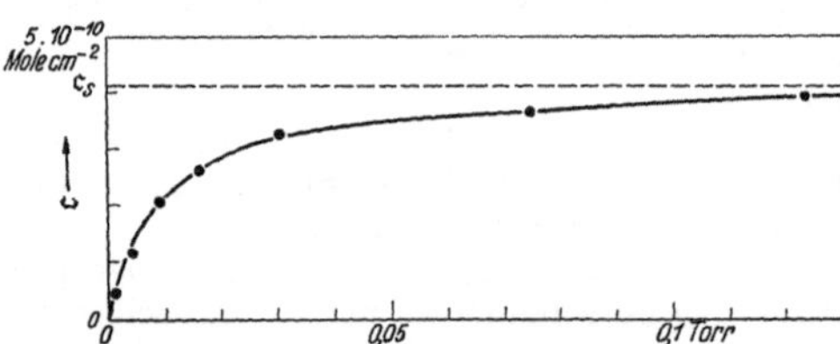

Abb. 73. Adsorption von Kohlensäure an Glimmer bei $T = 155°$ K. Messungen von LANGMUIR. Kurve berechnet nach (Gl. 5) mit $c = 4{,}15$ 10^{-10} Mol. cm^{-2} und $k = 0{,}00882$ Torr.

Wir gehen davon aus, daß an der Kristalloberfläche nur eine begrenzte Zahl von Plätzen zur Adsorption je eines Gasmoleküls zur Verfügung steht. Bezeichnen wir den besetzten Teil der Oberfläche mit Θ, so ist $1 - \Theta$ der unbesetzte Teil. Bezeichnen wir ferner die Zahl der pro cm² adsorbierten Moleküle, d. h. die *Grenzflächenkonzentration* mit $\mathfrak{c}$, so wird ihr Grenzwert $\mathfrak{c}_s$ bei unendlich hohem Druck dann erreicht, wenn alle Plätze besetzt sind, d. h. wenn $\Theta = 1$ ist, und allgemein ist

$$\Theta = \frac{\mathfrak{c}}{\mathfrak{c}_s}. \qquad (1)$$

Es wird nun in jedem Augenblick eine gewisse Zahl von adsorbierten Molekülen wieder verdampfen, und dafür werden neue Moleküle, die aus dem Gasraum kommen, an den freien Plätzen adsorbiert werden. Das Adsorptions*gleichgewicht* hat sich dann eingestellt, wenn sich der Zustand des Systems im ganzen gesehen nicht mehr ändert, d. h. wenn die Adsorptionsgeschwindigkeit w_+ gleich der Verdampfungsgeschwindigkeit w_- geworden ist. Nun ist die Verdampfungsgeschwindigkeit offenbar proportional der Zahl der besetzten Plätze

$$w_- = k_1 \, \Theta \qquad (2)$$

und die Adsorptionsgeschwindigkeit ist proportional der Zahl der unbesetzten Plätze und dem Gasdruck p

$$w_+ = k_2 (1 - \Theta) \cdot p \,. \qquad (3)$$

Im Gleichgewicht ist $w_+ = w_-$, d. h.

$$k_1 \Theta = k_2 (1 - \Theta) \, p$$

oder

$$\Theta = \frac{p}{k + p}, \qquad (4)$$

wenn wir $k_1/k_2 = k$ setzen. Aus Gl. (1) und (4) folgt

$$\mathfrak{c} = \frac{\mathfrak{c}_s \, p}{k + p}, \qquad (5)$$

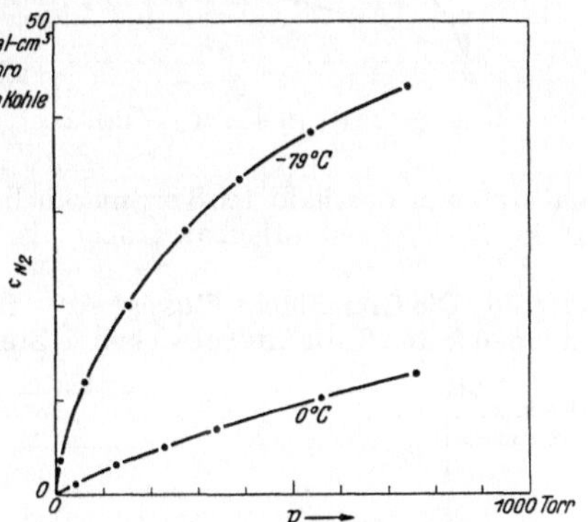

Abb. 74. Adsorption von Stickstoff an Holzkohle.

die LANGMUIRsche *Adsorptionsisotherme*, welche die Oberflächenkonzentration $\mathfrak{c}$ bei einer bestimmten Temperatur in Abhängigkeit vom Druck wiedergibt. Die Kurve der Abb. 73 ist nach Gl. (5) berechnet und gibt, wie man sieht, die Messungen sehr gut wieder. Für $\mathfrak{c}_s$ wurde der Wert $4{,}15 \cdot 10^{-10}$ Mol/cm² eingesetzt. Wie man aus den anderweit bekannten Dimensionen des CO_2-Moleküls abschätzen kann, entspricht dieser Wert einer monomolekularen Schicht dicht gepackter CO_2-Moleküle.

In Abb. 74 und 75 ist die Adsorption von Stickstoff und CO_2 an *Aktivkohle* dargestellt. Aktivkohle gewinnt man durch Verkohlung organischer Substanzen (Holz, Blut u. dgl.); sie ist demgemäß stark zerklüftet, hat also eine gut entwickelte Oberfläche. Allerdings läßt sich die Oberfläche nicht ausmessen. Der Absolutwert der Grenzflächenkonzentration in Mol/cm² kann daher nicht angegeben werden, man muß sich auf ein *empirisches Maß* beschränken. In den Abb. 74 und 75 sind die cm^3 Gas angegeben, die von 1 Gramm Kohle adsorbiert werden. Bei gleicher Oberflächenentwicklung ist die Oberfläche proportional dem Gewicht der Kohle, aber der Proportionalitätsfaktor ist bei den einzelnen Präparaten verschieden. Demgemäß bleibt auch unbestimmt, wie viel Gas je cm^2 adsorbiert wird. Bei höheren Drucken dürften die engsten Hohlräume von dem adsorbierten Gas wie von einer Flüssigkeit angefüllt sein (*Kapillarkondensation*). Trotzdem gibt die LANGMUIRsche Gleichung die Messungen recht gut wieder. Die punktierte Kurve in Abb. 75 ist nach Gl. (5) mit $k = 145$ Torr und $c_s = 76$ cm^3 CO_2/Gramm Kohle berechnet. Die Abweichungen von der ausgezogenen Meßkurve werden in dem gewählten Maßstab erst oberhalb 100 Torr merklich. Die Sättigungskonzentration ist in Wirklichkeit offenbar größer als 76 cm^3 CO_2/Gramm Kohle.

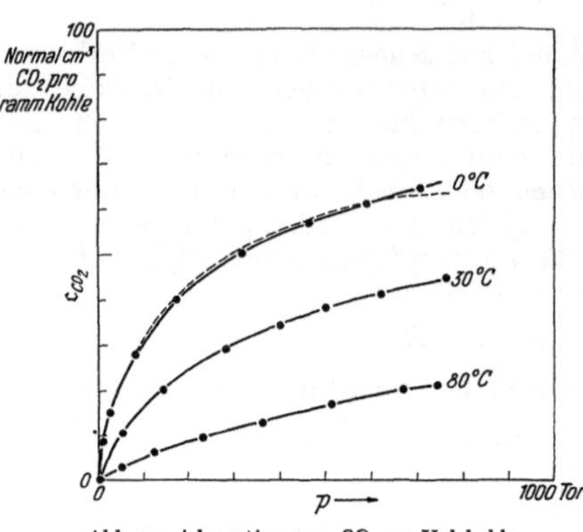

Abb. 75. Adsorption von CO_2 an Holzkohle.

§ 76. **Die Grenzfläche Flüssigkeit — feste Phase.** Grenzt eine *Lösung* an einen festen Stoff mit entwickelter Grenzfläche, z. B. Aktivkohle, Silikagel u. ä., so überlagern sich verschiedene Effekte. Der gelöste Stoff kann kapillaraktiv oder kapillarinaktiv sein, und außerdem kann entweder der gelöste Stoff oder das Lösungsmittel von der festen Phase bevorzugt adsorbiert werden. Die Verhältnisse hängen von der chemischen Konstitution der einzelnen Stoffe ab. Organische Stoffe in wäßriger Lösung werden im allgemeinen an der Grenzfläche adsorbiert, und zwar um so stärker, je größer ihr Molekulargewicht ist.

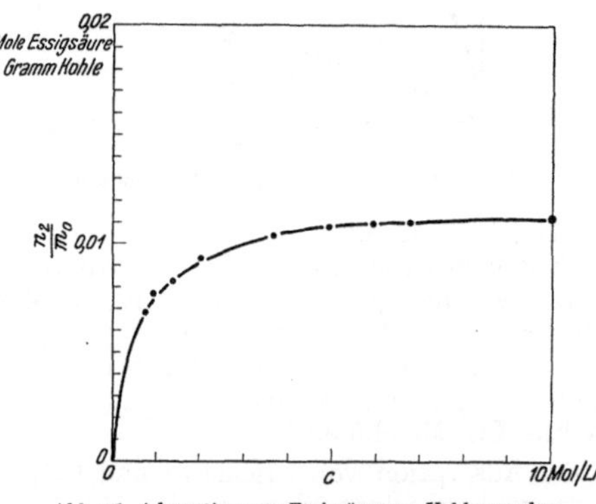

Abb. 76. Adsorption von Essigsäure an Kohle aus der wäßrigen Lösung.

Auch in diesem Fall läßt sich das Adsorptionsgleichgewicht meist recht gut durch die LANGMUIRsche *Adsorptionsisotherme* darstellen. Als

Maß für die Flächenkonzentration wählt man meist den Ausdruck $\frac{n_2}{m_0}$, d. h. die Zahl n_2 der adsorbierten Mole des gelösten Stoffes dividiert durch m_0, die Masse des Adsorbens in Gramm. In Abb. 76 ist die Adsorption von Essigsäure aus wäßriger Lösung an Kohle dargestellt. Die Kurve zeigt den gleichen Verlauf wie die früheren.

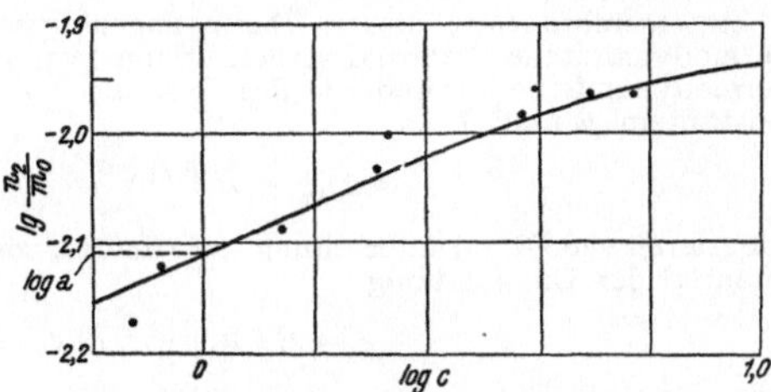

Abb. 77. Adsorption von Essigsäure an Kohle aus der wäßrigen Lösung, die gleichen Messungen wie in Abb. 76.

Bleibt man unterhalb der Sättigungskonzentration der Grenzfläche, so ist es für Interpolationszwecke oft bequemer, sowohl die Volum- wie die Grenzflächenkonzentration in *logarithmischem Maßstabe* aufzutragen. Das ist in Abb. 77 an den gleichen Messungen durchgeführt. Die Messungen sind verhältnismäßig ungenau; trotzdem erkennt man, daß sie sich unterhalb der Sättigungskonzentration durch eine Gerade darstellen lassen. Man erhält daher als Interpolationsformel die Gleichung

$$\log \frac{n_2}{m_0} = \log a + \frac{1}{n} \log c\,. \tag{1}$$

Hierbei ist $\log a$ die Ordinate für $c = 1$ und n der reziproke Wert des Neigungswinkels. Die Gl. (1) ist die *Freundlichsche Adsorptionsisotherme.* Man schreibt sie gewöhnlich in der Form

$$\frac{n_2}{m_0} = a c^{\frac{1}{n}}\,. \tag{2}$$

7. Der Nernstsche Wärmesatz.

§ 77. **Der Absolutwert der Entropie und das thermodynamische Normalpotential.** Wie wir in den vorangegangenen Abschnitten gesehen haben, läßt sich jedes thermodynamische Gleichgewicht für gegebenen Druck und gegebene Temperatur durch die *Gleichgewichtskonstante* beschreiben. Ob es sich dabei um ein chemisches oder ein anderes thermodynamisches Gleichgewicht (Dampfdruck, Löslichkeit usw.) handelt, ist gleichgültig, denn formal kann jede thermodynamische Umwandlung als „chemische Reaktion" behandelt werden. (Bei der Verdampfung wäre z. B. die Flüssigkeit als Ausgangsstoff und der Dampf als Endstoff, bei der Löslichkeit der zu lösende Stoff als Ausgangs- und der gelöste Stoff als Endstoff anzusehen usw.) Die Gleichgewichtskonstante hat also grundlegende Bedeutung für die gesamte Thermodynamik.

Die Differentialgleichungen des zweiten Hauptsatzes haben zu einer eindeutigen *Definition* der Gleichgewichtskonstanten sowie zu Aussagen über ihre Druck- und Temperaturabhängigkeit geführt; die Konstanten selbst aber mußten direkt gemessen, d. h. empirisch ermittelt werden. Jetzt wollen wir zeigen, daß die Konstanten aus rein kalorimetrischen Messungen, also ohne Bestimmung von Gleichgewichten *vorausberechnet* werden können, und zwar auf Grund des *Nernstschen Wärmesatzes.* Wegen seiner großen theoretischen und praktischen Bedeutung wird der Nernstsche Wärmesatz auch als *dritter Hauptsatz* der Thermodynamik bezeichnet. Er schlägt die Brücke zwischen den beiden ersten Hauptsätzen: Der *erste* beschäftigt sich mit *Energieumsätzen*, der *zweite* mit *Gleichgewichten;* der *dritte* lehrt die Berechnung von *Gleichgewichten aus Energieumsätzen* und bildet damit den *Abschluß der klassischen Thermodynamik.*

Zur Durchführung dieser Überlegungen gehen wir zunächst auf das thermodynamische Potential zurück. Nach § 53, 9 beträgt die Änderung des thermodynamischen Potentials des Systems bei einer Umwandlung unter konstantem p und T

$$(dg)_{p,T} = RTd\ln\frac{a'\ldots}{a\ldots}. \tag{1}$$

Integrieren wie Gl. (1) unbestimmt, so erhalten wir den Absolutwert für das Potential der Umwandlung

$$g = RT\ln\frac{a'\ldots}{a\ldots} + g_0. \tag{2}$$

Die zunächst unbestimmte Integrationskonstante g_0 legen wir dadurch fest, daß wir das *Potential im Gleichgewichtszustand* (von dem wir thermodynamisch nur wissen, daß es ein Minimum ist) *willkürlich gleich Null setzen.* Im Gleichgewichtszustand ist also

$$g = 0; \tag{3}$$

und außerdem ist

$$\frac{a'\ldots}{a\ldots} = K. \tag{§ 53, 11}$$

Hiermit erhalten wir aus Gl. (2)

$$g_0 = -RT\ln K \tag{4}$$

und bezeichnen die Größe g_0 als das *thermodynamische Normalpotential der Umwandlung.* Das Normalpotential ist also allein bestimmt durch die Gleichgewichtskonstante und ist nach Gl. (2) gleich dem Potential eines Systems, in dem der Ausdruck $\frac{a'\ldots}{a\ldots}$ $\left(\text{oder in verdünnten Lösungen } \frac{c'\ldots}{c\ldots}\right)$ gleich 1 ist (vgl. § 69).

Das Normalpotential g_0 der Umwandlung zerlegen wir ebenso wie g in die stöchiometrische Summe der molaren thermodynamischen Normalpotentiale G_{0i} der einzelnen Stoffe:

$$g_0 = \sum_E G_{0i} - \sum_A G_{0i} \tag{5}$$

oder kürzer

$$g_0 = \sum G_{0i}, \tag{5a}$$

wenn wir das Zeichen Σ im folgenden stets für die stöchiometrische Summe im Sinne von Gl. (5) setzen.

Aus Messungen der Gleichgewichtskonstanten K erhalten wir also mit Gl. (4) und (5) die *stöchiometrische Summe* der Normalpotentiale der einzelnen Stoffe, *nicht aber ihre Absolutwerte.* Gelingt es andererseits die Absolutwerte im voraus zu berechnen, so kann man umgekehrt durch Zusammensetzen der Einzelwerte über Gl. (4) und (5) zu den Gleichgewichtskonstanten kommen, und *dies ist das Ziel der folgenden Überlegungen.*

Zur Berechnung der Normalpotentiale gehen wir von der Gleichung

$$g = h - Ts \tag{§ 26, 8}$$

aus, die wir zunächst für 1 Mol eines reinen Stoffes anschreiben:

$$G = H - TS. \tag{6}$$

Verstehen wir unter H die in § 21 definierte Bildungswärme des Stoffes, so läßt sich sein Potential G für jede Temperatur und Druck berechnen, wenn S, der *Absolutwert seiner Entropie*, in dem betreffenden Zustand bekannt ist.

Diese Größe ist in unseren bisherigen Berechnungen noch nicht aufgetreten, sondern immer nur Entropie-Differenzen bzw. -Differentiale.

Bei einem isobaren Vorgang beträgt die Entropieänderung für ein Mol irgendeines Stoffes

$$(dS)_p = \frac{dH}{T}. \qquad (\S\ 25,3)$$

Wenn wir zunächst von Phasenumwandlungen (Schmelzen, Verdampfen) absehen, so ist die Zunahme der Enthalpie durch

$$dH = C_p dT \qquad (\S\ 17,4)$$

gegeben, und wir erhalten

$$(dS)_p = C_p d \ln T. \qquad (7)$$

Erwärmen wir den Stoff bei konstantem Druck vom absoluten Nullpunkt bis zur Temperatur T, so beträgt die Entropieänderung

$$(S - S^\circ)_p = \int_{-\infty}^{\ln T} C_p d \ln T\,:[1] \qquad (8)$$

Das Integral läßt sich ohne weiteres auswerten, da die Molwärme C_p bis in die Nähe des absoluten Nullpunktes ohne besondere Schwierigkeiten meßbar ist. Auf die letzten Temperaturgrade kommt es nicht an, wie wir alsbald an einem Beispiel sehen werden; es ist daher praktisch belanglos, ob wir für die untere Integrationsgrenze $\ln 0 = -\infty$, oder etwa $\ln 1 = 0$ einsetzen.

Zur Bestimmung von S fehlt also nur eine Aussage über S°, die Entropie des Stoffes beim absoluten Nullpunkt.

Hier greift der NERNST*sche Wärmesatz ein und fordert (in der* PLANCK*schen Fassung)*[2]*, daß für jeden beim absoluten Nullpunkt kristallisierten Stoff*

$$\boxed{S^\circ = 0} \qquad (9)$$

ist. Damit kann der Absolutwert der Entropie bei beliebigen Temperaturen und Drucken ermittelt werden, und unsere Aufgabe ist prinzipiell gelöst. Die Durchführung der Berechnung werden wir in § 78 an zwei Beispielen zeigen.

Ursprünglich war der NERNSTsche Wärmesatz ein reines Axiom, d. h. eine Forderung, die nicht aus anderen Sätzen hergeleitet, sondern nur an ihren Folgerungen nachgeprüft werden kann. Die Nachprüfung besteht in der Messung thermodynamischer Gleichgewichte, die auf Grund von Gl. (9) auf dem besprochenen Wege vorausberechnet sind; sie hat in allen Fällen zu einer Bestätigung geführt. Inzwischen ist der NERNSTsche Wärmesatz auch theoretisch durch die statistische Wärmetheorie (die in diesem Buche nicht behandelt wird) gestützt worden.

§ 78. Beispiele für die Ermittlung der Absolutentropie eines Stoffes.

a) Aus Messungen von Molwärmen reiner Stoffe. In Abb. 78 ist Molwärme des Eises gegen $\ln T$ aufgetragen. Sie konvergiert bei tiefen Temperaturen gegen Null, und die Kurve mündet horizontal in den Null-

---

[1] Der obere Index z. B. in S° bezeichnet im folgenden immer die absolute Temperatur (während der untere Index 0 anzeigt, daß es sich um *Normal*größen handelt).

[2] Die ursprüngliche NERNSTsche Fassung geht nicht so weit, sondern fordert nur, daß die Entropie*änderung* bei irgendwelchen Umwandlungen zwischen kristallisierten Stoffen bei $T = 0$ verschwindet, also daß

$$\sum S^\circ = 0 \qquad (9a)$$

ist. Für unsere Betrachtungen führen beide Fassungen zu dem gleichen Ergebnis. Die NERNSTsche Fassung ist vorsichtiger; wir bevorzugen jedoch die PLANCKsche, wonach auch die Entropien *einzeln* gleich Null werden, weil man damit bequemer rechnen kann.

punkt. Das ist bei allen Stoffen so. Die Entropie bei einer Temperatur T ist nach (§ 77, 8 u. 9) durch

$$S = \int_{-\infty}^{\ln T} C_p d \ln T , \tag{1}$$

d. h. durch den Gesamtinhalt aller links von T liegenden schraffierten Flächenstücke gegeben. Diese müssen um so schmaler genommen werden, je genauer die Entropie ermittelt werden soll. Die kleinen Beiträge aus dem Temperaturbereich unter 10° K können durch Extrapolation erfaßt werden; es genügen also Messungen in Temperaturbereichen, die experimentell noch zugänglich sind.

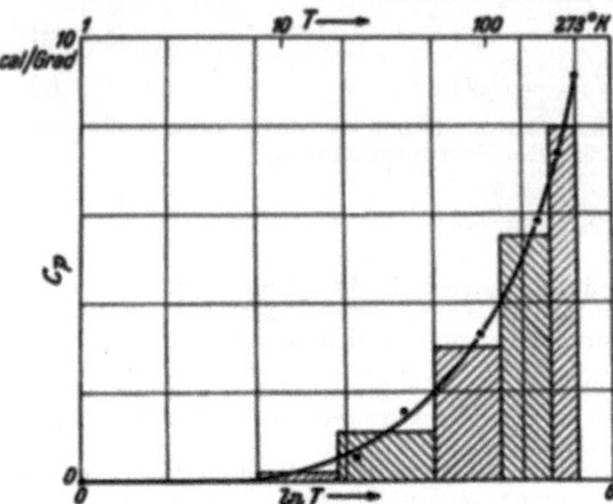

Abb. 78. Molwärme des Eises in Abhängigkeit von der Temperatur.

In Abb. 78a sind die so erhaltenen Entropiewerte gegen T aufgetragen. Man erhält bis zum Schmelzpunkt eine *stetige* Kurve. Die Entropie beim Schmelzpunkt beträgt 9,9 cal/Grad (Punkt A). Bei weiterer Wärmezufuhr bleibt die Temperatur zunächst konstant, und das Eis schmilzt. Die mit dem Schmelzen von einem Mol Eis verbundene Entropieerhöhung ist nach (§ 25, 8) gleich der molaren Schmelzwärme L'' dividiert durch die absolute Schmelztemperatur:

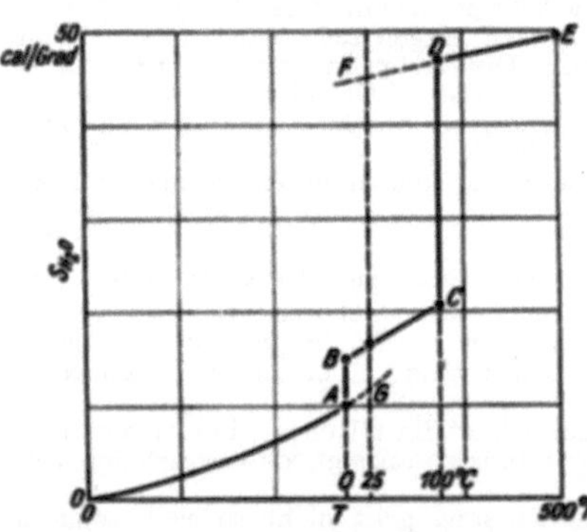

Abb. 78a. Entropie des H_2O in Abhängigkeit von der Temperatur bei p = 1 Atm.

$$S_{fl} - S_{fest} = \frac{L''}{T}, \tag{2}$$

das ist für H_2O nach Tab. 7

$$S_{fl} - S_{fest} = \frac{1436}{273}$$

$$= 5{,}26 \, \frac{\text{cal}}{\text{Grad}},$$

sodaß bei 0° die Entropie *sprunghaft* um 5,26 auf 15,2 cal/Grad zunimmt (Punkt B). Bei weiterer Wärmezufuhr steigt die Temperatur wieder *stetig* und die Entropiezunahme ist aus der Molwärme des flüssigen Wassers zu berechnen. Diese beträgt in dem ganzen Bereich 0° — 100° C 18,0 cal/Grad. Erwärmen wir zunächst bis 25°, so nimmt die Entropie um

$$S^{298} - S^{273} = C_p \ln \frac{298}{273} = 18{,}02 \cdot 2{,}303 \cdot 0{,}038 = 1{,}6 \, \frac{\text{cal}}{\text{Grad}}$$

zu, so daß die Entropie des flüssigen Wassers bei 25° C und 1 Atm Druck

$$S^{298} = 15,2 + 1,6 = 16,8 \frac{\text{cal}}{\text{Grad}}$$

beträgt. Dieser Wert ist in Tab. 8 verzeichnet.

Bei 100° C beträgt die molare Entropie des Wassers, wie man leicht nachrechnet, 20,8 cal/Grad (Punkt C). Bei weiterer Wärmezufuhr verdampft das Wasser. Hierbei nimmt die Entropie nach Tab. 10 um 26,0 cal/Grad zu, springt also auf 46,8 cal/Grad (Punkt D). Erwärmen wir den Dampf jetzt bei konstantem Druck weiter, etwa bis 500° K, und setzen für die Molwärme des Dampfes nach Tab. 5 einen mittleren Wert von

$$C_p = 8,3$$

ein, so erhalten wir für die Entropiezunahme

$$S^{500} - S^{373} = 8,3 \ln \frac{500}{373} = 2,5 \frac{\text{cal}}{\text{Grad}}$$

und gelangen auf einer *stetigen* Kurve zum Punkt E mit 49,4 cal/Grad.

Um die in Tab. 8 ebenfalls verzeichneten Entropien des Wasserdampfes und des Eises bei 25° und 1 Atm zu erhalten, verlängern wir die Kurven $E - D$ bzw. $O - A$ bis F bzw. G. Diese Werte haben indessen nur rechnerische Bedeutung, weil weder Eis noch Wasserdampf bei 25° und 1 Atm Druck existenzfähig sind.[1]

Auf diese Weise ist ein Teil der in Tab. 8 angeführten Werte ermittelt worden. Hieraus und aus den Bildungswärmen H_0 lassen sich die zugehörigen Normalpotentiale nach

$$G_0 = H_0 - TS_0 \qquad (\S\ 77,\ 6)$$

ohne weiteres berechnen.

---

[1] Der Wasserdampf z. B. hat bei 25° einen Sättigungsdruck von 24 Torr. Will man seine Entropie in diesem Zustand wissen, so kann man von Wasserdampf bei 100° C und 1 Atm Druck ($S = 46,8$ cal/Grad, Punkt D) ausgehen, den Dampf zunächst isotherm auf 24 Torr entspannen und dann isobar auf 25° abkühlen. Die Entropieänderung erfolgt im ganzen nicht mehr isobar und ist nach

$$ds = \frac{dh - vdp}{T} \qquad (\S\ 25,\ 2)$$

zu berechnen. Behandeln wir den Wasserdampf näherungsweise als ideales Gas:

$$v = \frac{nRT}{p}$$

und setzen ferner wie bisher

$$dh = c_p dT\,, \qquad (\S\ 17,\ 4)$$

so erhalten wir

$$ds = c_p d \ln T - nRd \ln p$$

und für ein Mol

$$dS = C_p d \ln T - Rd \ln p\,.$$

Die Integration zwischen den betreffenden Temperaturen und Drucken ergibt

$$S_{298} - S_{373} = 8,0 \ln \frac{298}{373} - 1,98 \ln \frac{24}{760} = - 1,8 + 6,9 = + 5,1 \frac{\text{cal}}{\text{Grad}}\,,$$

so daß die Entropie des Wasserdampfes bei 25° C und 24 Torr 51,9 cal/Grad beträgt. Die Zunahme der Entropie um 6,9 cal/Grad bei der isothermen Entspannung ist also wesentlich größer als die Abnahme um 1,8 bei der isobaren Abkühlung, so daß die Entropie insgesamt um 5,1 cal/Grad zunimmt.

b) Aus Gleichgewichtsmessungen. Zu weiteren Entropiewerten kann man auch aus Gleichgewichtsmessungen kommen. Diese liefern nach

$$-RT\ln K = g_0 = \sum G_{0i} \qquad (\text{§ 77, 4 u. 5a})$$

die stöchiometrische Summe der Normalpotentiale der beteiligten Stoffe, und hieraus läßt sich *ein* noch unbekannter Einzelwert berechnen, wenn die anderen bekannt sind. Aus dem Normalpotential und der Bildungswärme erhält man dann die Normalentropie nach

$$S_0 = \frac{H_0 - G_0}{T}. \qquad (\text{§ 77, 6})$$

Das Verfahren kommt besonders für die Berechnung von Ionenentropien in Lösung in Frage.

Wir berechnen als *Beispiel die Normalentropie des* Zn^{++} *in wäßriger Lösung aus Messungen elektromotorischer Kräfte.*

Um zunächst den Zusammenhang zwischen dem thermodynamischen und dem elektrochemischen Normalpotential zu erkennen, *entladen* wir eine galvanische Kette, z. B.

$$\mathrm{Pt} \mid \underset{1\,\mathrm{Atm}}{H_2}, H^+ \mid \mathrm{KCl} \mid Zn^{++} \mid \mathrm{Zn}\,. \qquad (3)$$

Wir schließen dazu die Kette kurz, so daß der Vorgang

$$\mathrm{Zn} + 2\,H^+ = H_2 + Zn^{++} \qquad (4)$$

abläuft, wobei wir den Wasserstoffdruck p_{H_2} konstant gleich 1 Atm halten. Die Säure wird dabei verdünnter und die Zinksalzlösung konzentrierter; gleichzeitig sinkt die nach der Nernstschen Gleichung berechnete Spannung

$$\Delta E = \Delta E_0 + \frac{RT}{2F}\ln\frac{c_{Zn^{++}}}{c^2_{H^+}}, \qquad (5)$$

bis das thermodynamische Gleichgewicht erreicht und damit

$$\Delta E = 0 \qquad (6)$$

geworden ist. (In Gl. (5) ist ΔE_0 negativ und daher sinkt die Spannung, wenn der Ausdruck $c_{Zn^{++}}/c^2_{H^+}$ wächst.)

Mit ΔE_0 bezeichnen wir die Differenz der elektrochemischen Normalpotentiale

$$\Delta E_0 \equiv E_{0\,Zn,\,Zn^{++}} - E_{0\,H_2,\,H^+}\,. \qquad (7)$$

In unserem Falle ist wegen

$$E_{0\,H_2,\,H^+} \equiv 0 \qquad (\text{§ 70b, 6})$$

$$\Delta E_0 = E_{0\,Zn,\,Zn^{++}}\,, \qquad (8)$$

und im thermodynamischen Gleichgewicht ist

$$c_{Zn^{++}}/c^2_{H^+} = K\,, \qquad (9)$$

wenn man den Wasserstoffdruck konstant = 1 Atm hält.

Aus Gl. (5), (6) und (9) folgt

$$\Delta E_0 = -\frac{RT\ln K}{2F} \qquad (10)$$

oder allgemein

$$\Delta E_0 = -\frac{RT\ln K}{zF}, \qquad (11)$$

und mit

$$-RT\ln K = g_0 = \sum G_{0i} \qquad (\text{§ 77, 4 u. 5a})$$

erhält man aus Gl. (11)

$$g_0 = z\,\mathrm{F}\Delta E_0. \tag{12}$$

Nun ist in unserem Falle nach (4)

$$g_0 = G_{0\mathrm{H}_2} - G_{0\mathrm{Zn}} + G_{0\mathrm{Zn}^{++}} - 2\,G_{0\mathrm{H}^+} \tag{13}$$

und $z = 2$.

Die thermodynamischen Normalpotentiale von H_2 und Zn können nach a) aus den Molwärmen ermittelt werden. Die Normalpotentiale der Ionen dagegen treten nie einzeln auf, weil immer wenigstens zwei Ionenarten gleichzeitig in der Lösung vorhanden sind. Absolutwerte kann man also nur durch eine *willkürliche Festsetzung* schaffen und setzt für die Normalentropie des Wasserstoffions (25° C und 1 Atm.)

$$S_{0\mathrm{H}^+} \equiv 0\,. \tag{14}$$

Damit ist wegen

$$G = H - TS \qquad (\S\ 77,\ 6)$$

und

$$H_{0\mathrm{H}^+} \equiv 0 \qquad (\S\ 21,\ 4)$$

auch

$$G_{0\mathrm{H}^+} = 0. \tag{15}$$

Tab. 8.

Bildungswärme, Normalentropie und Molwärme einiger Stoffe.

Stoff	H_0 (kcal)	S_0 (cal/Grad)	C_{p300} (cal/Grad)	C_{p600}	C_{p1200}	$C_{p2500°K}$
H^+_{aq}	0	0	—	—	—	—
H_2	0	31,23	6,90	7,01	7,41	8,53
O_2	0	49,02	7,02	7,68	8,53	9,31
H_2O_{gas}	—57,812	45,13	8,00	8,64	10,38	12,7
H_2O_{fl}	—68,313	16,75	18,0	—	—	—
H_2O_{fest}	—69,749	9,90	—	—	—	—
N_2	0	45,79	6,96	7,20	8,07	8,76
NH_3	—11,05	45,91	8,6	10,5	—	—
Cl^-_{aq}	—39,94	13,5	—	—	—	—
Cl_2	0	53,31	8,07	8,66	8,87	—
HCl_{gas}	—21,89	44,66	6,95	7,07	7,78	—
J^-_{aq}	—13,66	25,7	—	—	—	—
J_{2gas}	+14,91	62,29	—	—	—	—
J_{fest}	0	14,0	—	—	—	—
H_2SO_{4fl}	—200,8	—	—	—	—	—
SO^{--}_{4aq}	—215,8	3,5	—	—	—	—
CH_3OH_{fl} . . .	— 57,2	30,3	—	—	—	—
$C_2H_5OH_{fl}$ . . .	— 66,7	38,4	—	—	—	—
CO	— 26,57	47,28	6,96	7,28	8,17	8,81
CO_2	— 94,22	51,08	8,91	11,32	13,50	14,8
CO^{--}_{3aq}	—161,1	—12,7	—	—	—	—
$NaCl_{fest}$	— 98,33	17,3	12,05	13,3	—	—
Na^+_{aq}	— 57,52	14,7	—	—	—	—
$Na_2SO_{4\,fest}$ . . .	—330,1	35,0	—	—	—	—
$CaCO_3$	—289,5	22,2	19,8	26,0	—	—
Ca^{++}_{aq}	—129,7	—11,4	—	—	—	—
AgCl	— 30,3	23,0	—	—	—	—
Ag^+_{aq}	+ 25,5	18,4	—	—	—	—
Zn	0	9,95	—	—	—	—
Zn^{++}_{aq}	— 36,72	—27	—	—	—	—

Mit Gl. (15), (8) und (13) erhält man aus Gl. (12)

$$G_{0\mathrm{Zn}^{++}} = G_{0\mathrm{Zn}} - G_{0\mathrm{H}_2} + 2\,F\,E_{0\mathrm{Zn}/\mathrm{Zn}^{++}}\,. \tag{16}$$

Wir entnehmen aus Tab. 8:

$$G_{0\mathrm{Zn}} = 0 - 298 \cdot 9{,}95 = -2{,}97 \cdot 10^3\ \mathrm{cal}$$

$$G_{0\mathrm{H}_2} = 0 - 298 \cdot 31{,}23 = -9{,}30 \cdot 10^3\ \mathrm{cal}$$

und aus Tab. 16 (§ 69)

$$E_{0\mathrm{Zn}/\mathrm{Zn}^{++}} = -0{,}76\ \mathrm{V}.$$

Damit ist

$$2\,F \cdot E_{0\mathrm{Zn}/\mathrm{Zn}^{++}} = -\frac{2 \cdot 96\,494 \cdot 0{,}76}{4{,}184} = -35{,}0 \cdot 10^3\ \mathrm{cal}$$

und

$$G_{0\mathrm{Zn}^{++}} = -28{,}67 \cdot 10^3\ \mathrm{cal}.$$

Die Normalentropie des Zn^{++} ergibt sich aus Gl. (§ 77,6) mit der Bildungswärme $H_0 = -36{,}72 \cdot 10^3$ cal zu

$$S_{0\mathrm{Zn}^{++}} = \frac{H_0 - G_0}{298} = \frac{(-36{,}72 + 28{,}67) \cdot 10^3}{298} = -27\,\frac{\mathrm{cal}}{\mathrm{Grad}}\,.$$

In Tab. 8 ist dieser Wert verzeichnet.

§ 79. Die Temperaturabhängigkeit des thermodynamischen Normalpotentials. Die Größen H_0 und S_0 werden in den Tabellenwerken im allgemeinen für 25° C angegeben. Zur Berechnung des Normalpotentials für andere Temperaturen benutzen wir das folgende von ULICH angegebene Verfahren:

Die Temperaturabhängigkeit des thermodynamischen Potentials ist durch

$$\left(\frac{\partial G}{\partial T}\right)_p = -S \tag{§ 27, 11}$$

gegeben, und hieraus erhalten wir für das Normalpotential

$$G_0^T = G_0^{298} - \int_{298}^{T} S_0\,dT\,. \tag{17}$$

Nun ist bei dem konstanten Druck $p = 1$ Atm nach (§ 77,7)

$$S_0^T = S_0^{298} + \int_{298}^{T} C_p\,d\ln T \tag{18}$$

und daher

$$\int_{298}^{T} S_0\,dT = S_0^{298}\,T - S_0^{298} \cdot 298 + \iint_{298}^{T} C_p\,d\ln T\,dT \tag{19}$$

und

$$G_0^T = G_0^{298} + 298\,S_0^{298} - T S_0^{298} - \iint_{298}^{T} C_p\,d\ln T\,dT\,. \tag{4}$$

Nun ist nach Gl. (§ 77,6)

$$G_0^{298} + 298 \cdot S_0^{298} = H_0^{298} \tag{5}$$

und daher

$$G_0^T = H_0^{298} - T S_0^{298} - \iint_{298}^{T} C_p\,d\ln T\,dT\,. \tag{6}$$

Aus den in Tab. 8 angeführten Werten für H_0^{298} und S_0^{298} läßt sich also G_0^T für jede beliebige Temperatur berechnen, wenn man den Wert des Doppelintegrals kennt.

Für Temperaturen in der Nähe von 298° K ist das Doppelintegral nur ein unbedeutendes Korrekturglied, und man erhält als *erste Näherung:*

$$\iint_{298}^{T} C_p d \ln T dT = 0 \tag{7}$$

und

$$G_0^T = H_0^{298} - T S_0^{298} . \tag{8}$$

Für hohe Temperaturen reicht die erste Näherung nicht mehr aus, wohl aber erhält man meist noch recht befriedigende Werte, wenn man die Temperaturabhängigkeit der Molwärme vernachlässigt und als zweite Näherung

$$C_p = C_p^{298} \tag{9}$$

setzt. Man erhält dann für das Doppelintegral

$$\iint_{298}^{T} C_p d \ln T dT = C_p^{298} \iint_{298}^{T} d \ln T dT \equiv C_p^{298} \cdot f(T) . \tag{10}$$

Nun ist

$$\int_{298}^{T} d \ln T = \ln T - \ln 298 \tag{11}$$

und daher

$$f(T) \equiv \iint_{298}^{T} d \ln T dT = \int_{298}^{T} \ln T dT - \ln 298 \, (T - 298) . \tag{12}$$

Durch partielle Integration[1] findet man

$$\int_{298}^{T} \ln T dT = T \ln T - T - 298 \ln 298 + 298$$

und damit

$$f(T) = T \left(\frac{298}{T} - \ln \frac{298}{T} - 1 \right) . \tag{13}$$

Die Zahlenwerte von $f(T)$ kann man mit ausreichender Genauigkeit aus Abb. 78b entnehmen.

Für das Normalpotential eines Stoffes finden wir also in *zweiter Näherung:*

$$G_0^T = H_0^{298} - T S_0^{298} - C_p \cdot f(T) \tag{14}$$

und für eine Umwandlung:

$$g_0^T = \sum H_0^{298} - T \sum S_0^{298} - \\ - f(T) \cdot \sum C_p^{298} . \tag{15}$$

Da in Gl. (15) die stöchiometrische Summe der Molwärmen auftritt, heben sich die Fehler, die in der Näherung (9) stecken, teilweise heraus.

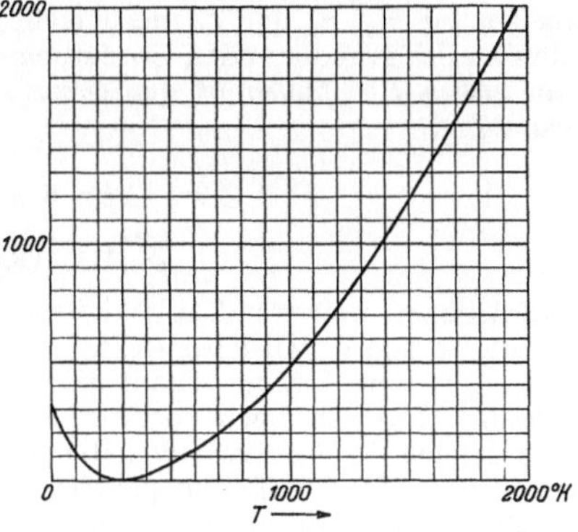

Abb. 78b. Die Funktion $f(T) = T\left(\frac{298}{T} - \ln \frac{298}{T} - 1\right)$.

[1] Allgemein ist $d(uv) = udv + vdu$ und daher $\int udv = uv - \int vdu$. Mit $\ln T \equiv u$ und $dT \equiv dv$, erhält man $\int \ln T dT = T \ln T - T$.

Die zweite Näherung liefert befriedigende Werte bis zu 500° K. Für höhere Temperaturen setzt ULICH an Stelle von Gl. (9) in *dritter Näherung* folgende Werte ein:

T	C_p
500—1000° K	$\frac{1}{2}(C_p^{300} + C_p^{600})$
1000—2000° K	$\frac{1}{4}(C_p^{300} + 2\,C_p^{600} + C_p^{1200})$
2000—3500° K	$\frac{1}{6}(C_p^{300} + 2\,C_p^{600} + 2\,C_p^{1200} + C_p^{2400})$.

Aufgabe 17. Berechne aus den Daten der Tab. 8:

a) Die Gleichgewichtskonstante der Reaktion

$$N_2 + 3\,H_2 \rightleftarrows 2\,NH_3$$

für 450° C und 1 Atm Druck und vergleiche das Ergebnis mit Abb. 51.

b) den Dampfdruck des Wassers bei 100° C;

c) die Löslichkeit des AgCl in Wasser bei 25° und 50° C (vgl. 48a und b.)

Schlußbemerkung. Wie wir gesehen haben, genügen zur Berechnung thermodynamischer Gleichgewichte die Konstanten H_0, S_0 und C_p der beteiligten Stoffe. Die umfassende Bedeutung dieser Konstanten liegt darin, daß sie sich nicht nur auf eine bestimmte Art von Gleichgewichten, wie Löslichkeit, Dampfdruck, Gefrierpunkt, chemische Umsetzungen, elektromotorische Kräfte usw. beziehen, sondern auf deren *Gesamtheit* (abgesehen von Grenzflächengleichgewichten). Sie können also für einen bestimmten Stoff nach irgend einer zweckmäßigen Methode ermittelt und sodann in Kombination mit den Konstanten beliebiger anderer Stoffe zur Berechnung der verschiedensten Arten thermodynamischer Gleichgewichte verwendet werden.

Praktisch wird diese zentrale Auswertung aller einschlägigen thermodynamischen Messungen allerdings erschwert durch die oft sehr verschiedene Meßgenauigkeit der einzelnen Methoden, und daher sind die Tabellen für H_0, S_0 und C_p noch recht lückenhaft. Das ändert aber nichts an der grundlegenden Bedeutung dieser Größen als den *einzigen individuellen Konstanten in den Grenzgesetzen der klassischen Thermodynamik.*

Zweites Kapitel.

Kinetik.

Einleitung. Im ersten Kapitel haben wir uns mit dem Energieumsatz und mit der Lage des Gleichgewichts thermodynamischer Umwandlungen beschäftigt; weit darüber hinaus geht nun die Frage, mit welcher *Geschwindigkeit* die einzelnen Vorgänge ablaufen. Allgemein faßt man die Untersuchung der Geschwindigkeit irgendwelcher Vorgänge unter dem Begriff *Kinetik,* d. h. Bewegungslehre zusammen, und, sofern es sich speziell um die Untersuchung chemischer Reaktionen handelt, spricht man von *chemischer Reaktionskinetik.*

Während die Thermodynamik den *Zustand* eines Systems als Ganzes, von außen gesehen, in Abhängigkeit von den Zustandsvariablen beschreibt, sind in der Kinetik die *Bewegungen* und sonstigen zeitlichen Veränderungen der *einzelnen* Elementarteilchen (Atome, Moleküle oder Ionen), kurz die *Elementarvorgänge*, Ausgangspunkt der Überlegungen.

Man muß dabei zwei Stufen der Forschung unterscheiden: die höhere geht wirklich von den einzelnen Elementarvorgängen aus und verlangt eine genaue statistische Kenntnis über den jeweiligen Bewegungszustand, Energieinhalt und gegenseitige räumliche Lage der einzelnen Elementarteilchen. Sie ist bisher nur bei Gasen und einfachsten Festkörpern durchzuführen.

Bei Flüssigkeiten fehlen uns noch weitgehend nähere Kenntnisse über ihre Struktur; für einfache Fragen behandelt man sie daher als *Kontinuum*, d. h. als zusammenhängende Phase, die überhaupt keine Strukturmerkmale zeigt. Auf dieser Grundlage ist die kinetische Behandlung der Flüssigkeiten verhältnismäßig einfach und wird deshalb im folgenden als Teil A vorangestellt.

Wir behandeln zunächst die *Strömung* einer Flüssigkeit gegen ein festes Medium; das führt uns zu dem Begriff der inneren Reibung und der *Zähigkeit* (= *Viskosität* § 80ff.). Sodann gehen wir dazu über, die Bewegungen gelöster Elementarteilchen gegen das Lösungsmittel unter dem Einfluß äußerer Kräfte zu untersuchen. Das führt uns bei Elektrolyten zu deren elektrischer Leitfähigkeit (§ 84ff.) und allgemein zu den Gesetzen der Diffusion (§ 91ff.). Im Anschluß daran werden wir uns kurz mit der Kinetik chemischer Lösungsreaktionen beschäftigen (§ 95ff.).

Im Teil B des Kapitels behandeln wir dann die kinetische Gastheorie (§ 98ff.). Die Ergebnisse werden es uns ermöglichen, wenigstens eine der einfachsten chemischen Gasreaktionen, den Zerfall des Jodwasserstoffs, in Einzelheiten zu studieren und damit die Grundlagen für die chemische Reaktionskinetik kennenzulernen.

A. Flüssigkeiten.

1. Die innere Reibung von Flüssigkeiten.

§ 80. Die Newtonsche Gleichung. Wenn sich verschiedene Schichten einer Flüssigkeit gegeneinander bewegen, so üben sie aufeinander mitnehmende Kräfte aus, die die Ursache der inneren Reibung sind. In der Anordnung der Abb. 79 wird eine ausgedehnte Glasplatte A mit konstanter Geschwindigkeit w aufwärts bewegt. Im Abstand x befindet sich vor ihr eine zweite Platte B vom Querschnitt F. Sie ist in ihrer Längsrichtung beweglich und wird rechts von dem Kraftmesser (Blattfeder) I gehalten. Ihr Abstand x von der hinteren Platte ist klein gegen ihren Durchmesser. Beide Platten befinden sich im Innern einer Flüssigkeit. Die vom Kraftmesser angezeigte Kraft ist die innere Reibung. Ihre Größe ergibt sich proportional zur Plattenfläche F und zur Relativgeschwindigkeit w zwischen den beiden Platten. Hingegen ist sie umgekehrt proportional zum Abstand x der beiden Platten:

$$K = \eta F \frac{w}{x}. \tag{1}$$

Die Proportionalitätskonstante η nennt man die (dynamische) *Zähigkeit* oder *Viskosität* der Flüssigkeit; sie ist diejenige Kraft in dyn gemessen, die auf die Platte B ($F = 1\ \mathrm{cm}^2$) wirkt, wenn die Platte A im Abstand $x = 1$ cm mit der Geschwindigkeit $w = 1$ cm/sec bewegt wird. Die Dimension der Viskosität ist nach Gl. (1) gegeben durch

$$[\eta] = \left[\frac{K}{f} \cdot \frac{x}{w}\right] = \left[\frac{\mathrm{dyn}}{\mathrm{cm}^2} \cdot \frac{\mathrm{cm}}{\mathrm{cm/sec}}\right] = [\mathrm{dyn\ sec\ cm}^{-2}]. \tag{2}$$

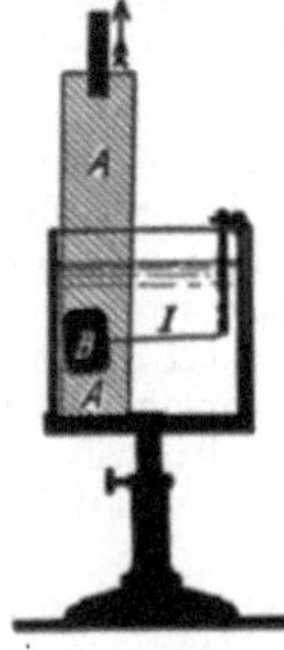

Abb. 79. Innere Reibung (Viskosität) einer Flüssigkeit (aus POHL: Einführung in die Physik, Bd. 1).

Nun ist die Dimension der Kraft

$$[\mathrm{dyn}] = [\mathrm{g\ cm\ sec}^{-2}] \tag{3}$$

und daher die Einheit der Viskosität im CGS-System, die man als ein *Poise*[1] bezeichnet:

$$1\ \mathrm{Poise} \equiv 1\ \mathrm{g\ sec}^{-1}\ \mathrm{cm}^{-1}. \tag{4}$$

Nun läßt sich leicht experimentell zeigen[2], daß in der Versuchsanordnung der Abb. 79 die Geschwindigkeit der Flüssigkeit *linear* mit der Entfernung von der bewegten Platte abnimmt, d. h. daß das *Geschwindigkeitsgefälle quer zur Bewegungsrichtung*

$$-\frac{dw}{dx} = -\frac{w}{x} \tag{5}$$

ist. Hiermit erhält man aus Gl. (1) die *allgemeine*, d. h. von einer bestimmten Versuchsanordnung unabhängige *Newtonsche Gleichung*

$$\boxed{\frac{K}{F} = \eta \cdot \frac{dw}{dx}.} \tag{6}$$

Die mitnehmende Kraft, welche gegeneinander bewegte Flüssigkeitsschichten pro Flächeneinheit aufeinander ausüben, ist proportional dem Geschwindigkeitsgefälle quer zur Bewegungsrichtung.

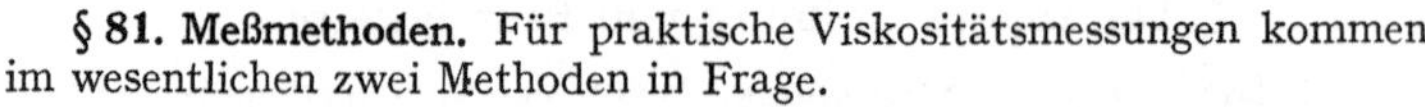

§ 81. Meßmethoden. Für praktische Viskositätsmessungen kommen im wesentlichen zwei Methoden in Frage.

1. Die Messung der Durchflußgeschwindigkeit durch Kapillaren.

Strömt eine Flüssigkeit unter der Wirkung einer konstanten Kraft (Schwerkraft) durch eine Kapillare, so haftet bei benetzenden Flüssigkeiten die äußerste Schicht fest an der Rohrwand, und der mittelste Flüssigkeitsfaden bewegt sich am schnellsten; es findet also eine Gleitung der einzelnen Flüssigkeitszylinder ineinander statt. Die Durchrechnung

[1] Abkürzung von Poiseuille.

[2] Pohl, R.: Einführung in die Physik, 1. Bd., S. 127. Berlin: Springer 1930.

des Problems, die von der NEWTONschen Gleichung (§ 80, 6) ausgeht, ist schwierig. Das Endergebnis ist die Gleichung von HAGEN-POISEUILLE

$$\frac{v}{z} = \frac{(p - p_0)\,\pi \cdot r^4}{8\,\eta l} \tag{3}$$

Hierbei bedeutet: v/z das in der Zeiteinheit ausgeflossene Volumen; p bzw. p_0 den Druck, unter dem die Flüssigkeit beim Eintritt bzw. beim Austritt aus der Kapillare steht: r den Radius und l die Länge der Kapillare.

In Abb. 79a ist das Viskosimeter nach UBBELOHDE dargestellt. Man mißt die Zeit, in der das zwischen den Marken m_1 und m_2 befindliche Flüssigkeitsvolumen v durch die Kapillare strömt. Die Druckdifferenz $p - p_0$ ist gegeben durch

$$p - p_0 = \frac{K}{F} = \frac{mg}{f},$$

wenn $g = 980{,}67$ dyn die Erdbeschleunigung und m die Masse der Flüssigkeitssäule mit der mittleren Höhe h und dem Querschnitt f der Kapillare bedeutet, d. h.

$$m = fh\varrho$$

(ϱ = Dichte der Flüssigkeit). Hiermit wird

$$p - p_0 = h\varrho g,$$

und damit erhält man aus der HAGEN-POISEUILLEschen Gleichung

$$\frac{\eta}{\varrho} = \frac{\pi g}{8} \cdot \frac{hr^4}{vl} \cdot z \equiv kz.$$

Die Größe

$$\frac{\eta}{\varrho} \equiv \nu,$$

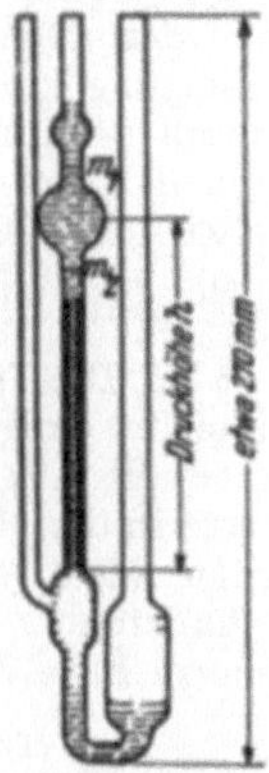

Abb. 79a. Viskosimeter nach UBBELOHDE (aus UBBELOHDE, L.: Zur Viskosimetrie.)

die man direkt aus der Messung der Ausflußzeit z erhält, nennt man *kinematische Zähigkeit;* sie wird vorzugsweise bei technischen Untersuchungen angegeben und hat nach § 80, 4 die Dimension $\frac{\text{cm}^2}{\text{sec}}$. Die Einheit nennt man nach dem Physiker STOKES ein „Stok"

$$1\,\frac{\text{cm}^2}{\text{sec}} \equiv 1 \text{ Stok.}$$

2. Messung der Geschwindigkeit, mit der eine Kugel durch die Flüssigkeit sinkt.

Unter dem Einfluß der Schwerkraft wird die Kugel zunächst beschleunigt, erreicht aber nach einer bestimmten Anlaufzeit eine konstante Endgeschwindigkeit; es stellt sich ein *stationärer Zustand* ein, die Kugel *sinkt.*

Auch die Berechnung dieser Endgeschwindigkeit auf Grund der NEWTONschen Gleichung übergehen wir. Als Ergebnis erhält man das Gesetz von STOKES

$$w = K/6\,\pi\eta r. \tag{4}$$

Hierbei bedeutet w die Geschwindigkeit der Kugel in cm/sec, K die Kraft in dyn, die man in diesem Falle aus Erdbeschleunigung g, dem Dichteunterschied $\varrho_K - \varrho_{Fl}$ zwischen Kugel und Flüssigkeit, und dem Volumen v der Kugel zu

$$K = gv\,(\varrho_K - \varrho_{Fl}) \tag{4a}$$

berechnet, und r den Radius der Kugel. Auch für diese Methode sind geeichte Viskosimeter im Handel, bei denen die Zeit gemessen wird, während der die Kugel eine bestimmte Strecke zurücklegt.

Das STOKESsche Gesetz gilt nur für Kugeln, die groß sind gegenüber den Molekülen der Flüssigkeit, denn nur unter dieser Voraussetzung kann man die Flüssigkeit gegenüber der Kugel als Kontinuum behandeln. Diese Voraussetzung ist zwar bei einer makroskopischen Kugel ohne weiteres erfüllt, wird aber fraglich, wenn man das STOKESsche Gesetz auf die Bewegung von Ionen in der Lösung anwendet (§ 89).

§ 82. Die Temperaturabhängigkeit der Zähigkeit. In Tab. 18 ist die Viskosität einiger Flüssigkeiten bei 20° C angegeben. Für Wasser beträgt sie gerade 0,01 Poise und für zahlreiche andere Flüssigkeiten liegen die Werte in der gleichen Größenordnung. Anderseits gibt es auch Flüssigkeiten wie Glycerin (14,9 Poise), hochmolekulare Kohlenwasserstoffe (Schmieröle) u. dgl., deren Viskosität im Verhältnis zu den erstgenannten abnorm hohe Werte annimmt.

Tab. 18. Zähigkeit einiger Flüssigkeiten.

	t	η	$-\frac{100}{\eta}\cdot\frac{d\eta}{dt}$
	0°	0,01792	3,5
Wasser	20°	0,0101 Poise	2,5
	25°	0,00894 „	2,3
Wasser	100°	0,00284 „	1,0
Dipropyläther	20°	0,0043 „	1,2
Quecksilber	20°	0,0159 „	0,3
Äthylenglykol	20°	0,199 „	3,7
Glyzerin	20°	14,9 „	7,3
ein mittleres Schmieröl*	20°	2,8 Stok	8

* Das gleiche Schmieröl, auf das sich Abb. 80 bezieht.

In Abb. 80 ist die Zähigkeit der in Tab. 18 angeführten Stoffe in Abhängigkeit von der *Temperatur* dargestellt. Sie nimmt immer sehr stark mit steigender Temperatur ab, und zwar im allgemeinen um so stärker, je höher ihr Absolutbetrag ist; die Kurven verlaufen bei einer gegebenen Temperatur, z. B. 20° C um so steiler, je höher sie liegen. Eine Ausnahme bildet das Quecksilber, dessen Zähigkeit sich nur verhältnismäßig wenig mit der Temperatur ändert. Bei einer Temperatur*senkung* von 100 auf 0° C nimmt die Zähigkeit bei

Quecksilber auf das	1,2 fache
Wasser auf das	6 „
einem mittleren Schmieröl auf das	~ 1000 „

zu.

zu. Die Zähigkeit hängt also im allgemeinen *ungewöhnlich empfindlich von der Temperatur* ab. Der extrem hohe Wert des Temperaturkoeffizienten für Schmieröle ist besonders für den Motorenbetrieb nachteilig.

Die unteren Kurven der Abb. 80 (etwa bis zum Äthylenglycol) kann man näherungsweise als gerade Linien behandeln und demgemäß die Zähigkeit dieser Stoffe durch die Beziehung

$$\ln \eta = A + \frac{B}{T} \qquad (1)$$

darstellen. Für den Temperaturkoeffizienten $\frac{1}{\eta} \cdot \frac{d\eta}{dT}$ erhält man entsprechend

$$\frac{1}{\eta} \cdot \frac{d\eta}{dT} = \frac{d \ln \eta}{dT} = -\frac{B}{T^2}, \qquad (2)$$

d. h. er ist umgekehrt proportional dem Quadrat der absoluten Temperatur, nimmt also mit fallender Temperatur stark zu (vgl. die Zahlenangaben für Wasser bei verschiedenen Temperaturen in Tab. 18, Sp. 3).

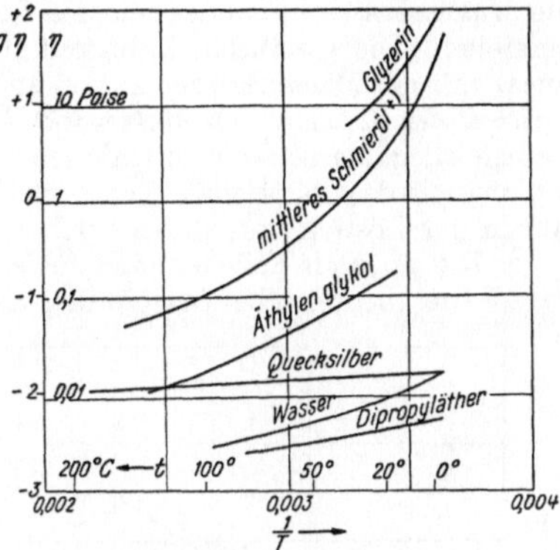

Abb. 80. Die Zähigkeit einiger Flüssigkeiten in Abhängigkeit von der Temperatur.

* Die Kurve für das Schmieröl bezieht sich auf die kinematische Viskosität ν in Stok.

Für die übrigen Kurven, besonders für die technisch wichtigen Schmieröle läßt sich die Beziehung (1) auch nicht mehr näherungsweise verwenden. Hierfür sind besondere Interpolationsformeln angegeben worden[1].

Für 20° ist der Temperaturkoeffizient in Tab. 18 auch für die übrigen Stoffe angegeben. Er beträgt für Wasser —2,5% pro Grad und für Glycerin —7,3% pro Grad. Will man die Zähigkeit des Wassers also auf 0,1% genau messen, so muß die Temperatur des Thermostaten auf 0,04° richtig und konstant sein.

§ 83. Die Zähigkeit von Lösungen. Die Staudingersche Regel.

Lösungen fester Stoffe zeigen gegenüber dem reinen Lösungsmittel fast stets eine erhöhte Zähigkeit. Das ist besonders für Lösungen *hochpolymerer* Stoffe ($M > 1000$) von Bedeutung, und auf diese wollen wir uns im folgenden beschränken. Als Maß für die Erhöhung der Zähigkeit führen wir die sog. „*spezifische Zähigkeit*"

$$\frac{\eta - \eta_0}{\eta_0} \equiv \eta_s \qquad (1)$$

ein (η = Zähigkeit der Lösung, η_0 des Lösungsmittels).

Wir haben zwei Fälle zu unterscheiden:

1. Die gelösten Teilchen haben annähernd *Kugelform* wie z. B. *Glykogen* (eine in der Leber vorkommende wasserlösliche Stärkeart) und

[1] Vgl. Ubbelohde, L.: Zur Viskosimetrie. Hirzel 1940.

seine Derivate. Wie die theoretische Berechnung in Übereinstimmung mit den Messungen ergibt, ist im Grenzfall verdünnter Lösungen

$$\eta_s / c_m = k\,, \tag{2}$$

wenn wir unter

$$c_m \equiv m_2 / v \tag{3}$$

die *Massenkonzentration* des gelösten Stoffes (in Gramm pro cm³ Lösung) verstehen. Die spezifische Zähigkeit steigt also für verdünnte Lösungen linear mit der Massenkonzentration an, und charakteristisch ist, daß die *Steilheit der Geraden vom Molgewicht des gelösten Stoffes unabhängig ist.* Bei gleichen Massenkonzentrationen ist die spezifische Zähigkeit also unabhängig davon, ob viele kleine oder wenig große Teilchen bestimmter Art in der Lösung vorhanden sind.

2. Die gelösten Teilchen sind *Fadenmoleküle*, wie z. B. Cellulosederivate. Die theoretische Berechnung dieses Falles steht noch aus. Die Messungen haben zu der praktisch sehr wichtigen *Regel von* STAUDINGER

$$\lim_{c \to 0} \frac{\eta_s}{c_m} = K \cdot M_2 \tag{4}$$

geführt. Die spezifische Zähigkeit steigt also auch in diesem Falle bei verdünnten Lösungen mit der Massenkonzentration an, die *Steilheit* der Grenztangente ist jedoch *proportional dem Molgewicht* der gelösten Substanz. Bei gleichen Massenkonzentrationen ist die spezifische Zähigkeit größer, wenn wenig lange, als wenn viel kurze Moleküle gelöst sind.

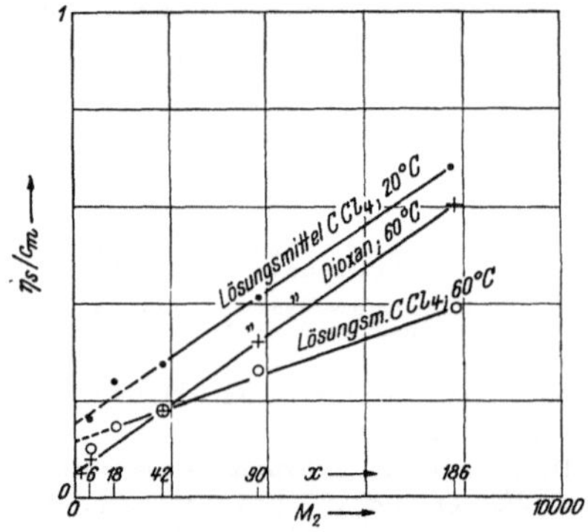

Abb. 81. Prüfung der STAUDINGERschen Regel an 4,4 %igen Lösungen einiger Polyoxyäthylenglykole $H(OCH_2 \cdot CH_2)_x OH$. (Messungen von FORDYCE, R. und HIBBERT, H. 1939: J. Amer. chem. Soc. 61, 1912.)

In Abb. 81 ist der Ausdruck η_s/c_m gegen M_2 für 4 proz. Lösungen einer Reihe von Polyoxyäthylenglykolen dargestellt, das sind Stoffe von der allgemeinen Formel

$$H(OCH_2 \cdot CH_2)_x OH.$$

Die fünf untersuchten synthetisch dargestellten Stoffe

x	6	18	42	90	186
M	270	783	1783	3798	7828

bilden eine *polymerhomologe Reihe* des Oxyäthylens $—O—CH_2—CH_2—$. Für Molgewichte $M > 1000$ erhält man als Bestätigung der STAUDINGERschen Regel recht genau gerade Linien. Löst man z. B. 4 g des Stoffes $H(OCH_2 \cdot CH_2)_6OH$ zu 100 cm³ in Tetrachlorkohlenstoff, so ist die Zähigkeit der Lösung bei 20° C nach Ausweis der Abb. 81 um 0,16·0,04 = 0,0064 = 0,64% gegenüber dem reinen Lösungsmittel erhöht; löst man jedoch die *gleiche* Menge des Stoffes $H(OCH_2 \cdot CH_2)_{186}OH$, so wird die Zähigkeit um 0,68 · 0,04 = 0,0272 = 2,72% erhöht.

Die Steilheit der Geraden, d. h. der Zahlenwert der STAUDINGERschen Konstante K hängt, wie Abb. 81 zeigt, von der Temperatur und vom Lösungsmittel und außerdem von der *Art* des *Grundmoleküls* der Reihe ab.

Die wichtigste Anwendung findet die STAUDINGERsche Beziehung zur Molgewichtsbestimmung in polymerhomologen Reihen. In diesen Fällen, die für die Technik der Kunstseiden- und Zellwolle- sowie der Buna-Industrie wichtig sind, kann man zur Bestimmung der Konstante K Lösungen untersuchen, die den gelösten Stoff, z. B. Polystyrol, Celluloseacetat od. dgl. in nur niedrig polymerisierter Form enthalten, sodaß das Molgewicht M_2 nach unabhängigen thermodynamischen Methoden bestimmt werden kann. Hierfür kommen in erster Linie Messungen des osmotischen Druckes in Frage, weil diese von allen andern thermodynamischen Molgewichtsbestimmungen weitaus die größten Meßausschläge zeigen (vgl. § 36). Aus einer gleichzeitigen Viskositätsmessung kann dann die Konstante K in Gl. (4) berechnet werden[1].

2. Die elektrische Leitfähigkeit von Elektrolyten.

§ 84. Allgemeines. Wir haben im vorigen Abschnitt die Vorgänge behandelt, die sich bei der Strömung einer Flüssigkeit abspielen. Jetzt wollen wir nicht mehr die ganze Flüssigkeit strömen lassen, sondern die gelösten Ionen oder Moleküle einer Lösung sollen durch das ruhende Lösungsmittel wandern. Die Wanderung kann durch zwei Umstände veranlaßt werden:

1. *Allgemein*, d. h. sowohl bei neutralen wie geladenen Teilchen, durch ein *Konzentrationsgefälle* innerhalb der Lösung. Überschichtet man die Lösung eines beliebigen Stoffes mit dem reinen Lösungsmittel oder einer verdünnteren Lösung, so wandern einerseits die gelösten Teilchen solange in die verdünntere, und andererseits das Lösungsmittel in die konzentriertere Lösung, bis an allen Stellen die gleiche Konzentration herrscht. Man bezeichnet diesen Vorgang als *Diffusion*.

2. Bei *Ionen* durch Anlegung eines *elektrischen Feldes*. Taucht man zwei Elektroden, an denen eine elektrische Spannung liegt, in die Lösung, so wandern die Kationen wegen ihrer positiven Ladung zur negativen Elektrode (der Kathode) und die Anionen zur positiven Elektrode (der Anode) (vgl. § 65). Diese Wanderung der Ionen im elektrischen Felde ist ihre auffallendste Eigenschaft. Sie hat eine *elektrische Leitfähigkeit* der Lösung zur Folge, und diese ist umgekehrt der direkte Nachweis dafür, daß es sich um elektrisch *geladene* Elementarteilchen handelt. Daher rührt auch die Bezeichnung *Ionen* = *Wanderer*.

Wir werden beide Vorgänge im folgenden untersuchen und beginnen mit dem zweiten, der elektrischen Leitfähigkeit von *Elektrolytlösungen*.

[1] Näheres bei H. STAUDINGER: Die hochmolekularen organischen Verbindungen. Berlin: Springer 1932.

§ 85. Grundbegriffe. Kohlrauschs Gesetz der unabhängigen Ionenwanderung. Zur Untersuchung der elektrischen Leitfähigkeit bringt man den Elektrolyten in eine Zelle nach Art der Abb. 82 und mißt deren Widerstand, indem man eine elektrische Spannung ΔE an die Elektroden legt. Auf die Meßmethode im einzelnen kommen wir in § 86 zurück. Unter dem Einfluß der Spannung wandern die Ionen durch die Lösung, und zwar die Kationen zur Kathode (negativer Pol) und die Anionen zur Anode. Die Wanderungsgeschwindigkeit w ist proportional der elektrischen Kraft, d. h. dem Produkt aus der Ladung der Ionen pro Mol $z_i F$, und der elektrischen *Feldstärke* $-\frac{dE}{dx}$, d. h. der Abnahme des elektrischen Potentials mit der Entfernung x von der Anode:

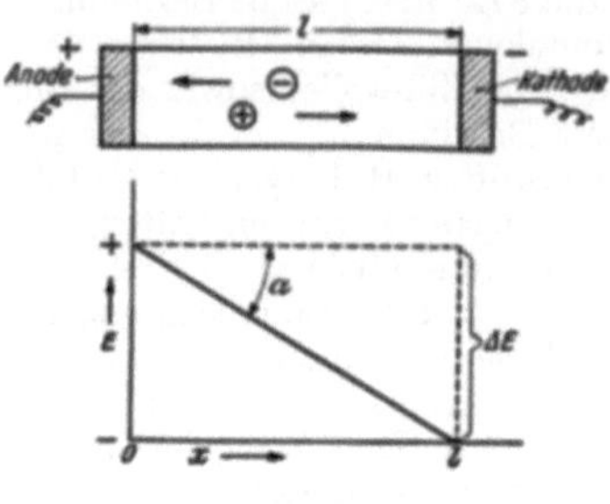

Abb 82. Zelle zur Messung der Leitfähigkeit von Elektrolyten (Leitfähigkeitszelle).

$$w_i = -k_i z_i F \frac{dE}{dx}. \tag{1}$$

Der Ausdruck

$$k_i z_i F \equiv u_i \tag{2}$$

ist die Wanderungsgeschwindigkeit des Ions bei der Feldstärke $-\frac{dE}{dx} = 1$ Volt/cm und wird als *Beweglichkeit* des Ions bezeichnet. Sie hängt, wie wir in § 89 sehen werden, in erster Linie von seiner *Größe* ab.

Im einfachen Fall der Abb. 82 nimmt das elektrische Potential *linear* mit der Entfernung ab, die Feldstärke ist überall die gleiche. Daher ist

$$-\frac{dE}{dx} = \frac{\Delta E}{l}, \tag{3}$$

wenn l die Entfernung zwischen den Elektroden in cm und ΔE den *Absolutbetrag* der angelegten Spannung bedeutet. Hiermit erhält man für die Wanderungsgeschwindigkeit den Ausdruck

$$w_i = u_i \cdot \frac{\Delta E}{l}. \tag{4}$$

Da die Kationen unter dem Einfluß des Feldes zur Kathode und die Anionen zur Anode wandern, setzt sich die resultierende Stromstärke I additiv aus dem Anteil der Kationen I_K und dem der Anionen I_A zusammen:

$$I = I_K + I_A. \tag{5}$$

Nun ist die von der Wanderung der Kationen herrührende Stromstärke I_K gemessen in Ampere, d. h. in Coulomb pro Sekunde, gleich der Ladung F eines Äquivalents Kationen mal der Zahl dn_K der Äquivalente Kationen, die in dem Zeitelement dz durch den Querschnitt der Zelle wandern:

$$I_K = F \frac{dn_K}{dz}. \tag{6}$$

Um den Ausdruck dn_K/dz zu berechnen, betrachten wir das Rohr (Abb. 82) mit dem Querschnitt f, in dem sich die Kationen mit der Geschwindigkeit $w = ds/dz$ von links nach rechts bewegen. In dem Zeitintervall dz legen sie die Strecke ds zurück; es treffen also in der Zeit dz alle diejenigen Kationen an der Elektrode ein, die sich vorher in dem benachbarten Raum mit dem Volumen fds cm³ befanden (vgl. hierzu auch Abb. 91, § 100, wo formal das gleiche Problem behandelt wird). Das sind, in Äquivalenten gerechnet

$$dn_K = \frac{n_K}{v} fds\,, \tag{7}$$

denn im Kubikzentimeter befinden sich $\frac{n_K}{v} = \frac{c_K}{1000}$ Äquivalente Kationen. Dividiert man Gl. (7) durch dz, so erhält man

$$\frac{dn_K}{dz} = \frac{c_K}{1000} \cdot f \cdot w_K \tag{8}$$

und mit Gl. (4)

$$\frac{dn_K}{dz} = \frac{c_K}{1000} \cdot \frac{f}{l} \cdot u_K \cdot \Delta E \tag{9}$$

und schließlich mit Gl. (6)

$$I_K = F \cdot u_K \cdot \frac{c_K}{1000} \cdot \frac{f}{l} \cdot \Delta E\,. \tag{10}$$

Analog erhält man für die Anionen

$$I_A = F \cdot u_A \cdot \frac{c_A}{1000} \cdot \frac{f}{l} \cdot \Delta E \tag{10a}$$

und für beide zusammen

$$I = I_K + I_A = \frac{f}{l} F \cdot \frac{\alpha c}{1000} (u_K + u_A) \cdot \Delta E\,, \tag{10b}$$

da für die Ionenkonzentrationen

$$c_A = c_K = \alpha\, c \tag{§ 57, 11}$$

gilt. α ist der Dissoziationsgrad des Elektrolyten.

Nun ist nach dem Ohmschen Gesetz

$$\frac{I}{\Delta E} = \frac{1}{W}\,, \tag{10c}$$

wobei W den Widerstand in Ohm und $\frac{1}{W}$ die *Leitfähigkeit* der Zelle (in reziproken Ohm) bedeutet. Die Leitfähigkeit ist nach Gl. (10b) gegeben durch

$$\frac{1}{W} = \frac{f}{l} \cdot F \cdot (u_K + u_A) \cdot \frac{\alpha\, c}{1000}\,. \tag{11}$$

Den Ausdruck

$$\frac{l/f}{W} \equiv \varkappa \tag{12}$$

nennt man die *spezifische Leitfähigkeit*. Sie ist der Kehrwert des *spezifischen Widerstandes*, d. h. des Widerstandes einer Zelle mit dem Querschnitt $f = 1$ cm² und dem Elektrodenabstand $l = 1$ cm. Man mißt sie in Ω^{-1} cm^{-1}, d. h. in reziproken Ohm mal reziproken Zentimetern. Der Ausdruck

$$l/f \equiv K\,, \tag{13}$$

die *Zellkonstante*, hängt nur von den Dimensionen der Zelle ab. Sie kann zwar grundsätzlich aus den geometrischen Dimensionen passend konstruierter Zellen nach Gl. (13) berechnet werden. In der Praxis eicht man aber die Zellen *empirisch;* man mißt den Widerstand von Eichlösungen (das sind Lösungen mit genau bekannter spezifischer Leitfähigkeit) und berechnet die Zellkonstante auf Grund von Gl. (12).

Tab. 19. Die spezifische Leitfähigkeit $\varkappa$ wäßriger KCl-Lösungen für Eichzwecke.

c	$\frac{m_{KCl}\cdot 10^3}{m_{H_2O}}$ *	$\varkappa_{25}$ (Ω^{-1}cm^{-1}).
0,01	0,74626	0,0014088
0,1	7,4793	0,012856
1,0	76,633	0,11134

* Diese Spalte gibt die Menge KCl in Gramm an, die auf 1000 g Wasser einzuwägen ist; die Korrektur für den Luftauftrieb ist schon berücksichtigt.

In Tab. 19 ist die spezifische Leitfähigkeit einiger gebräuchlicher Eichlösungen in Ω^{-1} cm^{-1} angegeben. Wegen der Temperaturabhängigkeit dieser Werte vgl. § 89.

Aus Gl. (11) und (12) ergibt sich

$$\varkappa = F\,(u_K + u_A)\cdot\alpha\,\frac{c}{1000}\,. \tag{14}$$

Die spezifische Leitfähigkeit hängt nur von der Beweglichkeit und Konzentration der Ionen ab. Den Ausdruck

$$\frac{1000\,\varkappa}{c} \equiv \Lambda\,, \tag{15}$$

die spezifische Leitfähigkeit dividiert durch die Äquivalent-Konzentration, nennt man die *Äquivalentleitfähigkeit* des Elektrolyten. (Der Faktor 1000 rührt daher, daß die Konzentration c üblicherweise in Äquivalent/Liter anstatt in Äquivalent/cm³ angegeben wird.)

Aus Gl. (14) und (15) erhält man

$$\Lambda = \alpha F\,(u_K + u_A)\,. \tag{16}$$

Die Äquivalentleitfähigkeit eines Elektrolyten ist proportional seinem Dissoziationsgrad und der Beweglichkeit seiner Ionen.

Für *vollständige Dissoziation* ($\alpha = 1$) geht Gl. (16) über in

$$\Lambda = F\,(u_K + u_A)\,. \tag{17}$$

Die Äquivalentleitfähigkeit ist in diesem Falle nur abhängig von den Ionenbeweglichkeiten. Multipliziert man die Klammer in Gl. (17) aus, so erhält man

$$\Lambda = \Lambda_K + \Lambda_A\,, \tag{18}$$

wenn man für die Produkte

$$F u_K \equiv \Lambda_K \tag{19}$$

und

$$F u_A \equiv \Lambda_A$$

setzt.

Λ, die Äquivalentleitfähigkeit des Elektrolyten setzt sich additiv aus Λ_K und Λ_A, den Äquivalentleitfähigkeiten der einzelnen Ionensorten zusammen. (KOHLRAUSCHs Gesetz der unabhängigen Ionenwanderung.)

Wichtig für das Folgende sind in erster Linie die *Ionenbeweglichkeiten*, da sie als *Materialkonstanten* für das Verhalten der Elektrolyte im elektrischen Felde charakteristisch sind. Die Summe $(u_K + u_A)$ wird auf Grund von Gl. (17) aus der Äquivalentleitfähigkeit Λ berechnet, und Λ seinerseits ist aus den experimentellen Größen $\varkappa$ und c auf Grund von Gl. (15) zugänglich. Da die Beweglichkeit der Ionen ihre Geschwindigkeit in cm/sec, dividiert durch die Feldstärke in Volt/cm bedeutet, wird sie in $\frac{\text{cm}}{\text{sec}}\Big/\frac{\text{Volt}}{\text{cm}}$, d. h. in $\frac{\text{cm}^2}{\text{sec Volt}}$ gemessen.

In Tab. 20 sind die *Beweglichkeiten* einiger Ionen in wäßriger Lösung bei 25° und sehr geringen Konzentrationen angegeben. Die Temperatur- und Konzentrationsabhängigkeit dieser Werte wird später besprochen, ebenso ihre experimentelle Ermittlung. (Aus Leitfähigkeitsmessungen allein auf Grund von Gl. (17) ist ja nur die Summe $u_K + u_A$, sind aber nicht die Einzelwerte zugänglich). Weiterhin sind in Tab. 20 die entsprechenden *Äquivalentleitfähigkeiten* angegeben, die nach Gl. (19) ohne weiteres aus den Beweglichkeiten zu berechnen sind. In der Praxis rechnet man fast immer mit den Äquivalentleitfähigkeiten der Ionen anstatt mit ihren Beweglichkeiten, und es hat sich eingebürgert auch jene kurzweg als Ionenbeweglichkeiten zu bezeichnen.

Tab. 20. Beweglichkeit u und Äquivalentleitfähigkeit Λ einiger Ionen in wäßriger Lösung. (Grenzwerte für sehr kleine Konzentrationen.)

Ion	$u_{25°}$ $\frac{\text{cm}^2}{\text{Volt} \cdot \text{sec}}$	$\Lambda_{25°}$ $\frac{\text{cm}^2}{\Omega}$	$\Lambda_{18°}$ $\frac{\text{cm}^2}{\Omega}$
H^+	0,003 62	349,6	315
Li^+	0,000 402	38,7	33
Na^+	0,000 519	50,1	42,5
K^+	0,000 760	73,5	64
NH_4^+	0,000 77	74	64
$N(C_3H_7)_4^+$	0,000 24	23	19
OH^-	0,002 04	197	174
Cl^-	0,000 790	76,4	66
J^-	0,000 798	77,1	66,5
NO_3^-	0,000 737	71,1	62,5
HCO_3^-	0,000 48	46	
CH_3COO^-	0,000 430	41,4	33
$1/2\ SO_4^{--}$	0,000 82	79	68,5

Bei mehrwertigen Elektrolyten ist zur Berechnung der Äquivalentleitfähigkeit nach Gl. (15) für c die Äquivalentkonzentration einzusetzen.

§ 86. Meßmethodik. Die Kohlrauschsche Brücke. Zur Messung von Widerständen stehen allgemein zwei Methoden zur Verfügung:

1. Die Messung von Spannung und Stromstärke und Errechnung des Widerstandes auf Grund des Ohmschen Gesetzes.

2. Die für Präzisionsbestimmungen geeignete direkte Messung des Widerstandes in einer Wheatstoneschen Brückenschaltung.

In der Anordnung der Abb. 83 ist der Strommesser — (Nullinstrument) stromlos, wenn für die vier Widerstände die Beziehung

$$R_1/R_2 = R_3/R_4 \tag{1}$$

gilt, unabhängig von der Größe der angelegten Spannung. Einer der vier Widerstände, z. B. R_1, ist der zu messende, die übrigen drei sind bekannt. Macht man $R_3 = R_4$ („Verzweigungswiderstände") und variiert

R_2, den „Vergleichswiderstand", bis das Nullinstrument stromlos wird, so ist

$$R_1 = R_2\,; \tag{2}$$

der zu messende Widerstand ist gleich dem eingestellten Vergleichswiderstand.

Das Nächstliegende wäre nun, die Brücke auch für Leitfähigkeitsmessungen an Elektrolyten mit Gleichstrom zu betreiben. Das ist indessen im allgemeinen nicht durchführbar. Die Ionen werden bei ihrer Ankunft an den Elektroden entladen, es findet Elektrolyse statt (vgl. § 65). Wählt man etwa Salzsäure als Elektrolyten, so würde sich die Kathode durch die Entladung von H^+ mit H_2 beladen und die Anode (abgesehen von Sekundärprozessen) mit Cl_2. Das ganze stellt also eine Chlorknallgaskette dar, die eine bestimmte elektromotorische Kraft besitzt. Die Elektroden sind *Pole* eines galvanischen Elements geworden, sie sind *polarisiert.* Die Polarisationsspannung wirkt der von außen angelegten Spannung entgegen, so daß die Feldstärke im *Inneren des Elektrolyten,* die ja für die Wanderungsgeschwindigkeit der Ionen allein maßgebend ist, nicht aus der angelegten Spannung zu ermitteln ist. Damit entfällt die Voraussetzung der Gl. (1).

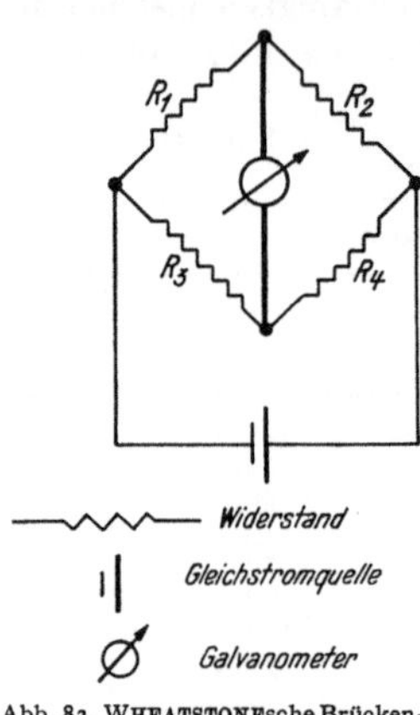

Abb. 83. WHEATSTONEsche Brückenschaltung.

Auch die rechnerische Elimination der Polarisationsspannung ist nicht ohne weiteres möglich. Ihre Berechnung aus der NERNSTschen Formel (§ 69, 2) kommt nicht in Frage, da diese sich auf thermodynamische Gleichgewichte bezieht. Sie ist also nur für den Grenzfall stromloser, oder wie man sagt, unbelasteter Elektroden gültig. Bei *belasteten Elektroden* kommt zu dem reversiblen Potential noch eine *„Überspannung"* hinzu. Sie ist von den Versuchsbedingungen abhängig und kann erhebliche Beträge annehmen.

Im einzelnen soll auf diese Verhältnisse nicht näher eingegangen werden. Wir begnügen uns mit der Feststellung, daß eine *Widerstandsmessung von Elektrolyten mit Gleichstrom wegen der dabei auftretenden Polarisationsspannungen im allgemeinen nicht in Frage kommt.*

Wesentlich günstiger liegen die Verhältnisse, wenn man mit *Wechselstrom* arbeitet. Wenn die Frequenz hoch genug ist, so kann die geringe Polarisation, die durch den kurzen Stromstoß in der *einen* Richtung hervorgerufen wurde, durch den *nächsten,* der in entgegengesetzter Richtung erfolgt, wieder *rückgängig* gemacht werden, sie ist *reversibel.* Im zeitlichen Mittel verschwindet dann die Polarisationsspannung. Bei jedem Stromstoß wird an den Elektroden eine gewisse (kleine) Menge Ionen entladen, um beim nächsten Stromstoß wieder aufgeladen zu werden. Oder anders ausgedrückt: Bei jedem Stromstoß wird von den Elektroden eine gewisse Elektrizitätsmenge aufgenommen, um beim entgegengesetzten Stromstoß wieder abgegeben zu werden. Die Elektrode wirkt als *Kondensator C*, der mit dem Widerstand R der Zelle in Serie geschaltet ist (Abb. 84).

Ein normaler Kondensator besteht aus zwei voneinander isolierten Platten. Belädt man die Platten, etwa durch kurze Berührung mit einer Spannungsquelle, mit Elektrizität, so ist die *Kapazität C*, d. h. die Aufnahmefähigkeit des Kondensators durch das Verhältnis der aufgenommenen Elektrizitätsmenge Q zu der angelegten Spannung ΔE gegeben:

$$C = \frac{Q}{\Delta E}\,. \tag{3}$$

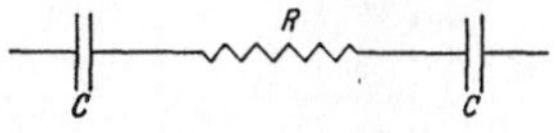

Abb. 84. Ersatzschaltung für eine Elektrolytzelle mit Widerstand und Polarisationskapazität.

Die Kapazität wächst mit steigender Größe und mit fallendem Abstand der Platten. Bei dem elektrolytischen Kondensator ist die eine Platte die Elektrode, die andere wird durch den Elektrolyten ersetzt.

Damit die störende Polarisationsspannung ΔE möglichst klein wird, muß nach Gl. (3) die Kapazität möglichst groß sein. Dies erreicht man durch *Platinierung* der Elektroden. Man überzieht die Elektroden elektrolytisch mit einem möglichst feinkörnigen Platinüberzug, der bei geeigneten Versuchsbedingungen eine tiefschwarze samtartige Oberfläche bildet. Hierdurch wird die Polarisationskapazität der Elektroden erfahrungsgemäß wesentlich erhöht. In den meisten Fällen gelingt es durch gute Platinierung, die Polarisationskapazität so groß zu machen, daß die störende Polarisationsspannung praktisch vollständig unterdrückt wird, besonders dann, wenn man mit *Wechselstrom genügend hoher Frequenz* arbeitet.

Als *Wechselstromquelle* kommen mechanische Summer in Frage, die nach dem Prinzip des WAGNERschen Hammers arbeiten oder besser noch *Röhrensender*. Die geeignete Frequenz liegt bei etwa 600—1000 Hertz (1 Hz = 1 Schwingung pro Sekunde), also noch gut im hörbaren Bereich (Pfeifton). Als Nullinstrument dient ein Telefon, das durch Abgleichen der Brückenschaltung zum Schweigen gebracht wird.

Die Ausgestaltung der WHEATSTONEschen Brücke für Leitfähigkeitsmessungen geht auf KOHLRAUSCH zurück, sie wird daher in dieser Form als *KOHLRAUSCHsche Brücke* bezeichnet.

§ 87. Die Hittorfsche Überführungszahl. Bevor wir die Ionenbeweglichkeit selbst besprechen, wollen wir die Frage behandeln, wie man zu den Einzelwerten u_K und u_A kommt, denn die Leitfähigkeitsmessung liefert ja immer nur die Summe $(u_K + u_A)$.

Zur Ermittlung des Anteils der Kationen bzw. Anionen am Stromtransport elektrolysiert man den Elektrolyten, z. B. Silbernitrat, mit *Gleichstrom* (vgl. Abb. 85). Es scheiden sich bei Durchgang von x Faraday x Äquivalente Ag^+ an der Kathode als Ag ab, dafür werden an der Anode x Äquivalente Ag als Ag^+ gelöst. Der Stromtransport im Inneren des Elektrolyten wird sowohl durch die Silber- wie durch die Nitrationen besorgt. Der Anteil der Kationen am Stromtransport v_K ist gegeben durch

$$\nu_K = u_K/(u_K + u_A)\,, \tag{1}$$

wobei die u_i wie bisher die Beweglichkeiten der Ionen bedeuten. Entsprechend ist der Anteil ν_A der Anionen am Stromtransport gegeben durch

$$\nu_A = u_A\,/\,(u_K + u_A)\,, \tag{2}$$

sodaß

$$\nu_K + \nu_A = 1 \tag{3}$$

wird. Die Ausdrücke ν_K und ν_A nennt man *Überführungszahlen* der Kationen bzw. Anionen. Bei Durchgang von x Faraday passieren also jeden Querschnitt im Mittelraum des Elektrolyten $x \cdot \nu_K$ Mole Kationen von links nach rechts und $x \cdot \nu_A$ Mole Anionen von rechts nach links.

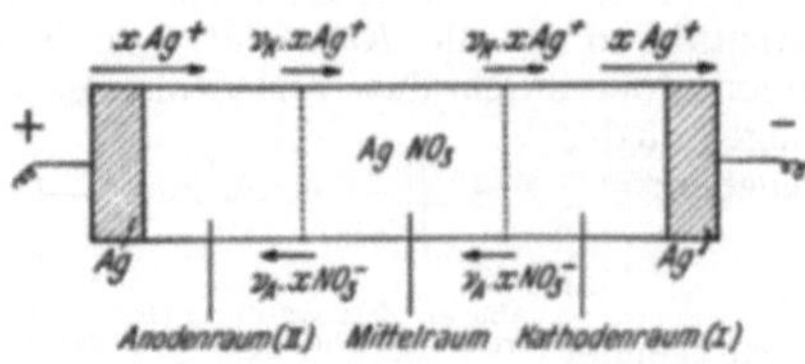

Abb. 85. Schematische Versuchsanordnung zur Bestimmung der Überführungszahl nach HITTORF.

Zur *experimentellen Ermittlung* der Überführungszahlen untersuchen wir die Konzentrationsveränderungen im Kathodenraum *I* und im Anodenraum *II* der Zelle, d. h. rechts und links von der Mitte. Den Kathodenraum mit dem experimentell zu ermittelnden Volumen v_1 haben x Mole Kationen verlassen, die an der Elektrode abgeschieden wurden, dafür sind $x\nu_K$ Mole aus dem Mittelraum eingetreten. *Vernachlässigt man das mit den Ionen durch Solvatation verbundene und daher mitgeschleppte Lösungsmittel,* so beträgt die Konzentrationsabnahme der Kationen im Kathodenraum

$$-(\Delta c_K)_I = x\,(1 - \nu_K)/v_I \text{ Mol/cm}^3\,. \tag{4}$$

Gleichzeitig haben $x \cdot \nu_A$ Mole Anionen den Kathodenraum durch den Mittelquerschnitt verlassen. Die Konzentrationsabnahme der Anionen beträgt also

$$-(\Delta c_A) = x \cdot \nu_A/v_I\,. \tag{5}$$

Mit Gl. (4) ergibt sich, entsprechend der Elektroneutralitätsbedingung

$$-(\Delta c_K)_I = -(\Delta c_A)_I = -(\Delta c)_I\,, \tag{6}$$

für die Konzentrationsabnahme des Elektrolyten im Kathodenraum der Ausdruck

$$-(\Delta c)_I = x \cdot \nu_A/v_I\,. \tag{7}$$

Eine entsprechende Betrachtung für den Anodenraum *II* ergibt

$$+(\Delta c)_{II} = x \cdot \nu_A/v_{II}\,. \tag{8}$$

Aus Gl. (7) oder (8) können die Überführungszahlen berechnet werden aus Messungen folgender Größen:

1. Konzentrationsveränderung Δc, z. B. durch Titration vor und nach dem Versuch;
2. v_I bzw. v_{II}, Volumen des Kathoden- bzw. Anodenraumes;
3. x, durchgegangene Strommenge in Faraday. Diesen Wert kann man auf zweierlei Weise bestimmen:

a) Hat man eine zeitlich konstante Stromquelle, so kann man die Stromstärke in Ampere messen und erhält die durchgegangene Strommenge in Amperesekunden = Coulomb durch Multiplikation mit der Versuchsdauer in Sekunden.

b) Allgemein kann man die durchgegangene Strommenge durch Vorschalten eines *Coulometers* messen, das ist ein Elektrolysiergefäß z. B. mit Silberelektroden und Silbernitrat als Elektrolyt. Man bestimmt die an der Kathode abgeschiedene Silbermenge gravimetrisch. 1 Grammatom Silber = 107,880 g entspricht einem Faraday. Diese Methode ist unabhängig von Schwankungen der Stromstärke, da man direkt den Ausdruck

$$\times F = \int_0^z I dz \qquad (8)$$

mißt.

Tab. 21. Überführungszahl v_K des Kations für einige Elektrolyte in verschiedenen Lösungsmitteln. (Grenzwerte für kleine Konzentrationen.)

	H_2O 25°	CH_3OH 25°	NH_3 −33°
HCl	0,821	0,736	
CH_3COOH . .	0,895		
NaOH.	0,206		
NaCl	0,396	0,50	0,42
NaJ	0,394		
$NaNO_3$	0,412		0,43
CH_3COONa . .	0,551		
KOH	0,269		
KCl	0,490	0,51	
$1/2\ K_2SO_4$ . . .	0,482		
KNO_3	0,507		0,496
$AgNO_3$	0,463	0,46	0,386
NH_4Cl	0,491		
NH_4NO_3 . . .	0,507		0,43

In Tab. 21 sind die Überführungszahlen für einige Elektrolyte in verschiedenen Lösungsmitteln angegeben. Die Überführungszahlen liegen meist bei etwa 0,5; d. h. Kation und Anion sind zu etwa gleichen Teilen am Stromtransport beteiligt. Eine Sonderstellung nehmen in Wasser die Ionen H^+ und OH^- ein, H^+ übernimmt im allgemeinen etwa 80—90% und OH^- etwa 70—80% des Stromtransportes.

§ 88. Die Leitfähigkeit starker Elektrolyte. Kohlrauschs Quadratwurzelgesetz. *Die Beweglichkeit der Ionen nimmt mit steigender Konzentration ab,* weil sich die Ionen nicht unabhängig voneinander bewegen, sondern sich gegenseitig *behindern.* Die Behinderung rührt im wesentlichen von den elektrostatischen Wechselwirkungen der Ionenladungen her. Sie hat nichts mit den chemischen Eigenschaften der Elektrolyte oder mit irgendwelchen Dissoziationsgleichgewichten zu tun, sondern beruht allein darauf, daß es sich überhaupt um Ionen, d. h. um *geladene Teilchen* handelt. Es ist also der gleiche Grund, dem auch in der Thermodynamik die Abweichung der *Aktivität* der Ionen von ihrer Konzentration im wesentlichen zuzuschreiben ist.

Die Durchrechnung des hier vorliegenden kinetischen Problems ist noch schwieriger als in der Thermodynamik. Sie wurde von DEBYE-HÜCKEL und ONSAGER durchgeführt und ergibt für 1—1 wertige Elektrolyte die Beziehung

$$\Lambda_0 - \Lambda = A\sqrt{c_{\text{Ion}}}. \tag{1}$$

Hierbei bedeutet Λ_0 den *Grenzwert* der Äquivalentleitfähigkeit des Elektrolyten für $c_{\text{Ion}} \to 0$ und A eine Konstante, die von Λ_0, T, η und ε (Dielektrizitätskonstante des Lösungsmittels) sowie von der Wertigkeit der Ionen abhängt. Wie Gl. (1) zeigt, kommt es nur auf die Konzentration der *Ionen* und nicht auf die Konzentration der Neutralmoleküle an. Bei starken 1—1 wertigen Elektrolyten ist die Konzentration jeder Ionensorte mit der Gesamtkonzentration c identisch.

Daß die Äquivalentleitfähigkeit starker Elektrolyte mit der *Wurzel* aus der Konzentration abnimmt, war schon seit langem von KOHLRAUSCH experimentell festgestellt worden. (*KOHLRAUSCHs Quadratwurzelgesetz.*) Die Theorie von DEBYE-HÜCKEL und ONSAGER eröffnet das Verständnis für das KOHLRAUSCHsche Quadratwurzelgesetz und ermöglicht die Vorausberechnung seines Koeffizienten A.

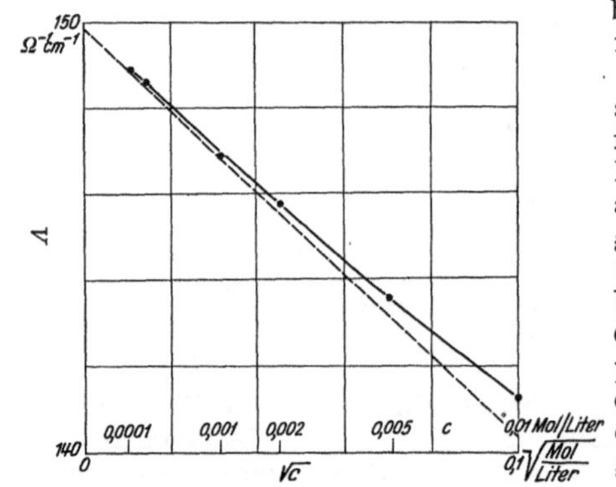

Abb. 86. Äquivalentleitfähigkeit des KCl in wäßriger Lösung bei 25°C.

In Abb. 86 ist als Beispiel die Äquivalentleitfähigkeit des KCl in Abhängigkeit von der Wurzel aus der Konzentration aufgetragen. Die punktierte Gerade ist nach Gl. (1) berechnet und bildet die *Grenztangente* an die experimentelle Kurve. Die elektrostatische Theorie ergibt also das Grenzgesetz für kleine Konzentrationen. Der Ordinatenabschnitt ist der Grenzwert Λ_0 der Äquivalentleitfähigkeit für unendlich kleine Konzentration und wird im folgenden besprochen.

Dividiert man Gl. (1) durch Λ_0, so erhält man

$$1 - f_\lambda = a\sqrt{c_{\text{Ion}}} \tag{2}$$

wenn man

$$\Lambda/\Lambda_0 \equiv f_\lambda \tag{3}$$

und

$$A/\Lambda_0 \equiv a \tag{4}$$

setzt. Der Ausdruck f_λ wird als *Leitfähigkeitskoeffizient* bezeichnet und ist ein Maß für die Abnahme der Ionenbeweglichkeiten mit der Konzentration, denn in Verbindung mit (§ 85, 17) erhält man

$$f_\lambda = \frac{(u_K + u_A)_c}{(u_K + u_A)_0}. \tag{5}$$

§ 89. Der Grenzwert der Ionenbeweglichkeit. Das Stokessche Gesetz und die Waldensche Regel. Wir beschränken uns im folgenden auf den Grenzfall unendlich verdünnter Lösungen, können daher von der gegenseitigen Behinderung der Ionen absehen und ihre Bewegungen als unabhängig voneinander auffassen. Die entsprechenden Symbole kennzeichnen wir wie bisher durch den Index o.

Die Wanderung eines Ions durch das Lösungsmittel im elektrischen Feld ist vergleichbar mit dem Sinken einer Kugel durch eine Flüssigkeit im Schwerefeld. Im einen Falle ist das Schwerefeld, im anderen das elektrische Feld die Ursache der Bewegung. Für die Sinkgeschwindigkeit einer Kugel gilt das STOKESsche Gesetz

$$w = K/6\pi\eta r \qquad (\S\ 81, 4)$$

unter der Voraussetzung, daß die Dimensionen der Kugel groß gegen die Moleküle der Flüssigkeit sind, so daß man letztere als *Kontinuum* gegenüber der Kugel behandeln kann. Überträgt man das STOKESsche Gesetz auf die Wanderungsgeschwindigkeit von *Elementarteilchen* wie Ionen, so trifft zwar diese Voraussetzung nicht mehr zu; immerhin zeigt die Erfahrung (s. w. u. WALDENsche Regel), daß das STOKESsche Gesetz namentlich für größere Ionen recht gut erfüllt ist. Auf Wasserstoff- und Hydroxylionen dagegen ist es nicht anwendbar.

Faßt man also die Ionen als Kugeln mit dem Radius r_i auf, so lautet das STOKESsche Gesetz

$$w_{oi} = \frac{K}{6\,\pi\eta\, r_i}. \tag{1}$$

Nun ist die Kraft = Ladung mal Feldstärke, also für 1wertige Ionen

$$K = e_o \cdot \Delta E/l\,, \tag{2}$$

und man erhält aus Gl. (1) und (2)

$$\frac{w_{oi}}{\Delta E/l} = u_{oi} = e_0/6\,\pi\eta\, r_i \tag{3}$$

oder nach Multiplikation mit F unter Berücksichtigung von (§ 85,19).

$$\Lambda_{oi} \cdot \eta = e_0 F/6\,\pi r_i\,. \tag{4}$$

Sofern man den Radius des Ions als konstant, d. h. als unabhängig von Lösungsmittel und Temperatur ansehen kann, stehen auf der rechten Seite von Gl. (4) nur Konstanten, man kann daher schreiben

$$\Lambda_{oi} \cdot \eta = \text{konst.} \tag{5}$$

Das Produkt aus Ionenbeweglichkeit und Zähigkeit der Lösung ist konstant (WALDENsche Regel).

Tab. 22. Zur Prüfung der WALDENschen Regel. Die Beweglichkeit Λ_{0i} und das Produkt $\Lambda_{0i} \cdot \eta$ für einige Ionen in wäßriger Lösung bei verschiedenen Temperaturen.

	t °C	Λ_{0i}	$\Lambda_{0i} \cdot \eta$
	0	15,8	0,28
$N(C_2H_5)_4^+$ . . .	25	32	0,29
	100	100	0,28
	0	15,3	0,27
Pikrat$^-$	25	31	0,28
	100	97	0,28
	0	19,3	0,35
Li^+	25	38,7	0,35
	100	114	0,32
	0	40,3	0,72
K^+	25	73,5	0,66
	100	193	0,55
	0	41,4	0,74
Cl^-	25	75,4	0,68
	100	213	0,61
	0	—	—
OH^-	25	197	1,76
	100	449	1,28
	0	224	0,40
H^+	25	349,6	0,31
	100	631	0,18
	0	0,01792	
η_{H_2O}	25	0,00894	
	100	0,00284	

Zur Prüfung der WALDENschen Regel kann man zunächst das Produkt $\Lambda_{oi} \cdot \eta$ für ein bestimmtes Ion in ein und demselben Lösungsmittel bei verschiedenen Temperaturen betrachten. In Tab. 22 sind die Beweglichkeiten einiger Ionen in wäßriger Lösung bei 0°, 25° und 100° C zusammen mit den Produkten $\Lambda_{oi} \cdot \eta$ aufgeführt. Die Zähigkeit des Wassers ist in der letzten Zeile angegeben; sie ist, wie schon in § 80 betont, sehr empfindlich von der Temperatur abhängig. Trotzdem ist das *Produkt* $\Lambda_{oi} \cdot \eta$ *für die meisten Ionen recht genau konstant, und die Anwendung des* STOKESschen *Gesetzes auf Ionen wird durch diesen Befund gerechtfertigt.* Bei den kleinen Ionen besonders H^+ und OH^- zeigt das Produkt dagegen einen deutlichen Gang mit der Temperatur. Mit den Dimensionen dieser Ionen ist der Gültigkeitsbereich des STOKESschen Gesetzes unterschritten.

Schreibt man die WALDENsche Regel in der Form

$$d\,(\Lambda_{oi} \cdot \eta) = 0, \tag{6}$$

so erhält man nach den Regeln der Differentialrechnung

$$\Lambda_{oi} \cdot d\eta + \eta \cdot d\Lambda_{oi} = 0$$

oder

$$\frac{d\Lambda_{oi}}{\Lambda_{oi}} = -\frac{d\eta}{\eta}. \tag{7}$$

Nimmt die Zähigkeit der Lösung um einen bestimmten Bruchteil ihres Wertes zu, so nimmt die Ionenbeweglichkeit oder Äquivalentleitfähigkeit um den gleichen Bruchteil ab.

Dividiert man Gl. (7) durch die Temperaturänderung dT, so erhält man

$$\frac{1}{\Lambda_{oi}} \cdot \frac{d\Lambda_{oi}}{dT} = -\frac{1}{\eta} \cdot \frac{d\eta}{dT}. \tag{8}$$

Der Temperaturkoeffizient der Äquivalentleitfähigkeit ist entgegengesetzt gleich dem Temperaturkoeffizienten der Zähigkeit der Lösung.

Dieser Satz ist für die Meßtechnik von Bedeutung. Der Temperaturkoeffizient der Zähigkeit des Wassers beträgt bei 18° $\frac{1}{\eta}\frac{d\eta}{dT} = -0{,}025$, d. h. die Zähigkeit des Wassers nimmt um 2,5% pro Grad ab. Demgemäß nimmt die Leitfähigkeit aller wäßrigen Lösungen bei 18° C nach der WALDENschen Regel um 2,5% pro Grad zu. In Tab. 23 sind die Temperaturkoeffizienten der Leitfähigkeit einiger Elektrolyte in wäßriger Lösung bei 18° C angegeben. Sie liegen für alle Salze recht nahe bei 0,025; die Säuren jedoch haben mit 1,6% wesentlich kleinere Temperaturkoeffizienten als nach der WALDENschen Regel zu erwarten ist.

Tab. 23. Temperaturkoeffizienten der Leitfähigkeit $\left(\frac{1}{\Lambda_{0i}} \cdot \frac{d\Lambda_{0i}}{dT}\right)$ für einige Elektrolyte in wäßriger Lösung bei 18° C.

HCl	0,016	$LiCl$	0,023	$NaCl$	0,023	K_2CO_3	0,025
HNO_3	0,016	$NaOH$	0,021	KCl	0,022	NH_4Cl	0,023

Will man also die Leitfähigkeit mit einer Genauigkeit von 0,1% messen, so hat man die Temperatur um ± 0,025° auf den richtigen Wert konstant zu halten. Man muß die Messung daher in einem gut arbeitenden Thermostaten vornehmen. —

Eine weitergehende Prüfung der WALDENschen Regel besteht darin, daß man das Produkt $\Lambda_{oi} \cdot \eta$ für ein bestimmtes Ion in *verschiedenen Lösungsmitteln* vergleicht. In Tab. 24 ist die Beweglichkeit Λ_{oi} und das Produkt $\Lambda_{oi} \cdot \eta$ für einige Ionen in verschiedenen Lösungsmitteln aufgeführt. Die Konstanz ist hier längst nicht so gut wie in Tab. 22. Am besten ist sie bei einigen organischen Ionen, besonders bei dem *Pikration* und den *Tetraalkylammoniumionen.* Sonst zeigt das Produkt $\Lambda_{oi} \cdot \eta$ recht deutliche Unterschiede in den einzelnen Lösungsmitteln.

Das STOKESsche Gesetz an sich ist auf größere Ionen anwendbar, das hat die Prüfung der Temperaturabhängigkeit des Produktes $\Lambda_{oi} \cdot \eta$ gezeigt. Die mangelnde Konstanz dieses Produktes in verschiedenen Lösungsmitteln kann also nur daran liegen, daß die *Größe der betreffenden Ionen vom Lösungsmittel abhängig* ist. Das ist durchaus verständlich, denn die Ionen umgeben sich bei der Auflösung mit Lösungsmittel, sie

Tab. 24. Zur Prüfung der WALDENschen Regel · Λ_{0i} und das Produkt $\lambda_{0i}\,\eta$ für einige Ionen in verschiedenen Lösungsmitteln.

L sungsmittel	Pikrat$^-$		$N(C_2H_5)_4^+$		K^+	
	Λ_{0i}	$\Lambda_{0i}\cdot\eta$	Λ_{0i}	$\Lambda_{0i}\cdot\eta$	Λ_{0i}	$\Lambda_{0i}\cdot\eta$
HCN 18° η = 0,00197	139	0,27	142	0,28	149	0,29
NH_3 — 33° η = 0,0026	—	—	—	—	121	0,31
CH_3CN 25° η = 0,00344	80	0,28	—	—	77	0,27
CH_3OH 25° η = 0,00546	45	0,25	58	0,32	54	0,29
H_2O 25° η = 0,00894	31	0,28	32	0,29	73,5	0,66
N_2H_4 25° η = 0,00905	—	—	31	0,28	—	—
C_2H_5OH 25° η = 0,01078	22	0,24	16	0,17	16	0,17

solvatisieren sich. Wir haben ja in § 52 an den Beträgen der Lösungswärmen bereits gesehen, daß die Solvatation mit teilweise recht erheblichen Energieumsetzungen verbunden ist. Es wandert also nicht das nackte Ion durch die Lösung, sondern ein *Komplex aus dem Ion und einer gewissen Zahl von Molekülen des Lösungsmittels.* Die Größe *dieser Komplexe* geht in das STOKESsche Gesetz ein, und es ist daher nicht verwunderlich, daß sie in den einzelnen Lösungsmitteln verschiedene Werte annimmt.

Die Konstanz des Produktes $\Lambda_{0i}\cdot\eta$ bei einzelnen organischen Ionen läßt umgekehrt darauf schließen, daß die Solvatation in diesen Fällen ganz unbedeutend ist. Gerade bei den Tetraalkylammoniumionen in wäßriger Lösung ist ein solches Verhalten zu erwarten. Wie bei der Behandlung der Grenzflächengleichgewichte in § 74 schon gezeigt ist, sind die Paraffine ausgesprochen hydrophobe Substanzen, und die Paraffingruppen allein sind es, die bei den Tetraalkylammoniumionen dem Lösungsmittel zugewendet sind.

§ 90. Die Leitfähigkeit schwacher Elektrolyte. Die Arrheniussche Gleichung und das Ostwaldsche Verdünnungsgesetz. Allgemein gilt für die Äquivalentleitfähigkeit von Elektrolyten (also auch von schwachen) die Beziehung

$$\Lambda = \alpha F\,(u_K + u_A)\,. \qquad (§\,85,\,16)$$

Wenn die Ionenbeweglichkeiten u_K und u_A bekannt sind, bildet die Messung der Äquivalentleitfähigkeit somit eine weitere Methode zur Bestimmung des Dissoziationsgrades α und damit der Dissoziationskonstante. Im Grenzfall unendlich kleiner Konzentration wird in jedem Falle

$$\alpha = 1 \qquad (1)$$

und

$$(u_K + u_A) = (u_K + u_A)_0 , \tag{2}$$

der Dissoziationsgrad geht gegen 1, und die Summe der Ionenbeweglichkeiten erreicht ihren Grenzwert $(u_K + u_A)_0$. Der Grenzwert der Äquivalentleitfähigkeit ist also wie bei den starken Elektrolyten gegeben durch

$$\Lambda_0 = F\,(u_K + u_A)_0 . \tag{3}$$

Dividiert man die Gl. (§ 85, 16) durch Gl. (3), so erhält man

$$\frac{\Lambda}{\Lambda_0} = \alpha \cdot \frac{u_A + u_K}{(u_K + u_A)_0} \tag{4}$$

oder

$$\frac{\Lambda}{\Lambda_0} = \alpha \cdot f_\lambda \tag{5}$$

da

$$\frac{u_K + u_A}{(u_K + u_A)_0} = f_\lambda \qquad (\S\ 88,\ 5)$$

ist. Das Verhältnis der Äquivalentleitfähigkeit Λ bei einer bestimmten Konzentration zu ihrem Grenzwert Λ_0 ist gleich dem Produkt aus dem Dissoziationsgrad des Elektrolyten und dem Leitfähigkeitskoeffizienten f_λ.

Nach § 88 hängt der Leitfähigkeitskoeffizient f_λ nur von der Konzentration der *Ionen*, aber nicht von der Gesamtkonzentration des Elektrolyten ab. Bei schwachen Elektrolyten ist $\alpha \ll 1$ und, da

$$c_{\text{Ion}} = \alpha \cdot c_0$$

ist, ist auch $c_{\text{Ion}} \ll c_0$. Selbst wenn c_0 beträchtliche Werte annimmt (0,1 oder noch höher), so bleibt die Ionenkonzentration immer noch in sehr kleinen Grenzen, wie man leicht überschlägt an Hand der Abb. 54 (§ 57), die den Dissoziationsgrad in Abhängigkeit von der Gesamtkonzentration darstellt. Die Ionenbeweglichkeiten unterscheiden sich daher auch bei größeren Gesamtkonzentrationen nur wenig von ihrem Grenzwert, und man kann auch hier näherungsweise

$$f_\lambda = 1 \tag{6}$$

setzen. Die Näherung ist um so besser, je schwächer der Elektrolyt ist. Bei mittelstarken Elektrolyten ist sie nicht mehr genügend.

Mit Gl. (6) geht Gl. (5) über in

$$\frac{\Lambda}{\Lambda_0} = \alpha , \tag{7}$$

die klassische *Beziehung von* Arrhenius *zur Bestimmung des Dissoziationsgrades von Elektrolyten aus Leitfähigkeitsmessungen.*

Die Dissoziationskonstante des Elektrolyten ist durch die Beziehung

$$K = \frac{\alpha^2}{1-\alpha} \cdot c \qquad (\S\ 57,\ 12)$$

gegeben. Ersetzt man α nach Gl. (7), so erhält man

$$K = \frac{c\Lambda^2}{\Lambda_0\,(\Lambda_0 - \Lambda)} , \tag{8}$$

das Ostwald*sche Verdünnungsgesetz.*

Die Dissoziationskonstante kann aus zusammengehörigen Wertepaaren von Λ und c berechnet werden, wenn Λ_0 bekannt ist.

In Abb. 87 ist die Äquivalentleitfähigkeit der Essigsäure in wäßriger Lösung gegen die Wurzel aus der Konzentration aufgetragen. Der Verlauf der Kurve ist ein ganz anderer als bei starken Elektrolyten, wie z. B. HCl, das zum Vergleich mit eingezeichnet ist, denn deren Leitfähigkeitskurve mündet in die theoretische Grenztangente und schneidet die Ordinate unter dem entsprechenden Winkel. Bei schwachen Elektrolyten wie Essigsäure dagegen verläuft die Kurve nach kleinen Konzentrationen zu immer steiler, denn der Dissoziationsgrad wird immer größer.

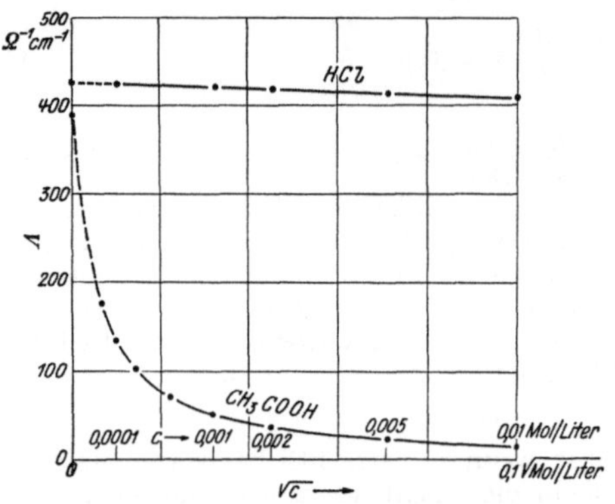

Abb. 87. Äquivalentleitfähigkeit von Salzsäure und Essigsäure in wäßriger Lösung bei 25° C. Die Meßkurve von HCl ist zugleich die theoretische Grenztangente (vgl. Abb. 86).

Der Grenzwert Λ_0 läßt sich demnach bei schwachen Elektrolyten nicht aus den Leitfähigkeitsmessungen selbst extrapolieren. Er kann aber aus den Einzelbeweglichkeiten der Ionen zusammengesetzt werden. So findet man nach Tab. 20 für Essigsäure bei 25° z. B.

$$\Lambda_{0\mathrm{H}^+} + \Lambda_{0\mathrm{Az}^-} = \Lambda_{0\mathrm{HAz}}$$

den Wert

$$349{,}6 + 41{,}4 = 391{,}0.$$

Wenn die entsprechenden Daten fehlen, kommt man durch gleichzeitige Messung eines Salzes der Säure zum Ziel. Das Salz ist ein starker Elektrolyt, und der Grenzwert seiner Äquivalentleitfähigkeit kann aus den Messungen extrapoliert werden. Wählt man das Salz eines Kations, dessen Beweglichkeit bekannt ist, z. B. das Natriumsalz, so erhält man durch Differenzbildung die Beweglichkeit des Anions und daraus wie oben das Λ_0 der Säure.

Die *strenge* Berechnung von Dissoziationskonstanten aus Leitfähigkeitsmessungen ist kompliziert. Zunächst muß der Leitfähigkeitskoeffizient f_λ in Abhängigkeit von der Konzentration bekannt sein, so daß man von Gl. (5) an Stelle von Gl. (7) ausgehen kann. Sodann erhält man immer noch die konzentrationsabhängige Dissoziationskonstante K_c, die nach dem in § 57 (Abb. 53) angedeuteten Verfahren auf die thermodynamische Dissoziationskonstante K_0 zu extrapolieren ist.

Eine derart genaue Kenntnis der Dissoziationskonstanten hat jedoch im allgemeinen wenig Interesse. Zur chemischen Charakterisierung der Säuren oder Basen genügt meist eine rohe Kenntnis der Dissoziationskonstanten, zumal es bei thermodynamischen Berechnungen im allgemeinen nur auf *ihren* Logarithmus ankommt. In solchen Fällen kann man ohne weiteres von der ARRHENIUSschen Beziehung Gl. (7) ausgehen.

Die meisten Dissoziationskonstanten sind durch Leitfähigkeitsmessungen bestimmt worden.

3. Die Diffusion.

§ 91. Das Ficksche Gesetz. Grenzen zwei verschieden konzentrierte Lösungen des gleichen Stoffes aneinander, so diffundiert der Stoff in die verdünntere Lösung, solange ein Konzentrations- oder, genauer gesagt, ein Aktivitätsunterschied besteht. Die verschiedenen Aktivitäten des Stoffes in beiden Lösungen bedingen eine Differenz seines thermodynamischen Potentials, die für konstanten Druck und Temperatur nach (§ 32, 2) zu berechnen ist aus

$$(dG)_{p,T} = RTd \ln a\,. \tag{1}$$

Der Vorgang ist analog zu der Wanderung von Ionen unter dem Einfluß eines elektrischen Feldes (§ 85). In jenem Fall ist die Wanderungsgeschwindigkeit w proportional der *elektrischen* Feldstärke $\frac{\partial E}{\partial x}$ (vgl. § 85, 1); und in diesem ist sie proportional der Größe $-\frac{\partial G}{\partial x}$, die man *thermodynamische Feldstärke* nennen kann, d. h. der Abnahme des thermodynamischen Potentials in Richtung der Wanderungsgeschwindigkeit x:

$$w = -k\left(\frac{\partial G}{\partial x}\right) \tag{2}$$

oder in Verbindung mit Gl. (1)

$$w = -kRT\,\frac{\partial \ln a}{\partial x}\,. \tag{3}$$

Der Koeffizient

$$kRT \equiv D \tag{4}$$

heißt *Diffusionskoeffizient*. Mit Gl. (4) erhält man aus Gl. (3)

$$w = -D\,\frac{da}{a\,dx}\,, \tag{5}$$

wenn man für $d \ln a$ noch $\frac{da}{a}$ schreibt.

Der Diffusionskoeffizient ist eine Materialkonstante, deren Zahlenwert in erster Linie von der Größe der diffundierenden Teilchen und von der Zähigkeit des Lösungsmittels abhängt. Bei Elektrolyten steht er in nahem Zusammenhang mit der Beweglichkeit ihrer Ionen (vgl. § 93).

Zur *Messung* des Diffusionskoeffizienten bringt man zwei verschieden konzentrierte Lösungen des Stoffes in Berührung, ohne sie zu vermischen, und mißt die zeitliche Veränderung der Konzentration an verschiedenen Stellen des Systems. Da die Diffusion sehr langsam verläuft (s. u.), muß man eine Versuchsdauer von Tagen oder Wochen in Kauf nehmen, wenn man nicht unter dem Mikroskop arbeiten will. Die Konzentration kann z. B. durch Messung des Brechungsindex oder bei gefärbten Stoffen kolorimetrisch ermittelt werden.

Zur *Berechnung* des Diffusionskoeffizienten aus den Messungen kann man nicht ohne weiteres auf Gl. (5) zurückgehen, sondern muß an Stelle der *Aktivitäten* die direkt meßbaren *Konzentrationen* einführen. Hiermit erhält man an Stelle von Gl. (5)

$$\boxed{w = -D(c) \cdot \frac{dc}{c\,dx}}, \tag{6}$$

das *Ficksche Gesetz*, in dem $D(c)$ eine Funktion der Konzentration ist, deren Grenzwert für sehr verdünnte Lösungen mit dem Diffusionskoeffizienten D in Gl. (5) identisch ist. Die Berechnung selbst ist schwierig und wird hier übergangen[1]. In Tab. 25 sind die Diffusionskoeffizienten für einige Stoffe zusammengestellt. Für die Elektrolyte beziehen sie sich auf den Grenzfall sehr verdünnter Lösungen, für die übrigen Stoffe auf Lösungen, welche etwa ein Gramm in 100 cm³ enthalten.

Tab. 25. Diffusionskoeffizienten für Stoffe in wäßriger Lösung bei 18° C.

	D (gemessen) $\frac{\text{cm}^2}{\text{Tag}}$	D (berechnet nach § 93,4)
Methylalkohol	1,4	
Äthylalkohol	0,9	
Propylalkohol	0,5	
KCl	1,4	1,46
NaCl	1,2	1,16
LiCl	0,9	0,99

Für Äthylalkohol in Wasser bei 18° z. B. beträgt der Diffusionskoeffizient $D = 0{,}88\,\frac{\text{cm}^2}{\text{Tag}}$. Nimmt also in einer wäßrigen Lösung die Konzentration des Äthylalkohols um 10% pro Zentimeter ab, d. h. ist $-\frac{dc}{c\,dx} = \frac{0{,}1}{\text{cm}}$, so diffundiert der Äthylalkohol mit einer Geschwindigkeit von

$$w = 0{,}88\,\frac{\text{cm}^2}{\text{Tag}} \cdot \frac{0{,}1}{\text{cm}} = 0{,}088\,\frac{\text{cm}}{\text{Tag}} = 0{,}61\,\frac{\mu}{\text{Minute}}$$

in den verdünnteren Teil der Lösung ($1\,\mu = 10^{-3}$ mm). Die Geschwindigkeit hat also eine Größenordnung, die sich unter dem Mikroskop gut verfolgen läßt.

§ 92. Die Diffusion von Ionen. Die Hendersonsche Gleichung. Ist der gelöste Stoff ein Elektrolyt, so diffundieren die Anionen und Kationen wegen ihrer verschiedenen Diffusionskoeffizienten im *ersten Augenblick* verschieden schnell. Setzen wir den Fall, daß die Kationen die schnelleren sind, so eilen sie den Anionen voraus, und die vorderste Front des diffundierenden Elektrolyten weist einen Überschuß positiver Ladungen gegenüber den nachfolgenden Teilen auf; es entsteht ein *elektrisches Feld* in der Lösung.

Wir haben hier die Umkehrung des in § 85 besprochenen Falles der elektrischen Leitfähigkeit. *Dort* bewirkte ein von außen angelegtes elektrisches Feld die Wanderung der Ionen verschiedenen Vorzeichens nach

[1] Näheres bei W. Jost: Diffusion und chemische Reaktion in festen Stoffen. Chem. Reaktion, Bd. II. Steinkopff 1937.

entgegengesetzten Richtungen. *Hier* bewirkt ein gegebenes Konzentrationsgefälle die Wanderung von Ionen entgegengesetzten Vorzeichens in der gleichen Richtung, und durch das Voraneilen der schnelleren Ionen entsteht ein elektrisches Feld.

Würde eine Ionenart allein unter dem Einfluß des *thermodynamischen Feldes* diffundieren, so wäre ihre Wanderungsgeschwindigkeit durch

$$w_i = -k_i RT \frac{d \ln a_i}{dx} \qquad (\S\ 91, 3)$$

gegeben; wanderte sie dagegen allein unter dem Einfluß des *elektrischen Feldes*, so wäre ihre Geschwindigkeit durch

$$w_i = -k_i z_i F \frac{dE}{dx} \qquad (\S\ 85, 1)$$

gegeben. Da sich in Wirklichkeit beide Felder *überlagern*, ist

$$w_i = -k_i \left(RT \frac{d \ln a_i}{dx} + z_i F \frac{dE}{dx} \right); \qquad (1)$$

d. h. für die *Kationen* gilt

$$w_K = -k_K \left(RT \frac{d \ln a_K}{dx} + z_K F \frac{dE}{dx} \right) \qquad (2)$$

und für die *Anionen*

$$w_A = -k_A \left(RT \frac{d \ln a_A}{dx} + z_A F \frac{dE}{dx} \right). \qquad (3)$$

Nach einer gewissen kurzen Anlaufzeit gleichen sich die Geschwindigkeiten beider Ionenarten einander an, so daß der Vorsprung der schnelleren Ionen einen endlichen Wert behält. Das muß so sein, wenn die Lösung als ganzes elektrisch neutral bleiben soll. Die schnelleren Ionen ziehen die langsameren wegen der elektrostatischen Anziehungskräfte nach, so daß schließlich im *stationären Zustand* alle Ionen mit der *gleichen Geschwindigkeit* diffundieren, d. h. daß

$$w_K = w_A = w \qquad (4)$$

wird. Für *symmetrische Elektrolyte* (d. h. solche mit gleicher Ladung beider Ionen) ist $a_K = a_A$ und $z_K = -z_A = z$. Hiermit folgt aus Gl. (2) und (3) durch Elimination von w

$$dE = \frac{RT}{zF} \frac{k_A - k_K}{k_A + k_K} d \ln a. \qquad (5)$$

Hieraus folgt mit

$$k_i = \frac{u_i}{z_i F} \qquad (\S\ 85, 2)$$

$$dE = \frac{RT}{zF} \frac{u_A - u_K}{u_A + u_K} d \ln a, \qquad (6)$$

oder mit

$$u_A/(u_K + u_A) = \nu_A \quad \text{und} \quad u_K/(u_K + u_A) = \nu_K \qquad (\S\ 87, 1 \text{ u. } 2)$$

nach Integration

$$\boxed{E_2 - E_1 = (RT/zF)\,(\nu_A - \nu_K) \ln (a_2/a_1)}, \qquad (7)$$

die HENDERSONsche Gleichung. Sie gibt die elektrische Potentialdifferenz an der Grenze zweier Lösungen des gleichen Stoffes mit den Aktivitäten a_1 und a_2 an. Wenn das Anion beweglicher ist als das Kation, lädt sich die konzentriertere Lösung positiv auf.

Sind bei einem Elektrolyten, wie z. B. KCl oder KNO_3, die Beweglichkeiten beider Ionen praktisch gleich, d. h. ist annähernd $u_K = u_A$, bzw. $v_K = v_A = 0{,}5$ (vgl. Tab. 21), so ist $E_2 - E_1 = 0$, d. h. das *Flüssigkeitspotential verschwindet.* Grenzt ein Elektrolyt mit gleichen Ionenbeweglichkeiten an einen *beliebigen anderen* Elektrolyten wesentlich geringerer Konzentration, so *verschwindet auch dieses Grenzpotential,* wie eine weitergehende Überlegung zeigt. Von dieser Tatsache haben wir bereits in § 67 Gebrauch gemacht. Dort handelte es sich darum, zur Messung der Elektrodenpotentiale in einer galvanischen Kette das Flüssigkeitspotential zu unterdrücken. Das geschah durch Zwischenschaltung einer konzentrierten KCl-Lösung zwischen die beiden Halbzellen.

Umgekehrt kann man das Diffusionspotential eines Elektrolyten ermitteln, indem man zunächst die Spannung einer Konzentrationskette ohne Zwischenschaltung eines Mittelelektrolyten mißt („*Konzentrationskette mit Überführung*" Aufgabe 18 B). Durch Vergleich mit einer entsprechenden Konzentrationskette ohne Überführung (Aufgabe 18 A) kann man die Elektrodenpotentiale eliminieren und das Diffusionspotential ermitteln. Hieraus berechnet man auf Grund der HENDERSONschen Gleichung die Überführungszahl. Das Verfahren bildet somit eine weitere *Methode zur Messung von Überführungszahlen.* Es erfordert sehr genaue Spannungsmessungen, da die Diffusionspotentiale im allgemeinen sehr klein sind.

Aufgabe 18. Berechne die Überführungszahl des Cl^- in HCl an der Spannung folgender Ketten:

A. $\overset{1}{Pt} \mid H_2, \underset{c_I}{\overset{2}{HCl}}, \underset{(s)}{Hg_2Cl_2} \mid \overset{3}{Hg} \mid \underset{(s)}{Hg_2Cl_2}, \overset{4}{} \underset{c_{II}}{HCl}, H_2 \mid \overset{5}{Pt}$

B. $\overset{1}{Pt} \mid H_2, \underset{c_I}{\overset{2}{HCl}} \mid \underset{c_{II}}{HCl}, \overset{3}{H_2} \mid \overset{4}{Pt}$.

Es soll $(c_I)_A = (c_I)_B$ und $(c_{II})_A = (c_{II})_B$ sein.

§ 93. Diffusionskoeffizient und Ionenbeweglichkeit. Der Zusammenhang zwischen dem Diffusionskoeffizienten D eines symmetrischen Elektrolyten und den Beweglichkeiten u_K und u_A seiner Ionen ergibt sich folgendermaßen: Einerseits folgt aus (§ 92, 2 u. 3) durch Elimination von $\partial E/\partial x$ für *symmetrische* Elektrolyte ($z_K = -z_A = z$)

$$w = -2\,RT \cdot \frac{k_K \cdot k_A}{k_K + k_A} (\partial \ln a/\partial x), \tag{1}$$

und anderseits ist

$$w = -D \frac{d \ln a}{dx}. \qquad (\S\,91,\ 3\ \text{u.}\ 4)$$

Also ist

$$D = 2\,RT \cdot k_K \cdot k_A/(k_K + k_A), \tag{2}$$

und mit

$$k_i = \frac{u_i}{z_i F} \qquad (\S\, 85,\, 2)$$

ergibt sich

$$D = \frac{2\,RT}{zF} \cdot \frac{u_K \cdot u_A}{u_K + u_A}\,, \qquad (3)$$

oder mit

$$u_i = \frac{\Lambda_i}{F} \qquad (\S\, 85,\, 19)$$

$$D = \frac{2\,RT}{zF^2} \cdot \frac{\Lambda_K \cdot \Lambda_A}{\Lambda_K + \Lambda_A}\,. \qquad (4)$$

Sowohl der Diffusionskoeffizient D wie die Ionenbeweglichkeiten u_i sind experimentell zugänglich, und der Vergleich ermöglicht eine Nachprüfung der Theorie. Allerdings ist die genaue Messung von Diffusionskoeffizienten ungleich schwieriger und vor allem langwieriger als die elektrischen Messungen. In Tab. 25 sind die Diffusionskoeffizienten einiger Elektrolyte, nach beiden Methoden ermittelt, zusammengestellt.

§ 94. Die Glaselektrode. Eine wichtige experimentelle Anwendung finden die Diffusionspotentiale zur elektrometrischen Bestimmung der H^+-Aktivität mit der sog. *Glaselektrode.*

Wasserstoffionen diffundieren im Gegensatz zu anderen Ionen mit merklicher Geschwindigkeit durch eine dünne Glaswand. Sind daher zwei Lösungen durch eine Glashaut voneinander getrennt, so bildet sich ein Diffusionspotential aus mit der Besonderheit, daß nur die Wasserstoffionen diffundieren, es ist also

$$\nu_A = 0 \quad \text{und} \quad \nu_K = 1\,. \qquad (1)$$

Hiermit erhält man aus der HENDERSONschen Gleichung (§ 92, 7) für die Potentialdifferenz zwischen beiden Seiten der Wand

$$E_2 - E_1 = -(RT/F) \cdot \ln (a_{H^+})_2/(a_{H^+})_1 \qquad (2)$$

und für 20° C

$$E_2 - E_1 = 0{,}058\,[(p_H)_2 - (p_H)_1]. \qquad (3)$$

In der Praxis benutzt man eine Meßanordnung, wie sie z. B. Abb. 88 zeigt. Das Diffusionspotential bildet sich an der Wand des Glaskolbens aus, der in die

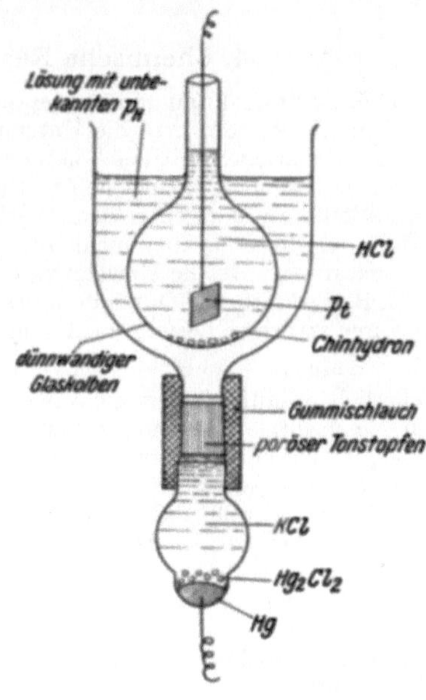

Abb. 88. Aufbau der Glaselektrode zur p_H-Messung.

zu untersuchende Lösung taucht. Im ganzen stellt Abb. 88 den Aufbau der Kette

$$\overset{1}{Pt}|H^+, \overset{2}{ChH}_{(s)}|Glas|\overset{3}{H}^+, KCl_{(s)}, Hg_2\overset{4}{Cl}_{2(s)}|\overset{5}{Hg}$$
innen außen

dar, deren Spannung man zu

$$E_{15} = 0{,}451 - 0{,}058\,(p_H)_3 \text{ berechnet (vgl. Aufg. 19).}$$

Die Glaselektrode mit ihrer Innenlösung benimmt sich also wie eine Wasserstoffelektrode, und das p_H *der Innenlösung ist gleichgültig.*

Die Glaselektrode hat vor der Wasserstoffelektrode den großen Vorteil, daß sie durch Begleitstoffe der zu untersuchenden Lösung nicht *vergiftet* werden kann, d. h. daß sie gegen Elektrodengifte unempfindlich ist. Elektrodengifte sind Stoffe wie z. B. Arsenverbindungen, Schwefelwasserstoff u. a. m., welche an der Platinelektrode adsorbiert werden. Sie hindern dadurch die gewünschte Elektrodenreaktion, z. B. $1/2\ H_2 = H^+ + \ominus$, d. h. sie vergiften die Elektrode. Im Gegensatz zu dem sehr empfindlichen Platin zeigt die Glaselektrode keine Vergiftungserscheinungen und wird in Laboratorium und Technik in steigendem Maße verwendet.

Aufgabe 19. Berechne die Spannung der Kette (Abb. 88):

$$Pt|H^+Chinhydron\,(s)|Glas|H^+|KCl(s)Hg_2Cl_2(s)|Hg.$$

4. Chemische Reaktionskinetik.

§ 95. Bruttoreaktion und Elementarvorgang. Unter chemischer Reaktionskinetik versteht man die Untersuchung des *zeitlichen Ablaufs* chemischer Reaktionen mit dem Ziel, den *Mechanismus* der Reaktion aufzufinden. Durch die chemische Bruttogleichung ist der Reaktionsmechanismus keineswegs gegeben, denn diese sagt wohl, welches die Ausgangs- und Endstoffe sind, aber nicht auf welchem Wege, d. h. über welche Elementarvorgänge die Umsetzung erfolgt.

Z. B. verläuft die Oxydation des Oxalations durch Permanganat in saurer wäßriger Lösung nach dem Schema

$$2\,MnO_4^- + 16\,H^+ + 5\,C_2O_4^{--} = 2\,Mn^{++} + 8\,H_2O + 10\,CO_2\,.$$

Sicherlich verläuft sie aber nicht in einem einzigen Akt, denn dieser hätte den gleichzeitigen Zusammenstoß der 23 Ionen ($2\,MnO_4^-$, $16\,H^+$ und $5\,C_2O_4^{--}$) zur Voraussetzung, während in Wirklichkeit der gleichzeitige Zusammenstoß schon von drei Teilchen äußerst unwahrscheinlich ist. Die Reaktion muß daher über eine Reihe von *Elementarreaktionen* verlaufen; das sind solche, an denen höchstens zwei und nur in ganz seltenen Fällen drei Partner beteiligt sind.

Folgen mehrere Elementarreaktionen hintereinander (Folgereaktionen), so ist für die Gesamtgeschwindigkeit die *langsamste* aller Folgereaktionen maßgebend; finden nebeneinander mehrere Elementarreaktionen statt, so ist die schnellste dieser *Parallelreaktionen* für den gemessenen Gesamtumsatz maßgebend.

Elementarvorgänge, die durch den Zusammenstoß zweier Teilchen A und B ausgelöst werden, nennt man *bimolekulare* oder *Zweierstoßreaktionen*. Ihre Geschwindigkeit w, das ist die Konzentrationsabnahme eines der Reaktionspartner, etwa A, in der Zeiteinheit

$$w = -\frac{dc_A}{dz}, \tag{1}$$

ist proportional der Zahl der Zusammenstöße in der Zeiteinheit, und diese ist proportional dem Produkt aus den Konzentrationen c_A und c_B der reagierenden Stoffe. Man erhält also

$$w = k c_A c_B\,. \tag{2}$$

Die Konzentrationen c_A und c_B nehmen durch die Reaktion dauernd ab, *beide* sind also *Zeitfunktionen*.

Für trimolekulare oder *Dreierstoßreaktionen* gilt entsprechend

$$w = k c_A c_B c_C\,. \tag{3}$$

Da die Wahrscheinlichkeit, daß drei Moleküle gerade im selben Augenblick zusammentreffen, bei gewöhnlichem Druck äußerst gering ist, verlaufen Dreierstoßreaktionen so langsam, daß sie nur in Ausnahmefällen eine Rolle spielen.

Ebenfalls selten sind *monomolekulare Reaktionen*, das sind solche, bei denen ein Teilchen ohne äußere Veranlassung *spontan* zerfällt. Sie sind charakteristisch für die radioaktiven Zerfallsreaktionen und treten außerdem bei dem Zerfall größerer Moleküle auf. Es handelt sich dabei um Stöße verschiedener Teile ein und desselben Moleküls gegeneinander, d. h. um *innere Stöße*. Die Geschwindigkeit monomolekularer Reaktionen ist proportional der Konzentration des zerfallenden Stoffes

$$-\frac{dc_A}{dz} = k c_A\,. \tag{4}$$

Für Elementarreaktionen ergibt sich somit ein einfacher Zusammenhang zwischen ihrem Mechanismus und ihrer Geschwindigkeit. Allerdings ist die Geschwindigkeit von Elementarreaktionen im allgemeinen nicht meßbar, sondern nur die Geschwindigkeit der Gesamtreaktion. Verläuft diese über mehrere Elementarreaktionen, so kann ein eindeutiger Zusammenhang zwischen dem experimentell gefundenen Geschwindigkeitsgesetz und dem Mechanismus der Reaktion erst dann angeben werden, wenn die Folge der Elementarreaktionen bekannt ist, und diese ist von Fall zu Fall ganz verschieden.

Wir müssen daher unterscheiden zwischen dem *kinetischem Befund* und seiner molekularen *Deutung*. Auf Grund des kinetischen Befundes teilt man die Reaktionen nach ihrer *Ordnung* ein: Ist die Geschwindigkeit der Gesamtreaktion proportional der zeitabhängigen Konzentration *eines* der reagierenden Stoffe

$$-\frac{dc_A}{dz} = k c_A\,, \tag{5}$$

so spricht man von einer Reaktion *1. Ordnung*; ist sie proportional dem

Produkt aus *zwei* zeitabhängigen Konzentrationen

$$-\frac{dc_A}{dz} = kc_A c_B\,, \tag{6}$$

so handelt es sich um eine Reaktion *2. Ordnung* usw.

Nun sind Gl. (4) und (5) identisch, es ist also eine monomolekulare Elementarreaktion für sich betrachtet eine Reaktion 1. Ordnung, jedoch ist keineswegs jede Reaktion 1. Ordnung auch eine monomolekulare Elementarreaktion. Wir kommen darauf in § 97 zurück.

§ 96. Die Ermittlung der Reaktionsordnung. Zunächst sind die Gleichungen (§ 95, 5 u. 6) zu integrieren, denn den Differentialquotienten $-\frac{dc_A}{dz}$ kann man im allgemeinen nicht direkt messen, sondern man kann nur in endlichen Zeitabständen den bis dahin erfolgten Gesamtumsatz ermitteln.

Reaktionen 1. Ordnung.

Die Geschwindigkeit ist gegeben durch

$$-\frac{dc_A}{dz} = kc_A \tag{§ 95, 5}$$

oder

$$-d\ln c_A = kdz\,. \tag{1}$$

Bezeichnen wir die Anfangskonzentration des Stoffes A mit a und die umgesetzte Menge mit x, so ist zur Zeit z

$$c_A = a - x\,, \tag{2}$$

und wir erhalten aus Gl. (1)

$$-\int_0^x d\ln(a-x) = kz$$

oder

$$-\ln\left(1-\frac{x}{a}\right) = kz\,, \tag{3}$$

wobei x/a der zur Zeit z umgesetzte Bruchteil des Stoffes ist.

Als *Halbwertszeit* τ bezeichnet man den Zeitpunkt, bei dem gerade die Hälfte der Substanz umgesetzt ist,

$$z = \tau \quad \text{für} \quad x/a = 1/2\,. \tag{4}$$

Hiermit erhält man aus Gl. (3)

$$\tau = 0{,}693/k\,. \tag{5}$$

Bei Reaktionen 1. Ordnung ist die Halbwertszeit allein durch die Konstante k bestimmt, ist also unabhängig von der Ausgangsmenge.

Setzt man Gl. (5) in Gl. (3) ein und geht zu dekadischen Logarithmen über, so erhält man mit $\log 2 = 0{,}301$:

$$-\frac{\log(1 - x/a)}{0{,}301} = z/\tau\,. \tag{6}$$

In Abb. 89 ist x/a gegen z/τ aufgetragen (Kurve 1. Ordnung).

Reaktionen 2. Ordnung.

Die Geschwindigkeit ist gegeben durch

$$-\frac{dc_A}{dz} = kc_A c_B. \qquad (\S\ 95, 6)$$

Bezeichnet man die Anfangskonzentration des Stoffes A wieder mit a, die von B mit b und die zur Zeit z umgesetzte Menge mit x, so ist

$$c_A = a - x \text{ und } c_B = b - x \qquad (7)$$

und

$$-\int_0^x \frac{d(a-x)}{(a-x)(b-x)} = kz. \qquad (8)$$

Am einfachsten[1] liegen die Verhältnisse, wenn man von äquimolaren Mengen ausgeht, so daß

$$a = b \qquad (9)$$

ist. Dann erhält man für Gl. (8)

$$-\int_0^x \frac{d(a-x)}{(a-x)^2} = kz, \qquad (10)$$

und die Integration ergibt

$$\frac{x}{a(a-x)} = kz \qquad (11)$$

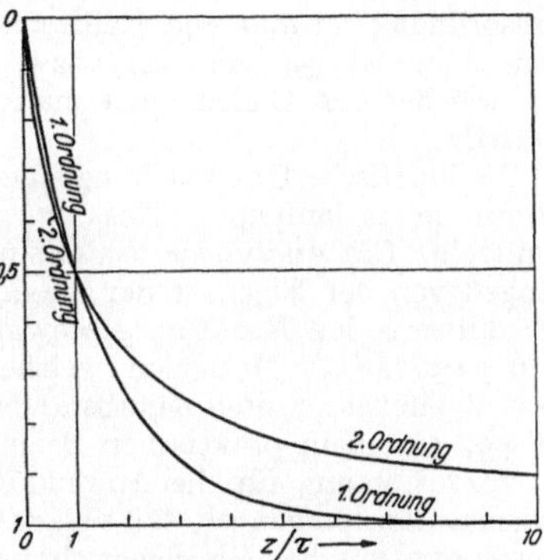

Abb. 89. Zeitlicher Verlauf von Reaktionen 1. und 2. Ordnung. x/a = umgesetzter Bruchteil der Ausgangsmenge, τ = Halbwertszeit)

oder

$$\frac{x/a}{1 - x/a} = akz. \qquad (12)$$

Für die Halbwertszeit erhält man mit Gl. (4)

$$\tau = 1/ak. \qquad (13)$$

Bei Reaktionen 2. Ordnung ist die Halbwertszeit von der Ausgangsmenge der Reaktionspartner abhängig, kann also durch entsprechende Wahl der Anfangskonzentrationen *experimentell beeinflußt* werden. Bei Reaktionen 1. Ordnung dagegen ist die Halbwertszeit bei gegebener Temperatur eine Konstante, die in keiner Weise durch experimentelle Maßnahmen beeinflußt werden kann; *ein einfaches Kriterium zur experimentellen Unterscheidung der beiden Reaktionsordnungen.*

Mit Gl. (13) erhält man aus Gl. (12)

$$\frac{x/a}{1 - x/a} = z/\tau, \qquad (14)$$

---

[1] Die allgemeine Lösung des Integrals (8) gelingt nach der Methode der Partialbruchzerlegung und lautet

$$\frac{1}{b-a} \cdot \ln \frac{a(b-x)}{b(a-x)} = kz \qquad (8a)$$

vgl. H. Sirk: Mathematik für Naturwissenschaftler und Chemiker. 2. Aufl. (Steinkopff 1941.)

und in Abb. 89 ist x/a gegen z/τ aufgetragen. Man sieht, daß sich die nach Gl. (6) berechnete Kurve für die 1. Ordnung deutlich von der nach Gl. (14) berechneten für die 2. Ordnung unterscheidet. Benutzt man die Halbwertszeit τ als Zeiteinheit, so verlaufen Reaktionen 1. Ordnung vor der Halbwertszeit langsamer, holen die 2. Ordnung aber in der Halbwertszeit ein und verlaufen dann zunehmend schneller. Bei der zehnfachen Halbwertszeit ist eine Reaktion 1. Ordnung bis auf weniger als 0,1% abgelaufen, bei einer Reaktion 2. Ordnung dagegen sind in dieser Zeit noch etwa 9% nicht umgesetzt. Zur Feststellung der Reaktionsordnung hat man eine Reihe zusammengehöriger Wertepaare von x und z in Gl. (3) und (11) bzw. (8a) einzusetzen und zu prüfen, mit welcher der Gleichungen man einen zeitunabhängigen Wert für k erhält.

Die kinetische Untersuchung einer chemischen Reaktion kommt also darauf hinaus, laufend die Zusammensetzung des Reaktionsgemisches zu ermitteln. Die *Analysenmethoden* sind von Fall zu Fall verschieden und hängen von der Eigenart der reagierenden Stoffe und außerdem vom Absolutwert der Reaktionsgeschwindigkeit ab. Allgemein bevorzugt man *physikalische* Methoden, welche nur eine einfache Ablesung erfordern, die in bestimmten Zeitabständen auszuführen ist. Wir werden das im § 97 an einem praktischen Beispiel besprechen.

Voraussetzung für die Anwendung der in diesem Paragraphen gegebenen Gleichungen ist, daß sich das System in gehörigem Abstand vom thermodynamischen Gleichgewicht befindet, damit man die Geschwindigkeit der *Rückreaktion* vernachlässigen kann. Ist das nicht der Fall, so muß die Geschwindigkeit der Rückreaktion entsprechend angesetzt und die errechnete Differenz aus beiden Reaktionsgeschwindigkeiten mit den Messungen verglichen werden.

Das Gleichgewicht selbst ist kinetisch dadurch charakterisiert, daß beide Geschwindigkeiten einander gleich werden, so daß von außen gesehen keine Veränderung des Systems mehr erfolgt.

§ 97. Die Verseifungsgeschwindigkeit des Essigsäureäthylesters in wäßriger Lösung. In *alkalischer* Lösung verläuft die Verseifung eines Esters entsprechend der Bruttoreaktion

$$RCOOR' + OH^- \rightarrow RCOO^- + R'OH\,. \qquad (1)$$

Die Verseifung von Essigsäureäthylester mit Laugen führt also zum Azetation und zum Äthylalkohol entsprechend

$$CH_3COOC_2H_5 + OH^- \rightarrow CH_3COO^- + C_2H_5OH\,. \qquad (2)$$

Die Reaktion läßt sich sehr leicht durch Messung der elektrischen Leitfähigkeit verfolgen, denn diese nimmt ab in dem Maße, in dem die schnell wandernden OH^- durch die langsameren CH_3COO^--Ionen ersetzt werden (vgl. Tab. 20).

Wie die Messung ergibt, handelt es sich um eine Reaktion 2. Ordnung, und die Bruttogleichung (2) gibt vermutlich auch die Elementarreaktion wieder. Bei 25° C ist $k = 6{,}86$, wenn man die Konzentration in Mol pro

Liter und die Zeit in Minuten rechnet. Die Halbwertszeit beträgt also

$$\tau = \frac{1}{6{,}86\ a}\ \text{Minuten.}$$

Liegen Ester und Lauge anfänglich in 1 n-Lösung vor, so ist nach 0,146 min = 8,7 sec die Hälfte des Esters verseift. Geht man von einer 0,1 n-Mischung aus, so beträgt die Halbwertszeit 87 sec.

Bei 35° C ist $k = 11{,}65$, d. h. bei einer Temperatursteigerung um 10° C wächst k auf das 1,7fache seines ursprünglichen Wertes. *Die Reaktionsgeschwindigkeit ist also sehr stark von der Temperatur abhängig, und ähnliche Werte beobachtet man bei vielen chemischen Reaktionen.* Wir kommen darauf im § 106 zurück.

Auch in *saurer* Lösung werden Ester verseift, die Bruttoreaktion verläuft hier nach dem Schema

$$\text{RCOOR}' + H_2O \rightarrow \text{RCOOH} + \text{R'OH}\ , \tag{3}$$

es bilden sich Säure und Alkohol. Faßt man die Bruttogleichung als Elementarreaktion auf, so ist nach (§ 95, 2)

$$w = k' \cdot c_E \cdot c_{H_2O}\ . \tag{4}$$

Da die Konzentration des Wassers als Lösungsmittel praktisch konstant bleibt, ist nur *eine* Konzentration, nämlich c_E, zeitabhängig, und man erhält

$$w = k \cdot c_E, \tag{5}$$

wenn man

$$k' \cdot c_{H_2O} = k$$

setzt. Die beobachtete Reaktionsordnung ist hiernach verständlich: die Verseifung des Äthylacetats in 0,1 n HCl verläuft nach der 1. Ordnung, und zwar viel langsamer als in 0,1 n alkalischer Lösung. Bei 25° ist $k = 0{,}64 \cdot 10^{-3}\ \text{min}^{-1}$, die Halbwertszeit beträgt also

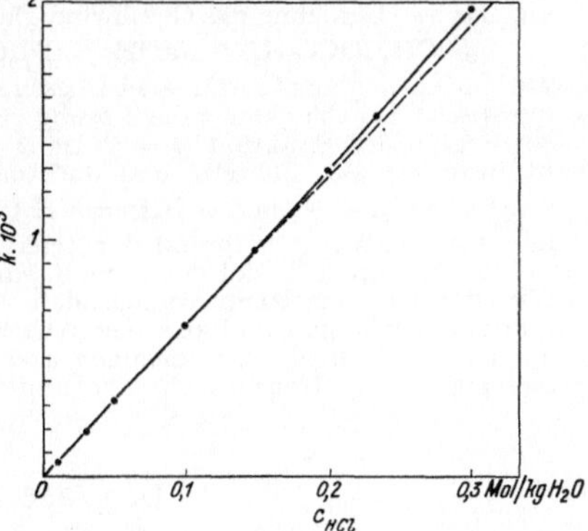

Abb. 90. Die Reaktionsgeschwindigkeits-Konstante fur die Verseifung des Äthylazetats in salzsaurer Lösung bei 25° C. Konz. in Mol/Liter, Zeit in sec gemessen.

$$\tau = 1082\ \text{min} = 18\ \text{h}\ .$$

Indessen nimmt die Konstante k ziemlich genau linear mit der H^+-Konzentration zu, wie Abb. 90 zeigt. Es ist also

$$k = k_0 \cdot c_{H^+}\ ,$$

wenn wir mit k_0 den (extrapolierten) Wert der Konstanten in 1 n Säure bezeichnen. Die Reaktionsgeschwindigkeit ist also dem Produkt aus der Konzentration des Esters c_E und aus c_{H^+} proportional:

$$w = k \cdot c_E \cdot c_{H^+}\ . \tag{6}$$

Dieser Befund läßt darauf schließen, daß die langsamste und daher geschwindigkeitsbestimmende Elementarreaktion eine Zweierstoßreaktion zwischen Ester und H^+ ist. Die Bruttoreaktion (3) ist also *keine* Elementarreaktion, sondern setzt sich aus mehreren Elementarreaktionen zusammen. Diese sind im einzelnen noch nicht bekannt; jedenfalls wird in einer der Folgereaktionen das H^+ wieder abgespalten, denn die Gesamtreaktion verläuft nach der 1. Ordnung, d. h. c_{H^+} ist zeitlich konstant oder Wasserstoffionen werden durch die Gesamtreaktion *nicht* verbraucht.

Stoffe, die eine Reaktion beschleunigen, ohne dabei verbraucht zu werden, nennt man *Katalysatoren.* Sie sind für die Praxis von allergrößter Bedeutung.

Auf weitere Einzelheiten der chemischen Reaktionskinetik wollen wir zunächst nicht eingehen. Es genügt uns, an dem Beispiel einer experimentell leicht zugänglichen Lösungsreaktion die wichtigsten Grundbegriffe kennen gelernt zu haben. Wir werden diese Kenntnisse in § 105f. bei der Behandlung einer Gasreaktion noch vertiefen.

Aufgabe 20. Berechne die Geschwindigkeitskonstante der Reaktion

$$CH_3COOC_2H_5 + NaOH = CH_3COONa + C_2H_5OH$$

in wäßriger Lösung aus Leitfähigkeitsmessungen. Experimentell gegeben ist die spezifische Leitfähigkeit $\varkappa$ der Lösung zur Zeit t.

Bei Beginn der Reaktion ($t = 0$) ist $\varkappa = \varkappa_0$ und nach Beendigung der Reaktion in $\varkappa = \varkappa_\infty$. Schreibt man die Reaktionsgleichung in der Form

$$CH_3COOC_2H_5 + Na^+ + OH^- = CH_3COO^- + Na^+ + C_2H_5OH,$$

so sieht man, daß c_{Na^+} während der Reaktion konstant bleibt. Bei einem Formelumsatz wird ein Mol der schnell wandernden Hydroxylionen durch ein Mol der viel langsamer wandernden Azetationen ersetzt, und daher nimmt die Leitfähigkeit im Laufe der Reaktion ab. Die Äquivalentleitfähigkeiten sind aus Tab. 20 zu entnehmen und können in erster Näherung als unabhängig von der Konzentration behandelt werden.

B. Gase.

1. Die kinetische Gastheorie.

§ 98. Das Modell des idealen Gases. Wir betrachten das ideale Gas wie in § 9 als ein System, in dem die Moleküle regellos in allen Richtungen des Raumes durcheinanderfliegen. Sie stoßen dabei sowohl aneinander wie an die Wand. Die Zusammenstöße sollen (wie bei idealen Billardkugeln) elastisch erfolgen, d. h. die kinetische Energie der Stoßpartner soll erhalten bleiben.

Um eine kinetische Deutung der Zustandsgleichung

$$pv = nRT \qquad (§ 8, 4)$$

zu gewinnen, fragen wir nach dem Zusammenhang zwischen der *mittleren Geschwindigkeit* $\bar{w}$ der Moleküle und den Zustandsvariablen des Gases. Wir können nur von einer *mittleren* Geschwindigkeit $\bar{w}$ reden, denn die Geschwindigkeit w jedes einzelnen Moleküls ändert sich bei jedem Zusammenstoß. Die einzelnen Moleküle besitzen daher in jedem Augenblick verschiedene Geschwindigkeiten; diese werden in der Rechnung durch einen Mittelwert $\bar{w}$ ersetzt, der im folgenden in Abhängigkeit von den Zustandsvariablen berechnet werden soll. Am einfachsten ist der Zusammenhang mit dem Druck; dieser kommt durch den fortwährenden Anprall der Moleküle auf die Wand zustande.

§ 99. Physikalische Grundbegriffe. Zur Vorbereitung der Rechnung soll zunächst der Zusammenhang der einschlägigen physikalischen Grundbegriffe, Geschwindigkeit, Kraft, Impuls, Druck usw. kurz angegeben werden:

Nach dem NEWTONschen Gesetz ist eine *Kraft* K durch die *Beschleunigung* b definiert, die sie der *Masse* m erteilt, entsprechend

$$K \equiv mb\,. \tag{1}$$

Die *Beschleunigung* b ist die Zunahme der Geschwindigkeit dw in dem Zeitintervall dz

$$b = \frac{dw}{dz}\,. \tag{2}$$

Nun ist die *Geschwindigkeit* w die Zunahme der *Entfernung* ds des Massenpunktes von einem festen Punkt in dem Zeitintervall dz, d. h.

$$w = \frac{ds}{dz}\,, \tag{3}$$

und damit wird

$$b = \frac{d^2 s}{dz^2}\,. \tag{4}$$

Wirkt die Kraft K über die Wegstrecke ds, so erteilt sie der Masse den Zuwachs an kinetischer Energie dE, d. h.

$$K ds = dE\,, \tag{5}$$

und die gesamte kinetische Energie des anfänglich (im Punkte $s = 0$) ruhenden Körpers ist gegeben durch

$$E = \int_0^s K ds\,, \tag{6}$$

oder mit Gl. (1) und (2)

$$E = \int_0^s m \frac{dw}{dz} ds = \int_0^w m \frac{ds}{dz} dw = \int_0^w m w \, dw$$

oder

$$E = \frac{m}{2} w^2\,. \tag{7}$$

Die kinetische Energie ist also eine Funktion der Geschwindigkeit; ihre Änderung mit der Geschwindigkeit bezeichnet man als *Impuls* $\mathfrak{p}$

$$\frac{dE}{dw} \equiv \mathfrak{p}\,. \tag{8}$$

Aus Gl. (7) und (8) erhält man

$$\mathfrak{p} = \frac{d\left(\frac{m}{2} w^2\right)}{dw} = \frac{m}{2} \frac{dw^2}{dw} = mw \,. \tag{9}$$

Der Impuls eines bewegten Körpers ist gleich dem Produkt aus seiner Masse und Geschwindigkeit.

Bei Zusammenstößen bleibt die Summe der Impulse aller Stoßpartner erhalten (*Impulssatz*). Stöße, bei denen auch die Summe der kinetischen Energien erhalten bleibt, nennt man elastisch (während bei unelastischen Stößen die kinetische Energie vollständig in Wärme verwandelt wird). Hieraus ergibt sich folgendes[1]:

Stößt eine Kugel A mit der Geschwindigkeit w_A elastisch und zentral auf eine gleichgroße Kugel B, so kommt A am Ort des Zusammenstoßes zur Ruhe, und B bewegt sich in der Richtung des Stoßes mit der Geschwindigkeit w_A weiter. Ist die Kugel B unendlich groß, so bleibt sie ruhen, und die Kugel A wird mit ihrer ursprünglichen Geschwindigkeit w_A reflektiert. Ihr Impuls ist nunmehr

$$\mathfrak{p}_A = -m_A w_A ; \tag{10}$$

das negative Vorzeichen zeigt die Richtungsumkehr an. Der Impuls der Kugel A hat sich also von $+m_A w_A$ auf $-m_A w_A$, d. h. um $2\, m_A w_A$ geändert, und dieser Impuls

$$\mathfrak{p}_B = 2\, m_A w_A \tag{11}$$

ist auf die unendlich große Kugel B übertragen.

Die unendlich große Kugel B kann auch durch eine *starre Wand* ersetzt werden. Treffen dauernd Kugeln auf, so wird auf die Wand eine *Kraft* K ausgeübt, die gleich dem pro Zeiteinheit übertragenen Gesamtimpuls $\frac{d\mathfrak{p}}{dz}$ ist, denn durch Differentiation von Gl. (9) nach der Zeit erhält man

$$\frac{d\mathfrak{p}}{dz} = \frac{d(mw)}{dz} = m \frac{dw}{dz} \tag{12}$$

oder mit Gl. (1) und (2)

$$\frac{d\mathfrak{p}}{dz} = mb = K \,. \tag{13}$$

§ 100. Anwendung auf das ideale Gas. Übertragen wir diese Überlegungen von den makroskopischen Kugeln auf die Gasmoleküle: Auf die Wand wird durch die dauernden Stöße der Moleküle eine Kraft K ausgeübt, die nach (§ 99, 13) gleich $\frac{d\mathfrak{p}}{dz}$, dem pro Zeiteinheit übertragenen Gesamtimpuls ist. Nun ist

$$\frac{d\mathfrak{p}}{dz} = 2\, m\bar{w} \cdot \frac{dN}{dz} \,, \tag{1}$$

[1] Vgl. R. Pohl, Einführung in die Physik; Band I S. 54 (Springer, 1941; 3. u. 4. Aufl.)

wenn $\frac{dN}{dz}$ die Zahl der in der Zeiteinheit auftreffenden Moleküle ist; denn jedes Molekül überträgt nach § 99 den Impuls $2\,m\bar{w}$. Hierbei ist m die Masse des Moleküls in Gramm und $\bar{w}$ die mittlere Geschwindigkeit.

Der *Gasdruck* p ist nun gleich der Kraft, die auf den Quadratzentimeter der Gefäßwand wirkt, d. h. gleich der *Kraft pro Flächeneinheit* (vgl. § 8). Bezeichnen wir die Fläche der Gefäßwand mit f, so ist

$$p = \frac{K}{f} \tag{2}$$

oder mit (§ 99, 13)

$$p = \frac{1}{f} \cdot \frac{d\mathfrak{p}}{dz} \tag{3}$$

und mit Gl. (1)

$$p = \frac{1}{f} \cdot 2\,m\bar{w} \cdot \frac{dN}{dz}. \tag{4}$$

Es ist nun die Zahl $\frac{dN}{dz}$ der in der Zeiteinheit auftreffenden Moleküle aus ihrer Konzentration und mittleren Geschwindigkeit zu berechnen.

Betrachten wir ein Rohr mit dem Querschnitt f (Abb. 91), in dem sich Gasmoleküle mit der gleichförmigen Geschwindigkeit $\bar{w}$ von links nach rechts bewegen. In dem Zeitintervall dz legen die Moleküle die Strecke ds zurück; es treffen also in dieser Zeit dz alle die Moleküle an der Grenzfläche ein, die sich vorher in dem benachbarten Raum mit dem Volumen $ds \cdot f$ cm³ befanden. Das sind

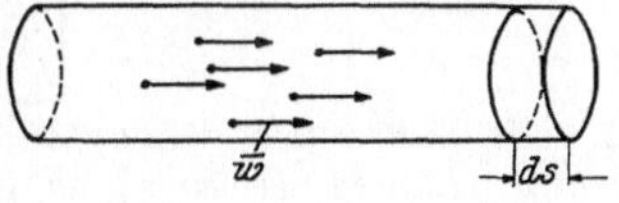

Abb. 91. Strömung eines Gases durch ein Rohr.

$$dN = \frac{N}{v} \cdot f \cdot ds \tag{5}$$

Moleküle, denn in einem cm³ befinden sich $\frac{N}{v}$ Moleküle. Dividiert man Gl. (5) durch dz, so erhält man

$$\frac{dN}{dz} = f\frac{N}{v} \cdot \bar{w}, \tag{6}$$

da $\frac{ds}{dz} = \bar{w}$ ist.

In einem *wirklichen* Gas fliegen nun die Moleküle nicht alle nach einer Richtung, sondern, wenn es als Ganzes ruht, nach allen Richtungen des Raumes regellos durcheinander. An Stelle der etwas schwierigen exakten Mittelung über alle Richtungen denken wir uns das Gas in einem Würfel von 1 cm Kantenlänge eingeschlossen. Auf jede der sechs Würfelflächen fliegt dann die gleiche Zahl, d. i. $^1/_6$ aller vorhandenen Moleküle zu. Will man den Druck ermitteln, der auf eine Würfelfläche ausgeübt wird, so hat man demnach den Ausdruck (6) durch 6 zu dividieren und in Gl. (4) einzusetzen. Man erhält

$$p = \frac{1}{3} \cdot \frac{N}{v} \cdot m \cdot \bar{w}^2. \tag{7}$$

Nun ist

$$N = n \cdot N_L\,, \tag{7a}$$

wenn N die Zahl der Moleküle, n die Zahl der Mole und N_L die LOSCHMIDTsche Zahl bedeutet.

Es ist also

$$N \cdot m = n \cdot N_L \cdot m = nM\,, \tag{8}$$

denn es ist

$$N_L \cdot m = M\,, \tag{9}$$

da m die Masse eines Moleküls und M, das Molgewicht, die Masse eines Mols bedeutet. Mit Gl. (8) erhält man aus Gl. (7)

$$pv = n\,\frac{M \cdot \overline{w}^2}{3}\,. \tag{10}$$

Durch Vergleich mit dem Gasgesetz

$$pv = nRT \tag{§ 7, 4}$$

sieht man, daß

$$RT = \frac{M \cdot \overline{w}^2}{3}$$

oder

$$\boxed{\overline{w} = \sqrt{\frac{3\,RT}{M}}} \tag{11}$$

ist. *Die mittlere Geschwindigkeit der Moleküle $\overline{w}$ hängt nur von der Temperatur und dem Molgewicht ab,* nicht aber vom Druck und Volumen des Gases.

Aufgabe 21. Berechne die mittlere Geschwindigkeit von Sauerstoff- und Chlor-Molekülen bei 25° C und 500° C.

§ 101. Die Stoßzahl. Wir denken uns in einem Gas irgend eins der Moleküle markiert, so daß wir es von den andern unterscheiden können. Wir fragen zunächst nach der *Stoßzahl Z*, das ist die Zahl der Zusammenstöße, die es im Mittel pro sec mit den übrigen Gasmolekülen erfährt. Ein Zusammenstoß ereignet sich dann, wenn die Mittelpunkte zweier Moleküle mit den Durchmessern d_1 und d_2 sich auf $d = \frac{d_1 + d_2}{2}$ nähern (Abb. 92).

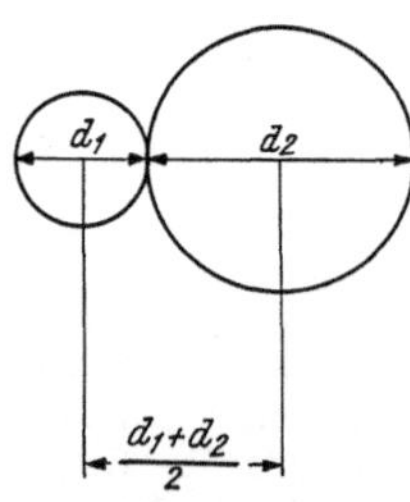

Abb. 92. Zusammenstoß zweier Gasmoleküle mit den Durchmessern d_1 und d_2.

Zur Vereinfachung der Rechnung schreiben wir dem herausgegriffenen Molekül den „Wirkungsquerschnitt" $d^2\pi$ zu und fassen die übrigen als Punkte auf. Wenn das herausgegriffene Molekül sich mit der Geschwindigkeit $\overline{w}$ bewegt, so überstreicht es pro sec den Raum $d^2\pi \cdot \overline{w}$ und erfährt soviel Zusammenstöße, wie sich Moleküle in diesem Raum befinden. Befinden sich im cm³ $\frac{N}{v}$ Moleküle, so ist

$$Z = \frac{N}{v}\,d^2\pi\,\overline{w}\,. \tag{1}$$

Gl. (1) ist nicht ganz korrekt, denn es wurde bei ihrer Ableitung nicht berücksichtigt, daß sich auch die anderen („gestoßenen") Moleküle bewegen. Die korrekte Gleichung lautet

$$Z = \sqrt{2}\,\frac{N}{v}\,d^2\pi\,\overline{w}\,. \tag{2}$$

Nun ist $\frac{N}{v} = \frac{n}{v}\cdot N_L = \frac{p}{RT}\cdot N_L$

und daher

$$Z = p\,\frac{\sqrt{2}\,d^2\pi\overline{w}\cdot N_L}{RT}, \tag{3}$$

und mit

$$\overline{w} = \sqrt{\frac{3\,RT}{M}} \tag{§ 100, 11}$$

erhält man

$$Z = p\,\frac{d^2\pi\,N_L}{\sqrt{RTM/6}}\,. \tag{4}$$

Die Stoßzahl ist bei konstanter Temperatur dem Gasdruck direkt proportional. Mit fallendem Druck nimmt nach Gl. (3) die Stoßzahl ab, schließlich wird die Zahl der im Innern des Gases stattfindenden Zweierstöße verschwindend gegenüber den Wandstößen.

Aufgabe 22: Berechne die Stoßzahl für Sauerstoff bei 25° C: bei den Drucken 1 Atm. 1 Torr., 10^{-5} Torr. Der Moleküldurchmesser beträgt etwa 3 Å.

§ 102. Mittlere freie Weglänge. Unter der mittleren freien Weglänge versteht man die Strecke, die ein Molekül im Mittel zwischen zwei Zusammenstößen durchläuft. Sie ist gegeben durch

$$\lambda = \frac{\overline{w}}{Z}\,, \tag{1}$$

denn $\overline{w}$ ist die Strecke, die das Molekül pro sec durchläuft und Z die Zahl der Stöße, die es in der gleichen Zeit erfährt. Die pro sec durchlaufene Strecke ist also eine Zickzacklinie (Abb. 93), das Mittel aus den einzelnen Abschnitten ist die mittlere freie Weglänge.

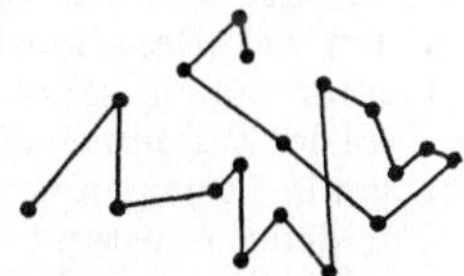

Abb. 93. Zickzackbewegung eines Gasmoleküls infolge der Zusammenstöße mit anderen Molekulen.

Aufgabe 23. Berechne die mittlere freie Weglänge für Sauerstoff bei 25 °C und den in Aufgabe 22 genannten Drucken.

§ 103. Die statistische Energieverteilung. Der Boltzmannsche *e*-Satz. Wir haben schon gesehen, daß die Geschwindigkeit des einzelnen Moleküls sich im allgemeinen bei jedem Zusammenstoß ändert. Es muß also in jedem Augenblick Moleküle geben, die sich *langsamer*, und solche, die sich *schneller* als mit der mittleren Geschwindigkeit bewegen. Sicherlich sind diejenigen mit extrem hohen Geschwindigkeiten selten, ebenso die extrem langsamen. Die meisten werden Geschwindigkeiten in der Nähe der mittleren besitzen.

Der Geschwindigkeit w eines Moleküls entspricht eine bestimmte kinetische Energie E_{kin}, denn beide Begriffe sind durch die allgemeine Gleichung

$$E_{kin} = \frac{m}{2} w^2 \qquad (\S\ 99, 7)$$

verknüpft. Nun ist die kinetische Energie der Translation, d. h. des Umherfliegens im Raum, nicht die einzige Form der molekularen Energie. Es kommen Rotations- und innere Schwingungsbewegungen dazu, und außerdem kann ein Elementarteilchen Energie aufnehmen, um seine Struktur zu verändern, es kann *Anregungsenergie* besitzen. Letztere ist oft größenordnungsmäßig höher, als die vorgenannten Energieformen. Einzelheiten gehören in das Gebiet des Atom und -Molekülbaues.

Für das folgende ist die Zahl N_E aller derjenigen Moleküle wichtig, deren Energie einen bestimmten Schwellenwert E überschreitet. Hierfür ergibt die statistische Berechnung näherungsweise den Ausdruck

$$\frac{N_E}{N_0} = e^{-\frac{E}{RT}}, \qquad (1)$$

den BOLTZMANNschen Satz, auf dessen Ableitung wir nicht eingehen können.

Aufgabe 24. Berechne den Bruchteil φ derjenigen Elementarteilchen, deren Energie E größer ist als das 1-, 10-, 100-, 1000- und 10000fache der thermischen Energie RT.

2. Chemische Reaktionskinetik II.

§ 104. Der thermische Zerfall des Jodwasserstoffs. Die Untersuchung von *Lösungs*reaktionen (§ 95f.) führte zwar zu einigen wichtigen Grundbegriffen der Reaktionskinetik; eine genauere Vorstellung über den Elementarvorgang selbst konnte sie jedoch nicht vermitteln, weil über die Zahl der Zusammenstöße in der Zeiteinheit zwischen den reagierenden Teilchen in Lösungen von vornherein nichts gesagt werden kann.

Für den *Gas*zustand dagegen haben wir darüber im vorangehenden Abschnitt genauere Vorstellungen entwickelt und wollen diese nun auf eine homogene Gasreaktion anwenden, die vor fast allen anderen dadurch ausgezeichnet ist, daß sie nur aus einem einzigen Elementarprozeß besteht: *den thermischen Zerfall des Jodwasserstoffs* nach der Gleichung

$$2\,HJ \rightarrow H_2 + J_2\,. \qquad (1)$$

Die Reaktion läßt sich analytisch durch Titration des Jodwasserstoffs verfolgen. Sie verläuft nach der 2. Ordnung, d. h. es ist

$$-\frac{dc_{HJ}}{dz} = k \cdot c_{HJ}^2\,, \qquad (2)$$

und die Konstante k hat bei verschiedenen Temperaturen, die in Tab. 26, Sp. 2 gegebenen Werte, wenn man die Konzentration des HJ in Mol/Liter und die Zeit in Sekunden mißt.

Tab. 26. Die *RG*-Konstante und andere kinetische Daten der Reaktion

$$2\,HJ \rightarrow H_2 + J_2$$

bei verschiedenen Temperaturen nach Messungen von BODENSTEIN.

t	$k\left(\frac{\text{liter}}{\text{Mol sec}}\right)$	φ	$k_0 = \frac{k}{\varphi}$	k_0 (gaskinetisch)
283	$3{,}52 \cdot 10^{-7}$	$4{,}7 \cdot 10^{-18}$	$0{,}8 \cdot 10^{11}$	$0{,}6 \cdot 10^{11}$
356	$3{,}02 \cdot 10^{-5}$	$5{,}0 \cdot 10^{-16}$	$0{,}6 \cdot 10^{11}$	$0{,}7 \cdot 10^{11}$
427	$1{,}16 \cdot 10^{-3}$	$1{,}9 \cdot 10^{-14}$	$0{,}6 \cdot 10^{11}$	$0{,}7 \cdot 10^{11}$
508	$3{,}95 \cdot 10^{-2}$	$4{,}8 \cdot 10^{-13}$	$0{,}8 \cdot 10^{11}$	$0{,}8 \cdot 10^{11}$

Wir wollen nun die Reaktionsgeschwindigkeit (RG) vom gaskinetischen Standpunkt aus soweit wie möglich vorausberechnen und das Ergebnis dann mit den Messungen vergleichen. Wir gehen davon aus, daß Gl. (1) die Elementarreaktion darstellt, und werden diese Annahme später bestätigt finden. Als Konzentrationsmaß benutzen wir zunächst den Ausdruck N/v, die Zahl der Moleküle im cm³. Die Reaktionsgeschwindigkeit, d. h. die Abnahme der Zahl von HJ-Molekülen im cm³ pro sec:

$$w = -\frac{d\,(N_{HJ}/v)}{dz} \tag{2}$$

ist offenbar proportional der Zahl der Zusammenstöße, die sich zwischen HJ-Molekülen pro cm³ und sec ereignen. Die in § 101 berechnete Stoßzahl ist die Zahl der Zusammenstöße, die *ein* herausgegriffenes Molekül pro sec erfährt. Betrachten wir jedes der N/v-Moleküle einmal als herausgegriffenes, d. h. als „stoßendes" und einmal als „gestoßenes", d. h. bilden wir das Produkt $Z \cdot N/v$, so ist dieses gleich dem Doppelten der Stoßzahl pro cm³ und sec, denn wir haben jeden Stoß zweimal gerechnet. Gerade diese Zahl $Z \cdot N/v$ brauchen wir; denn, führt ein Zusammenstoß zwischen zwei HJ-Molekülen zur Reaktion, so werden alle beide umgesetzt, d. h. die Reaktionsgeschwindigkeit ist gleich dem Doppelten der Zahl der *erfolgreichen* Stöße:

$$-\frac{d\,(N_{HJ}/v)}{dz} = Z \cdot \frac{N_{HJ}}{v}\,\varphi\,, \tag{3}$$

wobei φ die *Stoßausbeute*, d. h. denjenigen Bruchteil aller Stöße zwischen HJ-Molekülen bedeutet, der zur Reaktion führt.

Nun ist die Stoßzahl Z gegeben durch

$$Z = \sqrt{2}\,\frac{N_{HJ}}{v}\,d^2\pi\bar{w} \qquad (§\ 101,\ 2)$$

($d^2\pi$ = Wirkungsquerschnitt der HJ-Moleküle) und die mittlere Geschwindigkeit $\bar{w}$ durch

$$\bar{w} = \sqrt{\frac{3\,RT}{M}}\,. \qquad (§\ 100,\ 11)$$

Hiermit erhält man aus Gl. (3)

$$\frac{-\,d\,(N_{HJ}/v)}{dz} = \left(\frac{N_{HJ}}{v}\right)^2 \sqrt{2}\,d^2\pi \cdot \sqrt{\frac{3\,RT}{M}} \cdot \varphi \tag{4}$$

oder

$$-\frac{dc_{HJ}}{dz} = \frac{N_L}{1000}\sqrt{2}\, d^2\pi \cdot \sqrt{\frac{3\,RT}{M}} \cdot \varphi\, c_{HJ}^2\,, \tag{5}$$

wenn man die Konzentration in Mol/Liter mißt, d. h.

$$c_{HJ} = \frac{1000\, n}{v} = \frac{N}{v} \cdot \frac{1000}{N_L} \tag{6}$$

setzt. Zur Abkürzung schreiben wir für Gl. (5)

$$-\frac{dc_{HJ}}{dz} = k_0 \varphi\, c_{HJ}^2 \tag{7}$$

mit

$$k_0 = 0{,}043 \cdot 10^{11} \sqrt{\frac{T}{M}}\,(d \cdot 10^8)^2\,, \tag{8}$$

wie sich durch Einsetzen der universellen Konstanten ergibt.

Setzt man für den gaskinetischen Durchmesser des HJ-Moleküls

$$d = 3\,\text{Å} = 3 \cdot 10^{-8}\,\text{cm}\,, \tag{9}$$

ein Wert, dessen Größenordnung aus anderen Untersuchungen bekannt ist, so erhält man aus Gl. (8) die in Tab. 26, Sp. 5 angeführten gaskinetischen Werte für k_0, die nur sehr wenig von der Temperatur abhängig sind.

Anderseits folgt aus dem Vergleich von Gl. (7) mit

$$-\frac{dc_{HJ}}{dz} = k \cdot c_{HJ}^2\,, \tag{2}$$

daß die experimentell bestimmte *RG*-Konstante

$$k = k_0 \varphi \tag{10}$$

ist. Die Stoßausbeute φ werden wir in § 105 aus der experimentell bestimmten Temperaturabhängigkeit von k berechnen und können dann den reaktionskinetischen Wert

$$k_0 = k/\varphi \tag{11}$$

mit dem nach Gl. (8) berechneten gaskinetischen Wert vergleichen.

§ 105. Die Stoßausbeute und die Temperaturabhängigkeit der Reaktionsgeschwindigkeit. Die Arrheniussche Gleichung. Ein Zusammenstoß zweier HJ-Moleküle führt nur dann zur Reaktion, wenn die Stoßpartner die nötige Energie mitbringen, um wenigstens eine der H—J-Bindungen zu zerreißen, denn erst dann können die neuen Bindungen H—H und J—J entstehen. Ganz abgesehen von dem speziellen Mechanismus bezeichnet man *allgemein* die Energie pro Mol gerechnet, die die Stoßpartner mitbringen müssen, wenn der Zusammenstoß zur Reaktion führen soll, als *Aktivierungsenergie E* der Reaktion. Sie ist ein *Energieberg*, der beim Ablauf der Reaktion überwunden werden muß, und der Wärmebedarf W_p der Reaktion ist die Differenz der Aktivierungsenergie E_{hin} der Hin- und $E_{\text{rück}}$ der Rückreaktion

$$W_p = E_{\text{hin}} - E_{\text{rück}} \tag{1}$$

(vgl. Abb. 94).

Die *Stoßausbeute* φ ist danach gleich demjenigen Bruchteil aller Moleküle, welcher mindestens die Aktivierungsenergie E besitzt,

$$\varphi = \frac{N_E}{N_0}\,{}^{1} \tag{2}$$

und mit dem BOLTZMANNschen e-Satz

$$\frac{N_E}{N_0} = e^{-E/RT} \qquad (\S\ 103,\ 1)$$

ergibt sich

$$\varphi = e^{-E/RT}\,. \tag{3}$$

Nun ist die *RG*-Konstante

$$k = k_0 \cdot \varphi \qquad (\S\ 104,\ 10)$$

oder mit Gl. (3)

$$k = k_0 \cdot e^{-E/RT} \tag{4}$$

bzw.

$$\log k = \log k_0 - E/4{,}57\ T\,, \tag{5}$$

wenn man $R = 1{,}98$ cal/Mol setzt und zum Übergang auf dekadische Logarithmen durch 2,303 dividiert.

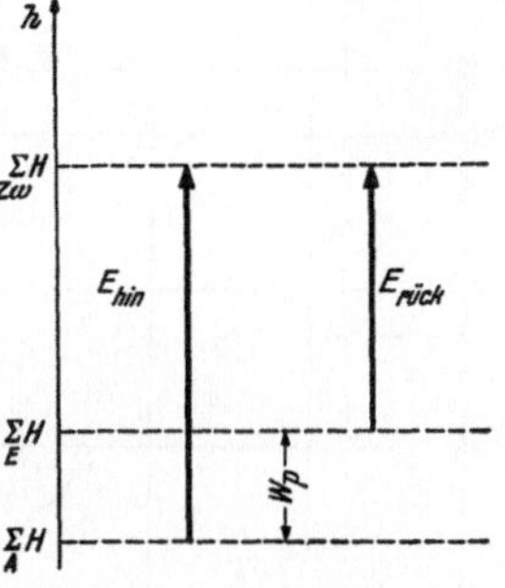

Abb. 94. Aktivierungsenergie und Wärmebedarf einer Reaktion. Schematische Darstellung.

ΣH_A Enthalpie der Ausgangsstoffe
ΣH_E „ „ Endstoffe
ΣH_{Zw} „ „ Zwischenprodukte
$E_{hin} = \Sigma H_{Zw} - \Sigma H_A$ = Aktivierungsenergie der *Hin*reaktion
$E_{rück} = \Sigma H_{Zw} - \Sigma H_E$ = Aktivierungsenergie der Rückreaktion
$Wp = \Sigma H_E - \Sigma H_A$ = Wärmebedarf der Reaktion (vgl. § 20,7).

Gl. (5) hat also die Form

$$\log k = A - \frac{B}{T}\,, \tag{6}$$

eine Gleichung, die schon von ARRHENIUS an einer Reihe von Reaktionen empirisch gefunden wurde und daher als *ARRHENIUSsche Gleichung* bezeichnet wird. Die ARRHENIUSschen Konstanten A und B erhalten durch die kinetische Gastheorie eine anschauliche Deutung:

$$A = \log k_0 \tag{7}$$

$$B = E/4{,}57\,. \tag{8}$$

Für die Temperaturabhängigkeit der *RG*-Konstanten erhält man aus Gl. (5)

$$\frac{d \log k}{d(1/T)} = -E/4{,}57\,, \tag{9}$$

wenn man k_0 als temperaturunabhängig ansieht. Das stimmt zwar nicht streng, denn nach (§ 104, 8) ist k_0 proportional $\sqrt{T}$. Im Vergleich zu der Exponentialfunktion (3) spielt diese Temperaturabhängigkeit von k_0 jedoch nur die Rolle einer unbedeutenden Korrektur, wie man auch aus den Zahlen der Tab. 26, Sp. 5 entnehmen kann. In Abb. 95 ist für den *HJ*-Zerfall $\log k$ gegen $1/T$ aufgetragen. Man erhält, wie nach Gl. (9)

[1] Die Beziehung (2) gilt nicht streng, weil der sog. *sterische Faktor* nicht berücksichtigt ist. Dieser bringt zum Ausdruck, daß nur solche Stöße zur Reaktion führen können, bei denen die Partner in einer bestimmten räumlichen Orientierung aufeinander treffen.

zu erwarten, eine Gerade, und aus der Neigung berechnet man die Aktivierungsenergie der Reaktion zu

$$E = 44\,000 \text{ cal}.$$

Setzt man diesen Wert in Gl. (3) ein, so erhält man für die Stoßausbeute φ bei den verschiedenen Versuchstemperaturen die in Tab. 26, Sp. 3 angegebenen Werte. In dem untersuchten Temperaturintervall führt also von 10^{13} bis 10^{18}-Stößen nur *einer* zur Reaktion, weil entsprechend der statistischen Energieverteilung nur ein so geringer Bruchteil aller Moleküle die zur Reaktion erforderliche Aktivierungsenergie besitzt.

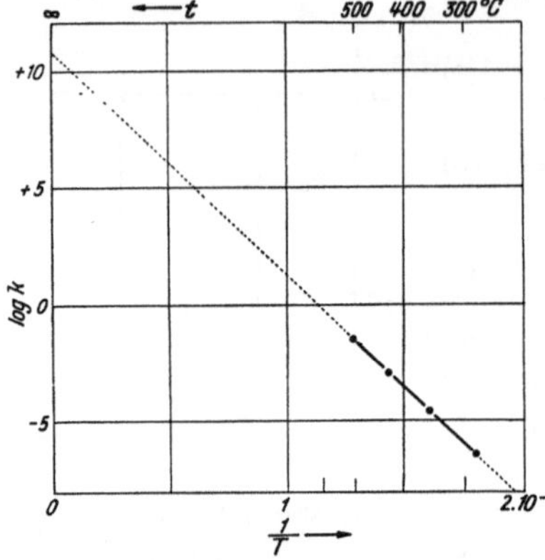

Abb. 95. Geschwindigkeit des HJ-Zerfalls in Abhängigkeit von der Temperatur. Bodenstein 1899. Konzentration in Mol/Liter, Zeit in sec gemessen.

In Tab. 26, Sp. 4 sind die auf Grund rein experimenteller Daten nach Gl. (11) berechneten reaktionskinetischen k_0-Werte angeführt. Sie stimmen fast über Erwarten gut mit den gaskinetischen Zahlen der Sp. 5 überein, und wir sehen hierin eine Bestätigung

1. für die Annahme, daß die Reaktion (§ 104, 1) tatsächlich die Elementarreaktion ist und

2. für die kinetische Gastheorie.

Schlußbemerkung. Nachdem wir die vielfältigen Gesetze der klassischen Thermodynamik und Kinetik kennengelernt haben, kommen wir noch einmal auf ihre Voraussetzungen zurück.

Für den Aufbau der Stoffe gebrauchten wir als Modell für das ideale Gas eine Ansammlung von starr elastischen Kugeln, die in vollkommener Unordnung durcheinander fliegen, und als Gegenstück das Modell des idealen Kristalls, in dem die Bausteine in vollkommener Ordnung die Punkte eines Raumgitters besetzen. Die Flüssigkeiten wurden als Kontinuum behandelt, d. h. ihr Aufbau aus Atomen oder Molekülen blieb unberücksichtigt. — Auf diese einfachsten Modelle der Materie wurden Differentialgleichungen der Thermodynamik und Mechanik angewandt, die ihrerseits wieder auf ganz wenigen einfachsten Erfahrungssätzen beruhen. Diese Sparsamkeit in den Voraussetzungen und die Fülle der Ergebnisse kennzeichnen die klassische Entwicklung. Voraussagen über individuelle Eigenschaften der Stoffe können die klassischen Gesetze nur wenige enthalten, weil keine entsprechenden Voraussetzungen in die Ansätze hineingesteckt wurden. Wohl aber weisen sie eine Reihe von Materialkonstanten auf, wie z. B. H_0 und S_0, durch welche so wichtige

Grundbegriffe der Chemie wie die „Affinität" der Stoffe oder die „Triebkraft" chemischer Reaktionen zahlenmäßig definiert werden.

Betrachtet man es als Ziel physikalisch-chemischer Forschung, die chemische Eigenart der Stoffe und ihrer Umsetzungen in physikalischen Gesetzen durch Maß und Zahl zum Ausdruck zu bringen, so ist hiermit bereits ein entscheidender Schritt getan und zugleich der Ansatzpunkt für die weitere Entwicklung gegeben.

Die Elementarteilchen werden nun auf Grund entsprechender Messungen durch nähere Angaben über ihren Aufbau und die dabei wirksamen Kräfte gekennzeichnet. Hieraus ergibt sich die Möglichkeit zu Voraussagen auch über ihr chemisches Verhalten im Sinne der allgemeinen Zielsetzung, die Zahl der empirisch zu ermittelnden Konstanten durch fortschreitende Verfeinerung der Modelle auf ein Mindestmaß zurückzuführen.

Anhang.

1. Ableitung des Entropiesatzes aus dem zweiten Hauptsatz der Thermodynamik.

§ 106. Der zweite Hauptsatz der Thermodynamik. Der zweite Hauptsatz lautet in der von PLANCK gegebenen Fassung:

> „*Es ist unmöglich, eine periodisch arbeitende Maschine zu konstruieren, die weiter nichts bewirkt als Hebung einer Last und Abkühlung eines Wärmebehälters.*"

Eine solche Maschine, die von unendlichem Nutzen wäre, nennt man nach OSTWALD ein perpetuum mobile *zweiter Art.* In dieser Bezeichnung kommt das Gemeinsame der beiden Hauptsätze zum Ausdruck, denn der erste verbietet das perpetuum mobile erster Art. Gemeinsam ist also den beiden Sätzen, daß sie zunächst nur ein Verbot, aber keine positive Feststellung enthalten, und weiterhin, daß dieses Verbot ein grundlegender Erfahrungssatz ist, d. h. nicht aus anderen Sätzen hergeleitet werden kann. Nachgeprüft werden können beide Hauptsätze nur an den sehr zahlreichen Folgerungen, zu denen sie führen.

Ein grundsätzlicher Unterschied der beiden Hauptsätze liegt in folgendem: Das perpetuum mobile erster Art schafft Energie aus dem Nichts oder es vernichtet sie. Der Richtungssinn, in dem es läuft, ist gleichgültig. Das perpetuum mobile zweiter Art hingegen hebt im Laufe eines Kreisvorganges eine Last durch Abkühlung eines Wärmebehälters. Nicht verboten ist aber die Erwärmung eines Wärmebehälters durch Senkung einer Last, wie wir sie im JOULEschen Versuch (Abb. 11) kennengelernt haben. Für das perpetuum mobile zweiter Art ist also der *Richtungssinn* entscheidend, in dem es läuft.

Daß alle wirklichen Vorgänge von selbst nur in *einer* Richtung ablaufen, zeigt die Erfahrung. Taucht man z. B. einen heißen Körper in ein kaltes Bad, so kühlt sich der Körper ab, und das Bad erwärmt sich. Es ist undenkbar, daß sich der Vorgang in umgekehrter Richtung abspielt, so daß der heiße Körper bei der Berührung mit dem kalten Bad noch heißer und das Bad noch kälter wird. M. a. W. Wärme geht erfahrungsgemäß bei freiwillig verlaufenden Prozessen nur von höherer zu tieferer Temperatur über. — Fällt ein Körper zu Boden, so wird seine beim Fall entwickelte kinetische Energie beim Aufschlag in Wärme verwandelt. Die Umkehrung auch dieses Vorganges wäre grotesk (daß nämlich ein am Boden liegender Körper plötzlich unter Abkühlung in die Höhe springt), obwohl sie nicht dem ersten Hauptsatz widerspräche.

So trivial diese Erfahrungstatsachen einzeln wirken, so schwierig war es, das ihnen zugrunde liegende gemeinsame Prinzip eindeutig und umfassend zu formulieren, so wie es durch das Verbot des perpetuum mobile zweiter Art geschehen ist. Während das Verbot des perpetuum mobile erster Art ohne weiteres einleuchtend ist, stellt das perpetuum mobile zweiter Art doch schon eine Maschine dar, deren Realisierungsmöglichkeiten man nicht von vornherein übersehen kann. Entsprechend ist auch der Gedankengang schwieriger, der von seinem Verbot zu dem Entropiesatz (§ 24, 1) führt.

Zur Durchführung (§ 108—110) benötigen wir zunächst einige Vorkenntnisse über *adiabatische Zustandsänderungen*, das sind solche, die in wärmeisolierten Systemen vor sich gehen.

§ 107. Adiabatische Zustandsänderungen. Denken wir uns das ideale Gas in einem Zylinder mit Stempel eingeschlossen, so können wir dem System reversibel Arbeit zuführen, indem wir durch Erhöhung des Außendrucks das Gas langsam komprimieren; oder wir können dem System Arbeit entnehmen, indem wir das Gas durch Verminderung des Außendrucks sich ausdehnen lassen. Sofern diese Veränderungen in einem Thermostaten, also *isotherm* vor sich gehen, sind sie uns schon bekannt. In diesem Falle bleibt die Energie u des Systems, welche nach (§ 11, 2 und § 16, 2) nur von der Temperatur abhängt, konstant, und die den Arbeitsbeträgen äquivalenten Wärmemengen werden mit dem Thermostaten ausgetauscht. In der Gleichung

$$du = a + q \qquad (§\ 12,\ 1)$$

ist

$$du = 0$$

und

$$a = a_{rev} = -pdv = -q_{rev}\,. \qquad (§\ 12,\ 2)$$

Ferner gilt nach dem BOYLE-MARIOTTEschen Gesetz

$$p = \text{konst.}/v \qquad (§\ 2,\ 1)$$

und daher

$$q_{rev} = \text{konst.}\ d\ln v\,, \qquad (1)$$

die ausgetauschte Wärmemenge ist proportional der relativen Volumenänderung.

Anders ist es, wenn wir *adiabatisch* arbeiten, d. h. den Wärmeaustausch mit der Umgebung des Systems verhindern, so daß

$$q = 0 \qquad (2)$$

wird. In diesem Falle ist

$$a_{rev} = du\,, \qquad (3)$$

die zugeführte Arbeit bewirkt eine äquivalente Erhöhung der Energie u des Systems. Mit

$$a_{rev} = -pdv \qquad (§\ 12,\ 2)$$

und

$$du = c_v dT \qquad (§\ 15,\ 2\ \text{u.}\ §\ 16,\ 2)$$

erhält man

$$-pdv = c_v dT\,, \qquad (4)$$

und mit dem idealen Gasgesetz

$$p = \frac{nRT}{v} \qquad (§\ 7,\ 4)$$

ergibt sich

$$d\ln T = -\frac{nR}{c_v}\, d\ln v\,. \qquad (5)$$

Bei einer Verminderung des Volumens steigt die Temperatur, und zwar ist der relative Anstieg der absoluten Temperatur proportional der relativen Volumenverminderung.

Der physikalische Sinn des Proportionalitätsfaktors wird deutlich, wenn man berücksichtigt, daß

$$\frac{c_v}{n} = C_v \qquad (\S\ 18,\ 1)$$

und

$$R = C_p - C_v \qquad (\S\ 19,\ 6)$$

ist, denn damit wird

$$\frac{nR}{c_v} = \frac{C_p - C_v}{C_v} = \gamma - 1 \tag{6}$$

mit

$$\frac{C_p}{C_v} \equiv \gamma\,, \tag{7}$$

und man erhält an Stelle von Gl. (5)

$$d \ln T = (1 - \gamma)\, d \ln v\,. \tag{8}$$

Integrieren wir zwischen den Volumina und Temperaturen des Anfangs- (1) und Endzustandes (2), so erhalten wir

$$\ln \frac{T_2}{T_1} = (\gamma - 1) \ln \frac{v_1}{v_2} \tag{9}$$

oder

$$\frac{T_2}{T_1} = \left(\frac{v_1}{v_2}\right)^{(\gamma-1)}$$

oder

$$T_1 v_1^{(\gamma-1)} = T_2 v_2^{(\gamma-1)}\,. \tag{10}$$

Bei einer adiabatischen Zustandsänderung des idealen Gases bleibt also das Produkt $T \cdot v^{(\gamma-1)}$ unverändert:

$$T v^{(\gamma-1)} = \text{konst.} \tag{11}$$

Um zu einem Ausdruck zu kommen, der dem BOYLE-MARIOTTEschen Gesetz vergleichbar ist, ersetzen wir T durch

$$T = \frac{pv}{nR} \qquad (\S\ 7,\ 4)$$

und erhalten

$$p v^{\gamma} = \text{konst.}, \tag{12}$$

wenn wir den Ausdruck nR in konst. mit einbeziehen.

Die Größe γ ist von Gas zu Gas verschieden; wie man aus Tab. 5 u. 6 mit Gl. (6) berechnet, hat sie für verschiedene Gase die folgenden Werte

Ar	H_2	N_2	NH_3	CO_2
1,67	1,41	1,40	1,31	1,30

In Abb. 96 sind Adiabaten für

$$\gamma = 5/3 = 1{,}67$$

und für $\gamma = 7/5 = 1{,}40$, und zwar die Funktionen

$$p v^{1,67} = 1 \quad \text{und} \quad p v^{1,4} = 1$$

im Vergleich zu der Isotherme $pv = 1$ eingezeichnet.

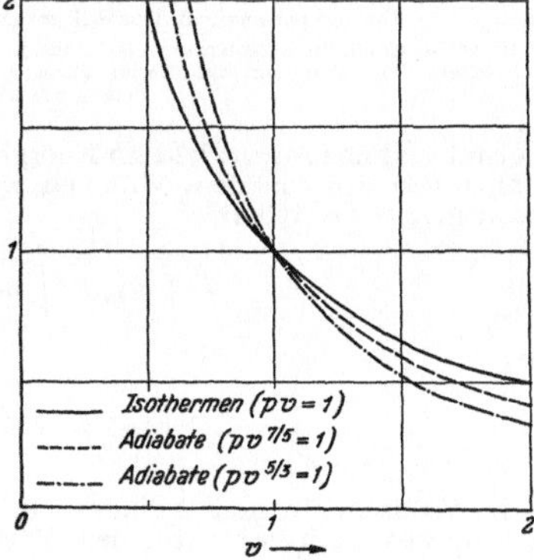

Abb. 96. Adiabatische und isotherme Zustandsänderungen.

Da γ immer > 1 ist, verlaufen die Adiabaten durchweg steiler als die Isothermen, d. h. eine adiabatische Volumenverminderung hat wegen der damit verbundenen Temperatursteigerung einen größeren Druckanstieg zur Folge als die gleiche Volumenverminderung, wenn sie isotherm vorgenommen wird.

§ 108. Der Carnotsche Kreisvorgang[1]. Wir können nunmehr mit der Ableitung des Entropiesatzes beginnen. Im Hinblick auf das Verbot des perpetuum mobile zweiter Art fragen wir zunächst, in welchem Maße überhaupt Wärme in mechanische Arbeit verwandelt werden kann. Wir führen dazu ein Gedankenexperiment aus, das man als CARNOTschen *Kreisvorgang* bezeichnet. Es seien zwei Wärmespeicher (Thermostaten) mit den Temperaturen T_1 und T_3 gegeben ($T_1 > T_3$) und ferner ein mit beweglichem Stempel versehener Zylinder, in dem sich n Mole ideales Gas befinden. Dieser Zylinder soll durch reibungslos arbeitende Steuerorgane, deren Betätigung also keine Arbeit erfordert, sowohl mit dem ersten wie mit dem zweiten Wärmebehälter in Verbindung gebracht als auch von ihnen thermisch isoliert werden können. Weiter setzen wir von allen Zustandsänderungen unseres Arbeitsstoffes voraus, daß sie reversibel, d. h. umkehrbar geleitet sind (vgl. § 12).

Mit unserem Arbeitsstoff machen wir nun folgenden *Kreisvorgang* (bei einem Kreisvorgang wird das System, d. h. in unserem Falle der Zylinder mit dem Gas, wieder in den Ausgangszustand zurückgeführt. Er ist das wesentliche Merkmal einer „Maschine"):

1. Wir bringen den Zylinder mit dem Thermostaten der Temperatur T_1 in Berührung und lassen das Gas durch Verminderung des äußeren Drucks sich ausdehnen (Abb. 97). Dabei wird gegen den äußeren Druck Arbeit

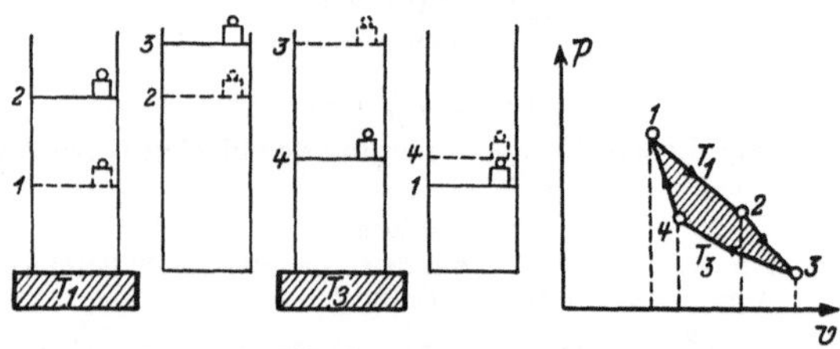

Abb. 97. Schema und Arbeitsdiagramm des CARNOTschen Kreisvorgangs.
Im pv-Diagramm sind die Kurven 1 — 2 und 3 — 4 die Isothermen, und 2 — 3 und 4 — 1 die Adiabaten. Der Inhalt der schraffierten Fläche (Dimension $|pv|$) stellt die bei dem Kreisvorgang umgesetzte Arbeit dar.

geleistet und das Äquivalent an Energie aus dem Thermostaten entnommen. Entspannen wir von dem Volumen v_1 auf das Volumen v_2 so ist die nach außen geleistete Arbeit

$$-\int_1^2 a_{\text{rev}} = \int_{v_1}^{v_2} p\,dv = R T_1 \ln \frac{v_2}{v_1}$$

oder

$$\int_1^2 a_{\text{rev}} = R T_1 \ln \frac{v_1}{v_2}. \tag{1}$$

2. Wir isolieren den Zylinder und entspannen das Gas adiabatisch so weit, daß es die Temperatur des Wärmebehälters T_3 annimmt. Das Volumen v_3, auf das wir zu diesem Zweck entspannen müssen, ist nach (§ 107,10)

[1] Der Inhalt der §§ 108—110 ist im wesentlichen dem Lehrbuch G. Joos: Theoretische Physik, 2. Aufl., S. 431—439, Akad. Verl.-Ges., Leipzig 1934 entnommen.

gegeben durch

$$v_3 = v_2 \left(\frac{T_3}{T_1}\right)^{\frac{1}{1-\gamma}}. \tag{2}$$

Die hierbei vom System gegen den Außendruck geleistete Arbeit $\int_2^3 a_{\text{rev}}$ wird, wie wir sehen werden, im Teilvorgang 4 wieder kompensiert.

3. Wir bringen den Zylinder mit dem Thermostaten T_3 in Berührung und komprimieren das Gas isotherm auf ein Volumen v_4, von dem aus durch adiabatische Kompression auf v_1 die Temperatur T_1 erreicht werden kann. Dieses Volumen ist durch

$$v_4 = v_1 \left(\frac{T_3}{T_1}\right)^{\frac{1}{1-\gamma}} \tag{3}$$

gegeben. Die bei der isothermen Kompression zugeführte Arbeit beträgt

$$\int_3^4 a_{\text{rev}} = -\int_{v_3}^{v_4} p\,dv = -R T_3 \ln \frac{v_4}{v_3}. \tag{4}$$

Die äquivalente Wärmemenge $\int_3^4 q_{\text{rev}}$ wird an den Thermostaten abgegeben.

4. Wir isolieren den Zylinder und komprimieren adiabatisch auf v_1 und erreichen damit auch wieder die Ausgangstemperatur T_1. Die dem System hierbei zugeführte Arbeit sei $\int_4^1 a_{\text{rev}}$.

Nun ist die Maschine selbst wieder im Ausgangszustand; dem Thermostaten T_1 ist eine gewisse Wärmemenge entzogen, dem Thermostaten T_3 eine gewisse Wärmemenge zugeführt, und außerdem ist eine gewisse mechanische Arbeit $\oint a_{\text{rev}}$ geleistet. Das Zeichen $\oint$ bedeutet, daß die Integration über den Kreisvorgang zu erstrecken ist und $\oint a_{\text{rev}}$ ist gegeben durch die Summe der Teilarbeiten

$$\oint a_{\text{rev}} = \int_1^2 a_{\text{rev}} + \int_2^3 a_{\text{rev}} + \int_3^4 a_{\text{rev}} + \int_4^1 a_{\text{rev}} \tag{5}$$

und wird im pv-Diagramm der Abb. 97 durch den Inhalt der bei dem Kreisvorgang umlaufenen Fläche dargestellt. Nun ist

$$\int_2^3 a_{\text{rev}} + \int_4^1 a_{\text{rev}} = 0, \tag{6}$$

denn die im Vorgang 2 und 4 umgesetzten Arbeitsbeträge bewirkten weiter nichts, als die Überführung des Gases von T_1 auf T_3 und zurück. Da diese Vorgänge adiabatisch erfolgten, d. h. die zugeführten Wärmemengen

$$\int_2^3 q_{\text{rev}} = \int_4^1 q_{\text{rev}} = 0 \tag{7}$$

waren, sind wegen

$$du = a + q \tag{§ 12, 1}$$

die Arbeiten nur auf Kosten der Energie u des idealen Gases geleistet worden. Diese aber hängt, wie wir im § 16 gesehen haben, nur von der Temperatur und nicht vom Volumen ab.

Es bleibt also

$$\oint a_{\text{rev}} = \int_1^2 a_{\text{rev}} + \int_3^4 a_{\text{rev}} \tag{8}$$

und mit Gl. (1) und (4)

$$\oint a_{\text{rev}} = R T_1 \ln \frac{v_1}{v_2} - R T_3 \ln \frac{v_4}{v_3}. \tag{9}$$

Nun ist nach Gl. (2) und (3)

$$\frac{v_4}{v_3} = \frac{v_1}{v_2}, \tag{10}$$

und damit wird

$$\oint a_{\text{rev}} = R \ln \frac{v_1}{v_2} (T_1 - T_3). \tag{11}$$

Andrerseits ist dem ersten Thermostaten die Wärmemenge

$$\int_1^2 q_{\text{rev}} = \int_1^2 a_{\text{rev}} = R T_1 \ln \frac{v_1}{v_2} \tag{12}$$

als Äquivalent der beim ersten Teilvorgang geleisteten Arbeit entzogen und der Carnot-Maschine zugeführt worden. Davon ist der Bruchteil

$$\eta = \frac{\oint a_{\text{rev}}}{\int_1^2 q_{\text{rev}}} = \frac{T_1 - T_3}{T_1} = 1 - \frac{T_3}{T_1} \tag{13}$$

in mechanische Arbeit verwandelt worden, während die Wärmemenge

$$\int_3^4 q_{\text{rev}} = \int_3^4 a_{\text{rev}} = - R T_3 \ln \frac{v_1}{v_2} = - \frac{T_3}{T_1} \int_1^2 q_{\text{rev}} = - (1 - \eta) \int_1^2 q_{\text{rev}} \tag{14}$$

an den zweiten Thermostaten überging.

η bezeichnen wir als den *Wirkungsgrad* einer Wärmekraftmaschine. Der Wirkungsgrad der Carnot-Maschine ist der größtmögliche aller Wärmekraftmaschinen, denn, gäbe es eine Über-Carnot-Maschine mit einem noch besserem Wirkungsgrad, so könnten wir durch Kombination mit einer normalen Carnot-Maschine ein *perpetuum mobile zweiter Art* herstellen, wie man sich leicht überzeugt. Der Wirkungsgrad der Carnot-Maschine hängt nach Gl. (13) *nur von den Temperaturen* ab, zwischen denen sie arbeitet, er ist also unabhängig von ihrem speziellen Aufbau, insbesondere unabhängig davon, ob man das ideale Gas als Arbeitsstoff benutzt. Wir haben das ideale Gas nur deshalb verwendet, weil man damit am leichtesten rechnen kann.

Zusammenfassung.

Die Carnot-Maschine ist eine reversibel wirkende und daher ideale Vorrichtung, die zwischen zwei Wärmebehältern mit den Temperaturen T_1 und T_3 arbeitet. Entnimmt sie dem wärmeren Thermostaten (T_1) eine gewisse Wärmemenge q_1, so verwandelt sie davon den Bruchteil

$$\eta = 1 - \frac{T_3}{T_1} \tag{13}$$

d. h. die Wärmemenge $\eta \cdot q_1$ in mechanische Arbeit und führt den Rest

$$q_3 = - q_1 (1 - \eta) \tag{14}$$

an den kälteren Wärmebehälter T_3 ab. In diesem Falle wirkt sie als ideale *Wärmekraftmaschine*. Umgekehrt kann sie auch dem kälteren Wärmebehälter die Wärmemenge q_3 entnehmen und dafür die Menge q_1 an den wärmeren Behälter abgeben, wenn man ihr die Differenz beider Wärmemengen in Form von mechanischer Arbeit zuführt (ideale *Kraftkältemaschine*).

Die Wärmemengen verhalten sich wie die absoluten Temperaturen:

$$\frac{q_1}{-q_3} = \frac{T_1}{T_3} \tag{15}$$

oder anders ausgedrückt, es ist

$$\boxed{\frac{q_1}{T_1} + \frac{q_3}{T_3} = 0\,.} \tag{16}$$

§ 109. Die Bedingung für die Umkehrbarkeit eines beliebigen Kreisvorganges. Aus dem Verbot des perpetuum mobile zweiter Art wollen wir nun die Bedingung für die Umkehrbarkeit eines beliebigen Kreisvorganges herleiten. Wir führen dazu mit einem beliebigen System irgendeinen Kreisvorgang durch, den wir im p-v-Diagramm durch eine geschlossene Kurve darstellen (Abb. 98). Wir setzen also weiter nichts voraus, als daß das System schließlich wieder in seinem Anfangszustand zurückkehrt.

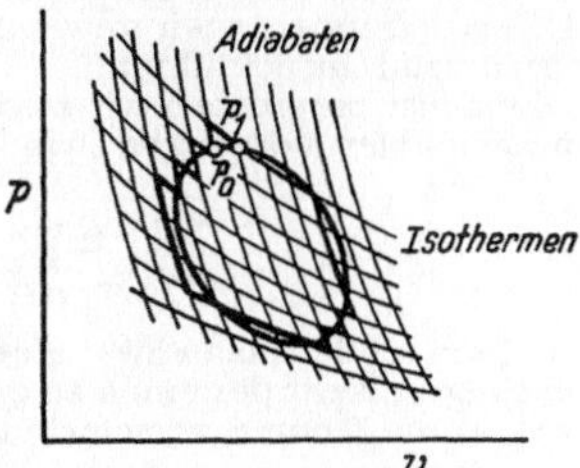

Abb. 98. Beliebiger Kreisvorgang.

Die pv-Ebene überdecken wir mit einem dichten Netz von Isothermen und Adiabaten (Abb. 98). Wenn wir das Netz beliebig eng nehmen, können wir die umgesetzte Arbeit statt durch den Inhalt der geschlossenen Kurve auch durch den Inhalt der zickzackberandeten Fläche angeben. Diese kommt so zustande, daß man von einem Punkt P_0 der Kurve nicht auf der Kurve selbst, sondern zunächst auf einer Adiabate bis zum Schnitt mit der durch P_1 gehenden Isotherme und dann auf dieser nach P_1 geht.

Die auf den Isothermen umgesetzte Wärme soll nicht einfach durch Leitung mit einem Speicher ausgetauscht werden, sondern es soll die dabei gewinnbare Arbeit auch wirklich gewonnen werden, indem die Übertragung mit Hilfe einer Carnot-Maschine erfolgt, die zwischen einem Wärmespeicher der Temperatur T_0 und der jeweiligen Temperatur T_i des Systems arbeitet. Je nachdem, ob auf der betreffenden Isotherme vom System Wärme abgegeben oder aufgenommen wird und ob die jeweilige Temperatur des Systems höher oder tiefer ist als die des Wärmespeichers, arbeitet die Carnot-Maschine als Wärmekraft- oder als Kraftkältemaschine. Da von jeder Isotherme nur ein beliebig kleines Stück durchlaufen wird, sind auch die einzelnen Wärmemengen beliebig klein und werden, wenn sie dem System zugeführt werden, mit q_i bezeichnet. Die dem Speicher zugeführten Wärmemengen bezeichnen wir mit q_0. Ein Teil der dem Speicher entnommenen Wärmemenge $-q_0$ wird in Arbeit verwandelt, während der Rest q_i an das System abgegeben wird, und zwar ist nach (§ 108, 16)

$$q_i = -q_0 \frac{T_i}{T_0}\,. \tag{1}$$

Nach Beendigung des Kreisvorganges ist sowohl das System wie die Carnot-Maschine in den Ausgangszustand zurückgekehrt, und man erhält durch Summation über alle Wärmeübertragungen

$$\sum^{\text{Kreis}} \frac{q_i}{T_i} = -\frac{\Sigma q_0}{T_0}\,. \tag{2}$$

Ist $\Sigma q_0 > 0$ und damit

$$\sum^{\text{Kreis}} \frac{q_i}{T_i} < 0\,, \tag{3}$$

so heißt das, daß dem Speicher unter Vernichtung mechanischer Energie insgesamt Wärme zugeführt wurde. Das ist durchaus möglich. Dagegen würde ein negativer Wert von Σq_0 bedeuten, daß dem Speicher insgesamt Wärmeenergie entzogen und entweder in der Carnot-Maschine oder bei dem Kreisprozeß des Systems in Arbeit verwandelt wurde. *Damit wäre aber das perpetuum mobile zweiter Art gefunden*, eine periodisch arbeitende Maschine, die weiter nichts bewirkt, als Leistung mechanischer Arbeit und Abkühlung eines Wärmebehälters. Bestenfalls, d. h. bei vollkommen reversibler Führung, ist $\Sigma q_0 = 0$. Dann ist in der Carnot-Maschine ebensoviel Arbeit umgesetzt worden wie in dem System bei seinem Kreisprozeß; es ist

$$\boxed{\sum^{\text{Kreis}} \left(\frac{q_i}{T_i}\right)_{\text{rev}} = 0\,.} \tag{4}$$

§ 110. Die Bedingung für die Umkehrbarkeit von Zustandsänderungen. Die Ergebnisse, die wir an Kreisvorgängen gewonnen haben, wollen wir nun auf *Zustands*änderungen anwenden, d. h. auf Vorgänge, die *nicht* zum Anfangszustand zurückführen.

Zunächst besprechen wir *reversible* Zustandsänderungen. Bei einer Folge von reversiblen Vorgängen zwischen zwei Zuständen 1 und 2 muß die Summe

$$\sum_1^2 \left(\frac{q_i}{T_i}\right)_{\text{rev}} \textit{ vom Wege unabhängig} \tag{1}$$

sein, denn schließt man zwei Kurven zwischen den Zuständen 1 und 2 durch Richtungsumkehr der einen zu einem Kreisvorgang zusammen, so muß nach (§ 109, 4) die Summe verschwinden:

$$\sum_1^2 \left(\frac{q_i}{T_i}\right)_{\text{rev}} + \sum_2^1 \left(\frac{q_i}{T_i}\right)_{\text{rev}} = \sum^{\text{Kreis}} \left(\frac{q_i}{T_i}\right)_{\text{rev}} = 0\,. \tag{2}$$

Daß der Ausdruck (1) vom Wege unabhängig ist, also nur von den Zuständen 1 und 2 abhängt, heißt weiter nichts, als daß er die Änderung einer *Zustandsfunktion* darstellt. Man nennt diese Zustandsfunktion nach CLAUSIUS „*Entropie*" und bezeichnet sie mit dem Symbol s. Bei einem reversibel geleiteten Übergang des Systems aus einem Zustand 1 in einen Zustand 2 ist also

$$\sum_1^2 \left(\frac{q_i}{T_i}\right)_{\text{rev}} = s_2 - s_1\,, \tag{3}$$

und für jeden reversiblen Teilvorgang erhält man die in (§ 24, 3) eingeführte Gleichung

$$\boxed{\left(\frac{q}{T}\right)_{\text{rev}} = ds\,.} \tag{4}$$

Bei einer *irreversiblen* Zustandsänderung ist dagegen

$$s_2 - s_1 - \sum_1^2 \left(\frac{q_i}{T_i}\right)_{\text{irr}} > 0\,; \tag{5}$$

das sieht man, wenn man den Vorgang durch einen im umgekehrten Sinne verlaufenden reversiblen zu einem Kreisvorgang ergänzt: Da der gesamte Kreisvorgang irreversible Bestandteile enthält, so muß

$$\sum^{\text{Kreis}} \left(\frac{q_i}{T_i}\right) < 0 \qquad (\S\ 109,\ 3)$$

ein. Nun ist in diesem Falle

$$\sum^{\text{Kreis}}\left(\frac{q_i}{T_i}\right) = \sum_1^2\left(\frac{q_i}{T_i}\right)_{\text{irr}} + \sum_2^1\left(\frac{q_i}{T_i}\right)_{\text{rev}} \tag{6}$$

oder mit Gl. (3)

$$\sum^{\text{Kreis}}\left(\frac{q_i}{T_i}\right) = \sum_1^2\left(\frac{q_i}{T_i}\right)_{\text{irr}} + s_1 - s_2 \,. \tag{7}$$

Aus Gl. (7) und (§ 109,3) folgt Gl. (5).

Für *abgeschlossene Systeme* ist $\sum q_i = 0$ und daher auch

$$\sum\left(\frac{q_i}{T_i}\right) = 0 \,, \tag{8}$$

da sie nicht in Wärmeaustausch mit der Umgebung stehen. Für *irreversible Zustandsänderungen in abgeschlossenen Systemen* erhält man damit aus Gl. (5) den in (§ 24,1) eingeführten *Entropiesatz*

$$\boxed{s_2 - s_1 > 0 \,.} \tag{9}$$

2. Lösung der Aufgaben.

1. (§ 21)

a) $C_2H_5OH_{fl} + 3\,O_2 + W_p = 2\,CO_2 + 3\,H_2O\,_{fl}$
$W_p = 2\,H_{CO_2} + 3\,H_{H_2O(fl)} - H_{C_2H_5OH(fl)} - 3\,H_{O_2}$
$= -2 \cdot 94{,}22 - 3 \cdot 68{,}31 + 66{,}7 \pm 0 = -326{,}7$ kcal.

b) $CO + 2\,H_2 + W_p = CH_3OH_{(fl)}$
$W_p = H_{CH_3OH(fl)} - H_{CO} - 2\,H_{H_2}$
$= -57{,}2 + 26{,}6 \pm 0 = -30{,}6$ kcal.

c) $W_p = 2\,H_{HCl} + H_{Na_2SO_4} - H_{H_2SO_4} - 2\,H_{NaCl}$
$= -2 \cdot 21{,}9 - 330{,}1 + 200{,}8 + 2 \cdot 98{,}3 = +23{,}5$ kcal.

d) Die Reaktion ist zu formulieren:
$CaCO_3 + 2\,H^+ + W_p = Ca^{++} + CO_2 + H_2O$
$W_p = H_{(Ca^{++})aq} + H_{CO_2} + H_{H_2O} - H_{CaCO_3} - 2\,H_{(H^+)aq}$
$= -129{,}7 - 94{,}2 - 68{,}3 + 289{,}5 \pm 0 = -2{,}7$ kcal.

e) $H_2O_{(fl)} + W_p = H_2O_{(gas)}$
$W_p = -57{,}81 + 68{,}31 = +10{,}50$ kcal.

f) $2\,J_{(fest)} + W_p = J_{2(gas)}$
$W_p = 14{,}91 \pm 0 = +14{,}91$ kcal.

2. (§ 22)

a) Nach dem KIRCHHOFFschen Satz und mit den Zahlen der Tab. 5 ist

$$\frac{dL'}{dT} = C_{pH_2O(gas)} - C_{pH_2O(fl)} = 8{,}0 - 18{,}0 = -10{,}0\,\frac{\text{cal}}{\text{Grad.}}$$

Das ergibt für 100° Temperatursteigerung eine Abnahme der Verdampfungswärme um 1,00 kcal. Nach Abb. 14 ist

$$L'_0 - L'_{100} = 10{,}7 - 9{,}7 = 1{,}0\ \text{kcal.}$$

b) Nach dem KIRCHHOFFschen Satz und mit den Zahlen der Tab. 5 ist

$$\frac{dW_p}{dT} = C_{pCO_2} - C_{\text{Graphit}} - C_{pO_2}$$

$$= 8{,}9 - 2{,}1 - 7{,}0 = -0{,}2\,\frac{\text{cal}}{\text{Grad}} = -0{,}0002\,\frac{\text{kcal}}{\text{Grad}}$$

Es ist also

$$W_{p\,1000^\circ\,C} = W_{p\,25^\circ\,C} - 0{,}0002 \cdot 975\ \text{kcal} = -94{,}2 - 0{,}2 = -94{,}4\ \text{kcal.}$$

denn nach Tab. 7 ist $W_{p\,25^\circ\,C} = -94{,}2$ kcal.

3. (§ 29)

a) $$\frac{n_1}{n_2} = \frac{m_1}{m_2} \cdot \frac{M_2}{M_1} = \frac{95}{5} \cdot \frac{98}{18} = 103{,}4;$$

$$\frac{1}{x_2} = \frac{n_2 + n_1}{n_2} = 1 + \frac{n_1}{n_2} = 104{,}4; \quad x_2 = 0{,}0096\,.$$

b) $$\frac{n_1}{n_2} = \frac{m_1}{n_2 \cdot M_1} = \frac{1000}{0{,}3 \cdot 18} = \frac{55{,}5}{0{,}3} = 185$$

$$\frac{1}{x_2} = 1 + \frac{n_1}{n_2} = 186; \quad x_2 = 0{,}00537\,.$$

c) $$\frac{n_1}{n_2} = \frac{m_1}{n_2 \cdot M_1} = \frac{1000}{0{,}3 \cdot 78} = 42{,}8\,.$$

$$\frac{1}{x_2} = 1 + \frac{n_1}{n_2} = 43{,}8; \quad x_2 = 0{,}0228\,.$$

4. (§ 36)

a) Nach (§ 36, 3) ist $\pi = \frac{n_2}{v} \cdot RT$ oder $\pi = \frac{m_2}{v} \cdot \frac{RT}{M_2}$. Für den Neigungswinkel α der Grenztangente gilt also $\operatorname{tg} \alpha = \frac{RT}{M_2}$ oder $M_2 = \frac{RT}{\operatorname{tg} \alpha}$. Nun ist für die untere Grenztangente (Lösungsmittel Aceton) $\operatorname{tg} \alpha = \frac{37{,}5 \cdot 10^{-3}}{0{,}05} \frac{\text{Atm}}{\text{gramm/cm}^3}$, denn 1 cm $H_2O = 10^{-3}$ Atm (vgl. Tab. 1). Für R ist einzusetzen $R = 82\,\text{cm}^3 \cdot \text{Atm}$ und $T = 273 + 40 = 313°$ K. Also beträgt das Molgewicht der vorliegenden Azetylzellulose in Azeton

$$M_2 = \frac{82 \cdot 313 \cdot 0{,}05}{37{,}5 \cdot 10^{-3}} = 34\,200\,.$$

In Acetophenon erhält man

$$M_2 = \frac{82 \cdot 313 \cdot 0{,}05}{41{,}5 \cdot 10^{-3}} = 30\,900\,.$$

b) $c = \frac{1000\, n_2}{v} = \frac{1000}{M_2} \cdot \frac{m_2}{v} = \frac{1000}{34\,200} \cdot 0{,}05 = 1{,}46 \cdot 10^{-3}$ Mol/Liter (in Aceton)

$c = \frac{1000}{30900} \cdot 0{,}05 = 1{,}62 \cdot 10^{-3}$ Mol/Liter (in Acetophenon).

5. (§ 41)

Nach Gl. (5) und (§ 35, 6) ist

$$x_2 = \frac{p_0 - p}{p_0} = \pi \frac{V_1^0}{RT},$$

also ist

$$\pi = \frac{RT}{V_1^0} \cdot \frac{p_0 - p}{p_0}$$

und mit $R = 82{,}04\,\text{cm}^3 \cdot \text{Atm}$, $V_1^0 = 18\,\text{cm}^3$ und $T = 273 + 30 = 303°$ K:

$$\pi = 1380 \frac{p_0 - p}{p_0}$$

Aus Abb. 26 gewinnt man folgende Tabelle

x_2	0,02	0,05	0,10
$\frac{p_0 - p}{p_0}$	0,018	0,040	0,068

und berechnet daraus

x_2	0,02	0,05	0,10
π	24,9	55,3	94,0 Atm.

Nach diesen Daten ist die punktierte Kurve der Abb. 20 gezeichnet. Sie stimmt *keineswegs* mit den Messungen überein, sondern beide Kurven haben nur die theoretische Grenztangente gemeinsam. Eine Übereinstimmung bei endlichen Konzentrationen ist auch nicht zu erwarten, denn die Gl. (5) und (§ 35, 6) sind nur Grenzgesetze für sehr verdünnte Lösungen und dürfen daher nicht dazu benutzt werden, um aus Dampfdruckmessungen bei endlichen Konzentrationen osmotische Drucke zu berechnen. Dieser Fehler wird oft gemacht; Messungen des osmotischen Druckes sind sehr viel schwieriger als Dampfdruckmessungen.

6. (§ 44)

Für den Bunsenschen Absorptionskoeffizienten α gilt $\alpha = \left(\frac{v_0'}{v}\right)_0$; $v_0' = 22415 \cdot n_2$ (Normalvolumen) und daher $\alpha = 22415 \left(\frac{n_2}{v}\right)_0$. Der Index 0 besagt, daß das Volumen bei dem Einheitsdruck $p = 1$ Atm gemessen werden soll. — Die Konstante des HENRYschen Gesetzes $x_2 = kp_2$ ist gegeben durch $k = (x_2)_0$ (für $p_2 = 1$ Atm) oder

$$k = \left(\frac{n_2}{n_1 + n_2}\right)_0 \simeq \left(\frac{n_2}{n_1}\right)_0 \simeq V_1 \left(\frac{n_2}{v}\right)_0 .$$

Demnach ist $\alpha = \frac{22415}{V_1} \cdot k$; für wäßrige Lösungen ist $V_1 = 18{,}02$ cm³ und daher $\alpha = 1{,}247 \cdot 10^3\, k$. Aus Abb. 30 entnimmt man $k_{O_2} = \frac{0{,}00025}{10} = 2{,}5 \cdot 10^{-5}$, und daher ist $\alpha = 1{,}247 \cdot 10^3 \cdot 2{,}5 \cdot 10^{-5} = 3{,}12 \cdot 10^{-2}$ oder $\alpha \cdot 10^3 = 31{,}2$, wie in Tab. 12 angegeben.

7. (§ 48)

Nach Gl. (1) ist $\frac{dT}{dp} = \frac{V - V''}{L''} \cdot T$. Nun ist

$$V - V'' = \frac{M}{\varrho} - \frac{M}{\varrho''} = \frac{18{,}02}{0{,}9999} - \frac{18{,}02}{0{,}9168} = -\,1{,}63 \text{ cm}^3/\text{Mol}.$$

Die Schmelzwärme ist in cm³ · Atm/Mol einzusetzen; nach Tab. 2 (S. 11) ist 1,986 cal = 82,04 cm³ · Atm; also ist $L'' = \frac{1435 \cdot 82{,}04}{1{,}986} = 59\,300$ cm³. Atm/Mol und

$$\frac{dT}{dp} = -\frac{1{,}63 \text{ cm}^3 \cdot 273 \text{ Grad}}{59\,300 \text{ cm}^3 \cdot \text{Atm}} = -0{,}0075 \frac{\text{Grad}}{\text{Atm}} .$$

Die Druckdifferenz zwischen dem normalen Schmelzpunkt ($p = 1$ Atm) und dem Tripelpunkt beträgt rund $\Delta p = -\,1$ Atm. Also ist die Temperatur des Tripelpunktes $t_{tr} = +\,0{,}0075$ Grad.

8. (§ 48)

$$\frac{dT}{dp} = \frac{V - V''}{L''} \cdot T = \frac{2{,}56 \cdot 1{,}986}{427 \cdot 82{,}04} \cdot 298{,}5 = 0{,}043 \frac{\text{Grad}}{\text{Atm}}.$$

Da der Druck m Tripelpunkt $p_{tr} < 1$ Torr ist, ist der Schmelzdruck bei 1 Atm um recht genau 1 Atm größer; also ist die Schmelztemperatur um 0,043° höher als im Tripelpunkt und beträgt 25,50 + 0,04 = 25,54° C.

9. (§ 52)

Nach Gl. (5) ist

$$(L_2'')_s = -\,2{,}303 \cdot 1{,}98 \frac{d \log c_s}{d\left(\frac{1}{T}\right)} \text{ cal/Mol}.$$

Aus Abb. 48b erhält man z. B. folgende beiden Wertepaare:

$\frac{1}{T}$	$\log c_s$
$3{,}20 \cdot 10^{-3}$	$-4{,}60$
$3{,}60 \cdot 10^{-3}$	$-5{,}25$

Hieraus ergibt sich

$$(L_2'')_s = 2{,}303 \cdot 1{,}98 \frac{5{,}25 - 4{,}60}{(3{,}60 - 3{,}20) \cdot 10^{-3}} = 7400 \frac{\text{cal}}{\text{Mol}} = 7{,}4 \frac{\text{kcal}}{\text{Mol}} .$$

10. (§ 56)

Nach Gl. (3) ist

$$W_p = -4{,}57\,\frac{d\log p_{CO_2}}{d\left(\frac{1}{T}\right)}.$$

Nun ist für 500° C $\frac{1}{T} = 1{,}292 \cdot 10^{-3}$ und $\log p = -0{,}958$

und für 1000° C $\frac{1}{T} = 0{,}785 \cdot 10^{-3}$ $\log p = +3{,}432$;

also ist $W_p = 4{,}57\,\frac{3{,}432 + 0{,}96}{1{,}292 - 0{,}785} \cdot 10^3\,\frac{\text{cal}}{\text{Mol}} = 40\,\frac{\text{kcal}}{\text{Mol}}$.

11. (§ 57)

a) Blausäure ist eine sehr schwache Säure ($K = 4{,}8 \cdot 10^{-10}$), wir wenden also die Näherungsformel (13) an und finden

$$\alpha_{0,01} = \sqrt{\frac{4{,}8 \cdot 10^{-10}}{0{,}01}} = 2{,}2 \cdot 10^{-4}$$

und

$$\alpha_{0,5} = \sqrt{\frac{4{,}8 \cdot 10^{-10}}{0{,}5}} = 3{,}1 \cdot 10^{-5}.$$

b) Entsprechend gilt für Essigsäure ($K = 1{,}8 \cdot 10^{-5}$)

$$\alpha_{00,1} = \sqrt{\frac{1{,}8 \cdot 10^{-5}}{0{,}01}} = 4{,}2 \cdot 10^{-2}$$

und

$$\alpha_{0,5} = \sqrt{\frac{1{,}8 \cdot 10^{-5}}{0{,}5}} = 6 \cdot 10^{-3}.$$

c) Jodsäure ist eine mittelstarke Säure ($K = 0{,}169$). Wir benutzen zur Ermittlung von α zunächst die Abb. 54 und finden für

$$c = 0{,}01;\quad \frac{c_0}{K} = \frac{0{,}01}{0{,}169} = 0{,}06;\quad \alpha \simeq 0{,}95$$

$$c = 0{,}5\quad \frac{c_0}{K} = \frac{0{,}5}{0{,}169} = 2{,}96;\quad \alpha \simeq 0{,}44.$$

Die 0,01 n-Jodsäure ($\alpha \simeq 0{,}95$) können wir als nahezu vollständig dissoziiert ansehen und finden mit Gl. (14)

$$1 - \alpha_{0,01} = \frac{0{,}01}{0{,}169} = 0{,}06 \text{ oder } \alpha = 0{,}94.$$

12. (§ 57)

		c_{OH^-}	c_{H^+}	p_H
Salzsäure	1 n		1,0	0
	0,1		0,1	1,0
	0,025		0,025	1,60
Natronlauge	1 n	1	10^{-14}	14
	0,1	0,1	10^{-13}	13
	0,05	0,05	$2 \cdot 10^{-13}$	12,70

13. (§ 59)

a) Nach (§ 57, 18) ist vor Zugabe der Salzsäure $p_H = p_K + \log \frac{0,1}{0,1} = p_K$. Die zugegebene Salzsäure reagiert nach $HCl + CH_3COO^- = CH_3COOH + Cl^-$. Durch Zugabe von 10^{-3} Molen HCl werden also 10^{-3} Mole Acetationen in Essigsäure verwandelt, d. h. bei 0,1 Liter Gesamtvolumen nimmt die Säurekonzentration um $\frac{0,001}{0,1} = 0,01 \frac{\text{Mol}}{\text{Liter}}$ zu, und die Acetationen-Konzentration nimmt um den gleichen Betrag ab. Es wird also

$$p_H = p_K + \log \frac{0,1 - 0,01}{0,1 + 0,01} = p_K + \log 0,82 = p_K + 0,09\,.$$

Die Zugabe bewirkt eine p_H-Änderung um 0,09 Einheiten.

b) In einer 0,01 n-Salzsäure ist $p_H = 2,0$; durch Zugabe von $\frac{0,001}{0,1} = 0,01 \frac{\text{Mol}}{\text{Liter}}$ HCl wird $c_{H^+} = 0,01 + 0,01 = 0,02$ und $p_H = -\log 0,02 = 1,7$. Das p_H ändert sich um 0,3 Einheiten.

14. (§ 61)

Im Äquivalenzpunkt enthält die Lösung NaCl und CO_2 (bzw. H_2CO_3). Nach Tab. 12 (S. 60) lösen sich 885 Normal-cm³ CO_2 in 1 Liter H_2O, d. h. 0,040 Mol/Liter. Titriert man 0,1 n Na_2CO_3 mit 0,1 n HCl, so liegt im Äquivalenzpunkt eine 0,1 n NaCl-Lösung vor, die an CO_2 gesättigt ist, also 0,04 Mol/Liter CO_2 enthält. (Von der aussalzenden Wirkung des NaCl sehen wir ab.) Das überschüssige CO_2 entweicht als Gas. Die Gleichgewichtskonstante der Reaktion $CO_2 + H_2O \rightleftarrows HCO_3^- + H^+$ ist nach Tab. 14

$$K = \frac{c_{H^+} \cdot c_{HCO_3^-}}{c_{CO_2}} = 4,5 \cdot 10^{-7}$$

und der Dissoziationsgrad α nach (§ 57, 13)

$$\alpha \simeq \sqrt{\frac{K}{c_s}} = \sqrt{\frac{4,5 \cdot 10^{-7}}{4 \cdot 10^{-2}}} = 3,4 \cdot 10^{-3}\,.$$

Also ist $c_{H^+} = \alpha \cdot c_0 = 3,4 \cdot 10^{-3} \cdot 4 \cdot 10^{-2} = 1,3 \cdot 10^{-4}$ und $p_H = 3,9$. Der geeignete Indikator ist nach Tab. 15 *Methylorange* mit $p_K = 3,9$.

b) Im Äquivalenzpunkt enthält die Lösung $NaHCO_3$, und das Bikarbonation ist nach $HCO_3^- \rightleftarrows CO_2 + OH^-$ dissoziiert bzw. nach $HCO_3^- + H_2O \rightleftarrows H_2CO_3 + OH^-$ hydrolysiert. (Beide Formulierungen kommen thermodynamisch auf dasselbe hinaus, da das H_2O als reine Phase behandelt werden kann.) Die Dissoziationskonstante des Bikarbonat-Ions entsprechend dem Vorgang $HCO_3^- \rightleftarrows CO_3^{--} + H^+$, d. h. die zweite Dissoziationskonstante der Kohlensäure beträgt nach Tab. 14 $K = 5,6 \cdot 10^{-11}$. Also gilt für die Hydrolysenkonstante nach Gl. (4)

$$K_{Hy} = \frac{10^{-14}}{5,6 \cdot 10^{-11}} = 1,8 \cdot 10^{-4}\,.$$

und in einer 0,1 n-Lösung ist

$$\frac{c_0}{K_{Hy}} = \frac{0,1 \cdot 5,6 \cdot 10^{-11}}{10^{-14}} = 56.$$

Aus Abb. 54 entnimmt man den zugehörigen Wert für den Hydrolysengrad $h = 0,13$ und findet nach Gl. (11)

$$p_H = 14 + \log 0,1 + \log 0,13 = 12,1.$$

Als Indikator ist von den in Tab. 15 angeführten Stoffen am besten das *Alizaringelb GG* geeignet.

15. (§ 62)

a) Nach (§ 53, 13a) ist

$$\frac{d \log K}{d\left(\frac{1}{T}\right)} = -\frac{W_p}{4{,}57} \text{ oder } \frac{d p_K}{d\left(\frac{1}{T}\right)} = \frac{W_p}{4{,}57}.$$

Im Bereich von 0—100° C kann man W_p als temperaturunabhängig ansehen und erhält durch Integration

$$(p_K)_{100} = (p_K)_{25} + \frac{W_p}{4{,}57}\left(\frac{1}{373} - \frac{1}{298}\right)$$

und für H_2O mit den Zahlen der Tab. 14

$$(p_K)_{100} = 13{,}99 + \frac{13{,}47 \cdot 10^3}{4{,}57}(2{,}68 - 3{,}35) \cdot 10^{-3} = 12{,}02.$$

Die Dissoziation des Wassers ist ein stark endothermer Vorgang, und das Ionenprodukt steigt von 25° bis 100° C auf den 100fachen Wert.

b) Die beiden Dissoziationskonstanten der schwefligen Säure sind für 18° C angegeben. Wir gehen daher von der Gleichung

$$(p_K)_{100} = (p_K)_{18} + \frac{W_p}{4{,}57}\left(\frac{1}{373} - \frac{1}{291}\right) = (p_K)_{18} - 0{,}166\, W_p \text{ (kcal)}$$

aus und erhalten für die erste Stufe:

$$(p_K)_{100} = 1{,}82 + 4{,}4 \cdot 0{,}166 = 2{,}55$$

und für die zweite Stufe

$$(p_K)_{100} = 7{,}0 + 2{,}3 \cdot 0{,}166 = 7{,}4.$$

Die Dissoziation der schwefligen Säure ist in beiden Stufen ein exothermer Vorgang und nimmt daher mit steigender Temperatur ab.

16. (§ 70)

Aus den Elektrodenvorgängen

12 und 54) $Ag + Br^- \rightleftarrows AgBr_{\text{fest}} + \ominus$

32 und 34) $K \rightleftarrows K^+ + \ominus$

ergeben sich die Potentiale

$$E_{12} = (E_0)_{Ag,\,AgBr} - 0{,}058 \log (c_{Br^-})_2$$
$$E_{32} = (E_0)_{K,\,K^+} + 0{,}058 \log (c_{K^+})_2 - 0{,}058 \log (c_K)_3$$
$$E_{34} = (E_0)_{K,\,K^+} + 0{,}058 \log (c_{K^+})_4 - 0{,}058 \log (c_K)_3$$
$$E_{54} = (E_0)_{Ag,\,AgBr} - 0{,}058 \log (c_{Br^-})_4$$

und mit $(c_{Br^-})_4 = (c_{K^+})_4 = (c_{KBr})_4$ und $(c_{Br^-})_2 = (c_{K^+})_2 = 0{,}1$ die Kettenspannung

$$E_{15} = 0{,}116 + 0{,}116 \log (c_{KBr})_4.$$

17. (§ 79)

a) $\log K = -\frac{g_0}{4{,}57\, T}$; (§ 77,4)

Nach Tab. 8 ist

$$g_0 = \sum H_0^{298} - T \sum S_0^{298} - f(T) \cdot \sum C_p^{298}. \qquad (5)$$

$$\sum H_0^{298} = 2 \cdot -11{,}05 \pm 0 \pm 0 = -22{,}1 \cdot 10^3 \text{ cal}$$
$$\sum S_0^{298} = 2 \cdot 45{,}91 - 45{,}79 - 3 \cdot 31{,}23 = -47{,}66 \text{ cal/Grad.}$$
$$\sum C_p^{298} = 2 \cdot 8{,}6 - 7{,}0 - 3 \cdot 6{,}9 = -10{,}5 \text{ cal/Grad.}$$
$$T = 450 + 273 = 723;\ f(723) = 220 \text{ (Abb. 78b).}$$

Also ist

$$g_0^{723} = -22{,}1 \cdot 10^3 + 723 \cdot 47{,}66 + 220 \cdot 10{,}5 = 14{,}5 \cdot 10^3 \text{ cal}$$

und
$$\log K = -\frac{14{,}5 \cdot 10^3}{4{,}57 \cdot 723} = -4{,}4.$$

In Abb. 51 wurde für kleine Drucke auf $\log K = -4{,}3$ extrapoliert.

b) Die Umwandlung erfolgt nach $H_2O_{fl} \rightleftarrows H_2O_{gas}$.

$$\log K_p = \log p = -\frac{g_0}{4{,}57\, T}\,.$$

$$g_0 = \sum H_0^{298} - T\sum S_0^{298} - f(T) \sum C_p^{298}\,.$$

$$\sum H_0^{288} = -57{,}81 + 68{,}31 = 10{,}50 \cdot 10^3 \text{ cal}.$$

$$\sum S_0^{298} = 45{,}13 - 16{,}8 = 28{,}3 \text{ cal/Grad}.$$

$$\sum C_p^{298} = 8{,}0 - 18{,}0 = -10{,}0 \text{ cal/Grad}.$$

$$T = 273 + 100 = 373; \quad f(T) = 0{,}02.$$

$$g_0^{373} = 10{,}50 \cdot 10^3 - 373 \cdot 28{,}3 + 0{,}02 \cdot 10{,}0 = -20 \text{ cal}.$$

$$\log p = \frac{20}{4{,}57 \cdot 373} = 0{,}001; \quad p = 1{,}002 \text{ Atm}.$$

Der Fehler beträgt also nur 0,2%.

c) Die Auflösung erfolgt nach $AgCl_{fest} + yH_2O \rightleftarrows Ag^+_{aq} + Cl^-_{aq}$, und man erhält

$$c_{Ag^+} \cdot c_{Cl^-} = K; \quad c_{Ag^+} = c_{Cl^-} = c_s = \sqrt{K}\,.$$

Bei 25° C ist

$$g_0^{298} = \sum H_0^{298} - 298 \sum S_0^{298} = 15{,}9 \cdot 10^3 - 298 \cdot 8{,}9 = 13{,}3 \cdot 10^3 \text{ cal},$$

denn

$$\sum H_0^{298} = 25{,}5 - 39{,}94 + 30{,}3 = 15{,}9 \cdot 10^3 \text{ cal}$$

$$\sum S_0^{298} = 18{,}4 + 13{,}5 - 23{,}0 = 8{,}9 \text{ cal/Grad}.$$

Nun ist

$$\log K = -\frac{g_0}{4{,}57\, T} = -\frac{13{,}3 \cdot 10^3}{4{,}57 \cdot 298} = -9{,}8$$

$$K = 1{,}6 \cdot 10^{-10} \; c_s = \sqrt{1{,}6 \cdot 10^{-10}} = 1{,}3 \cdot 10^{-5}\,.$$

Zur Umrechnung auf 50° C genügt die erste Näherung:

$$g_0^{323} = \sum H_0^{298} - 323 \sum S_0^{298} = 15{,}9 \cdot 10^3 - 323 \,.\, 8{,}9 = 13{,}0 \cdot 10^3 \text{ cal}.$$

$$\log K = -\frac{13{,}0}{4{,}57 \cdot 323} = -8{,}8; \quad K = 16 \cdot 10^{-10}; \quad (c_s)_{50°} = 4 \cdot 10^{-5}$$

in Übereinstimmung mit Abb. 48 a und b.

18. (§ 92)

A.
$$E_{12} = 0{,}058 \log c_I$$
$$E_{32} = E_0 - 0{,}058 \log c_I$$
$$E_{34} = E_0 - 0{,}058 \log c_{II}$$
$$E_{54} = 0{,}058 \log c_{II}$$
$$(E_{15})_A = E_{12} - E_{32} + E_{34} - E_{54} = 0{,}106 \log \frac{c_I}{c_{II}}$$

B.
$$E_{12} = 0{,}058 \log c_I$$
$$E_{23} = 0{,}058\,(v_{Cl^-} - v_{H^+}) \log \frac{c_I}{c_{II}} \quad \text{vgl. Gl. (7).}$$
$$E_{43} = 0{,}058 \log c_{II}$$
$$(E_{14})_B = E_{12} + E_{23} - E_{43}$$
$$= 0{,}058\,(1 + v_{ee^-} - v_{H^+}) \log \frac{c_I}{c_{II}} = 0{,}106\, v_{Cl^-} \cdot \log \frac{c_I}{c_{II}}$$
$$v_{Cl^-} = \frac{(E_{14})_B}{(E_{15})_A}.$$

19. (§ 94)

$$\overset{1}{\text{Pt}} \mid \underbrace{\text{H}^+, \text{Chin}\overset{2}{\text{h}}\text{ydron (s)}}_{\text{innen}} \mid \text{Glas} \mid \underbrace{\overset{\cdot}{\text{H}}^+, \text{KCl}\overset{3}{\text{(s)}}, \text{Hg}_2\text{Cl}_2\text{(s)}}_{\text{außen}} \mid \overset{4}{\text{Hg}}$$

$$E_{12} = 0{,}703 - 0{,}058\,(p_H)_i \quad (\text{vgl. § 70c, 15 u. 16}).$$
$$E_{23} = 0{,}058\,(p_H)_i;\quad - 0{,}058\,(p_H)_a \quad (3)$$
$$E_{43} = 0{,}254 \qquad (\text{§ 67, 4})$$
$$E_{14} = E_{12} + E_{23} - E_{43} = 0{,}449 - 0{,}058\,(p_H)_a$$

20. (§ 97)

Während der Reaktion sind die drei Ionensarten Na^+, OH^- und Az^- in der Lösung vorhanden. Nach (§ 85, 15) ist

$$1000\,\varkappa = c_{Na^+} \cdot \Lambda_{Na^+} + c_{OH^-} \cdot \Lambda_{OH^-} + c_{Az^-} \cdot \Lambda_{Az^-}$$
$$= b\Lambda_{Na^+} + (b - x)\,\Lambda_{OH^-} + x \cdot \Lambda_{Az^-}$$
$$= b(\Lambda_{Na^+} + \Lambda_{OH^-}) - x\,(\Lambda_{OH^-} - \Lambda_{Az^-})$$
$$1000\,\varkappa_0 = b\,(\Lambda_{Na^+} + \Lambda_{OH^-})$$
$$1000\,\varkappa_\infty = b\,(\Lambda_{Na^+} + (b - a)\,\Lambda_{OH^-} + a\Lambda_{Az^-}$$
$$= 1000\,\varkappa_0 - a\,(\Lambda_{OH} - \Lambda_{Az^-})$$
$$1000\,\varkappa = 1000\,\varkappa_0 - x\,(\Lambda_{OH^-} - \Lambda_{Az^-}).$$

Hieraus erhält man

$$x = \frac{1000\,(\varkappa_0 - \varkappa)}{\Lambda_{OH^-} - \Lambda_{Az^-}};\quad a = \frac{1000\,(\varkappa_0 - \varkappa_\infty)}{\Lambda_{OH^-} - \Lambda_{Az^-}};\quad b = \frac{1000\,\varkappa_0}{\Lambda_{Na^+} + \Lambda_{OH^+}}.$$

Die Zahlenwerte für x, a und b sind in die Gleichung

$$k = \frac{1}{z\,(b - a)} \cdot \ln \frac{a\,(b - x)}{b\,(a - x)} \qquad (\text{§ 96,8a})$$

einzusetzen. Für 25° und 18° C können die Λ-Werte der Tab. 20 entnommen werden.

21. (§ 100)

Mit $R = 8{,}31 \cdot 10^7 \dfrac{\text{erg}}{\text{Mol. Grad}}$ erhält man aus Gl. (11)

$$\overline{w} = 1{,}58 \cdot 10^4 \sqrt{\frac{T}{M}}\,\frac{\text{cm}}{\text{sec}} \quad \text{und entsprechend.}$$

	$\overline{w}_{25°\,C}$	$\overline{w}_{500°\,C}$ (cm/sec).
O_2	$4{,}8 \cdot 10^4$	$7{,}9 \cdot 10^4$
Cl_2	$3{,}2 \cdot 10^4$	$5{,}3 \cdot 10^4$

22. (§ 101)

Wir berechnen zunächst die Konstante in Gl. (4)

$$\frac{N_L d^2\pi}{\sqrt{RTM/6}} = \frac{6{,}02 \cdot 10^{23} \cdot 9 \cdot 10^{-16} \cdot \pi}{\sqrt{8{,}31 \cdot 10^7 \cdot 298 \cdot 32/6}} = 4{,}7 \cdot 10^3$$

und erhalten

$$Z = 4{,}7 \cdot 10^3 p;$$

der Druck ist in absoluten Einheiten, d. h. in dyn/cm² zu messen. Nach Tab. 1 ist 1 Atm = 1,0133 · 10⁶ dyn/cm². Also ist für

$p = 1$ Atm	$Z = 4{,}8 \cdot 10^9\ \text{sec}^{-1}$
1 Torr	$6{,}3 \cdot 10^6$
10^{-5} Torr	63

23. (§ 102)

Aus Gl. (1) und (§ 101, 3) folgt

$$\lambda = \frac{1}{p}\frac{RT}{\sqrt{2}\,d^2\pi N_L} = \frac{1}{p}\frac{8{,}31 \cdot 10^7 \cdot 298}{\sqrt{2} \cdot 9 \cdot 10^{-16} \cdot \pi \cdot 6{,}02 \cdot 10^{23}} = \frac{10{,}3}{p}.$$

Für 1 Atm ist $p = 1{,}01 \cdot 10^6$ dyn/cm², also ist

$p = 1$ Atm	$\lambda = 1 \cdot 10^{-5}$ cm
$p = 1$ Torr	$\lambda = 0{,}8 \cdot 10^{-2}$ cm
$p = 10^{-5}$ Torr	$\lambda = 800$ cm.

Betragen die Gefäßdimensionen etwa 10 cm, so finden bei Drucken unter 10^{-3} Torr praktisch keine Zusammenstöße mehr im Gasraum statt, sondern die Moleküle fliegen direkt von einer Wand zur andern.

24. (§ 103)

Für $\frac{E}{RT} > 1$ ist $\varphi = \frac{1}{e} = \frac{1}{2{,}718} = 0{,}37$. Für $\frac{E}{RT} > 10$ ist $\varphi = e^{-10}$ oder $\log \varphi \doteq -\frac{10}{2{,}303} = -4{,}34$ und $\varphi = 4{,}5 \cdot 10^{-5}$. Für $\frac{E}{RT} > 100$ ist $\varphi = 4 \cdot 10^{-44}$.

Sachverzeichnis.